中等职业教育-应用本科教育贯通培养教材

有机化学

YOUJI HUAXUE

师　帆　主编
任玉杰　主审

化学工业出版社

·北京·

内容简介

《有机化学》体现"重基础、重能力、重素质"的原则，使学生在学习有机化学基础理论、基本知识和基本技能的同时，兼顾培养其化学兴趣和科学思维方法。主要内容包括绪论，有机化合物的分类、表示方法和命名，立体化学，烷烃，烯烃和炔烃，二烯烃，卤代烃，芳烃化合物，醇、酚、醚，醛和酮，羧酸及其衍生物，含氮有机化合物共12章内容。

《有机化学》可作为中职、五年一贯制及中职-高职贯通培养医药卫生、食品、化工、材料及轻工类有机化学或基础化学教材，以及大学药学及相关专业预科化学教材，也可作为参考资料供相关工厂、企业技术人员及自学者使用。

图书在版编目（CIP）数据

有机化学/师帆主编. —北京：化学工业出版社，2021.7（2025.2重印）
中等职业教育-应用本科教育贯通培养教材
ISBN 978-7-122-39052-3

Ⅰ.①有… Ⅱ.①师… Ⅲ.①有机化学-中等专业学校-教材 Ⅳ.①O62

中国版本图书馆CIP数据核字（2021）第079564号

责任编辑：刘俊之　　　　　　　　　　　　文字编辑：葛文文　陈小滔
责任校对：边　涛　　　　　　　　　　　　装帧设计：韩　飞

出版发行：化学工业出版社（北京市东城区青年湖南街13号　邮政编码100011）
印　　装：北京建宏印刷有限公司
787mm×1092mm　1/16　印张14¾　字数293千字　2025年2月北京第1版第2次印刷

购书咨询：010-64518888　　　　　　　　　售后服务：010-64518899
网　　址：http://www.cip.com.cn
凡购买本书，如有缺损质量问题，本社销售中心负责调换。

定　　价：58.00元　　　　　　　　　　　　　　　　版权所有　违者必究

前言 PREFACE

中等职业教育-应用本科教育贯通培养（简称"中本贯通"）模式试点，是近年来上海市为贯彻《国务院关于加快发展现代职业教育的决定》以及国家和上海市中长期教育改革和发展规划纲要而开展的综合教育改革项目，旨在推动中等和高等职业教育紧密衔接，构建课程、培养模式和学制贯通"立交桥"，加快培养适应经济社会发展需要的优秀一线技术人才。在该培养模式框架下，中职生完成三年中等专业学习后通过"转段考"直接进入相关专业的本科阶段学习。全国还有类似的中职高职贯通、中职高校直通车等形式，这已成为培养应用型技术技能人才的重要途径。

《有机化学》根据上海市教委批准的"中本贯通"制药、化工、食品、材料等专业试点项目的要求而编写。基于"中本贯通"项目中职及大学阶段人才培养方案应进行一体化设计的思路，我们成立了《有机化学》教材编写组，对《有机化学》（中职阶段）与《有机化学》（本科阶段）两本教材进行了一体化设计，且互为主编、主审。

本教材以铺垫学生的化学基础、提高其科学素养为宗旨，着眼于学生未来的发展，对接贯通培养阶段各专业基础及专业课的学习需求，体现"重基础、重能力、重素质"的原则，使学生在学习化学基础理论、基本知识和基本技能的同时，兼顾培养其化学兴趣和科学思维方法。针对学生在应用化学语言方面存在的不足和障碍，就常见化合物的命名及书写、科学记数等基础知识作了较为详细的讨论，而且注重其应用。教材内容还力求反映有机化学与生活、环境、健康的联系，力求反映现代化学研究的成果和发展趋势。

《有机化学》主要内容包括绪论，有机化合物的分类、表示方法和命名，立体化学，烷烃，烯烃和炔烃，二烯烃，卤代烃，芳烃化合物，醇、酚、醚,醛和酮,羧酸及其衍生物,含氮有机化合物共12章内容。

  本教材由上海市医药学校师帆担任主编,上海市医药学校李春蕾担任副主编,上海应用技术大学任玉杰教授任主审。化学工业出版社的编辑们对本书的编写思路和出版工作倾注了大量心血,在此作者表示最衷心的感谢!

  由于编者水平所限,书中不当之处在所难免,诚望广大读者指正。

编者于上海市医药学校
2021年3月

目 录

1	第1章	绪论
2	1.1	有机化合物和有机化学
4	1.2	有机化合物的特点
5	1.3	有机化学的研究内容
6	1.4	结构概念和结构理论
6	1.4.1	A. Kekulé（凯库勒）和 A. Couper（古柏尔）的两个基本规则
8	1.4.2	A. Butlerov（布特列洛夫）的化学结构理论
10	1.5	杂化轨道理论和成键方式
10	1.5.1	碳的 sp^3 杂化以及成键方式
12	1.5.2	碳的 sp^2 杂化以及成键方式
13	1.5.3	碳的 sp 杂化以及成键方式

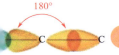

17	第2章	有机化合物的分类、表示方法和命名
18	2.1	有机化合物的分类
18	2.1.1	按碳架分类
19	2.1.2	按官能团分类
21	2.2	有机化合物的表示方式和同分异构现象
21	2.2.1	有机化合物构造式的表示方法
22	2.2.2	有机化合物的同分异构体
24	2.3	有机化合物的命名

24	2.3.1	链烷烃的命名
31	2.3.2	环烷烃的命名
33	2.3.3	烯烃和炔烃的命名
35	2.3.4	芳烃的命名
38	2.3.5	烃衍生物的系统命名
43	2.3.6	烃衍生物的普通命名

49　第3章　立体化学

50	3.1	构象、构象异构体
50	3.1.1	链烷烃的构象
54	3.1.2	环烷烃的构象
59	3.2	顺反异构
61	3.3	旋光异构
61	3.3.1	分子的手性和对映体
63	3.3.2	旋光性和比旋光度
65	3.3.3	构型的表示方法和构型的标记
69	3.3.4	含一个手性碳原子化合物的对映异构
69	3.3.5	含多个手性碳原子化合物的对映异构
71	3.3.6	外消旋体的拆分

77　第4章　烷烃

78	4.1	烷烃的物理性质
78	4.1.1	链烷烃的物理性质
80	4.1.2	环烷烃的物理性质
81	4.2	烷烃的化学性质
81	4.2.1	取代反应
83	4.2.2	氧化反应
84	4.2.3	异构化反应
84	4.2.4	裂化反应
84	4.2.5	小环烷烃的化学性质
86	4.3	烷烃的主要来源和制法
86	4.3.1	链烷烃和环烷烃的主要来源

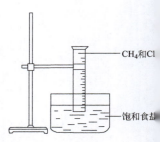

87   4.3.2 链烷烃和环烷烃的主要制法
87 4.4 重要的烷烃
87   4.4.1 甲烷
89   4.4.2 石油醚
89   4.4.3 环己烷

93 第5章 烯烃和炔烃

94 5.1 烯烃的物理性质
94 5.2 烯烃的化学性质
94   5.2.1 烯烃的催化氢化反应
97   5.2.2 烯烃的亲电加成反应
102   5.2.3 烯烃的自由基加成－过氧化物效应
103   5.2.4 烯烃的氧化反应
105   5.2.5 烯烃的聚合反应
106   5.2.6 烯烃的α-氢的反应
107 5.3 炔烃的物理性质
107 5.4 炔烃的化学性质
107   5.4.1 三键碳上氢原子的活泼性
108   5.4.2 炔烃的亲电加成
110   5.4.3 炔烃的亲核加成
110   5.4.4 炔烃的氧化反应
110   5.4.5 炔烃的还原反应
111   5.4.6 炔烃的聚合反应
111 5.5 烯烃和炔烃的制备
111   5.5.1 烯烃的制备
112   5.5.2 炔烃的制备

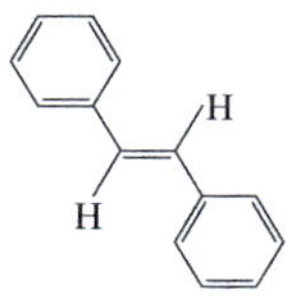

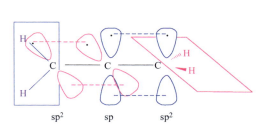

117 第6章 二烯烃

118 6.1 二烯烃的分类和结构
118   6.1.1 二烯烃的分类
118   6.1.2 二烯烃的结构
120 6.2 二烯烃的命名

121	6.3 共轭效应
121	6.4 共轭二烯烃的化学性质
121	6.4.1 共轭二烯烃的1,4-加成反应
123	6.4.2 聚合反应
124	6.4.3 双烯合成（Diels-Alder反应）

131　第7章　卤代烃

132	7.1 卤代烃的结构及分类
132	7.1.1 卤代烃的结构
133	7.1.2 卤代烃的分类
134	7.2 卤代烃的物理性质
135	7.3 卤代烃的化学性质
135	7.3.1 取代反应
137	7.3.2 消除反应（札依采夫规则）
138	7.3.3 与金属的反应
140	7.3.4 还原反应
140	7.4 卤代烃的制备
140	7.4.1 由烃制备
142	7.4.2 由醇制备
142	7.4.3 卤代物的卤素互换

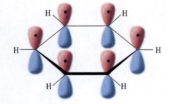

145　第8章　芳烃化合物

146	8.1 芳烃介绍
146	8.2 苯的结构
148	8.3 单环芳烃的性质
148	8.3.1 单环芳烃的物理性质
148	8.3.2 单环芳烃的化学性质
154	8.4 苯环上亲电取代反应的定位规律
154	8.4.1 定位基的概念
154	8.4.2 两类定位基
154	8.4.3 定位基的解释
156	8.5 二元取代苯的定位规律

157	8.6 定位规律在有机合成上的应用
158	8.7 多环芳烃
158	8.7.1 萘
159	8.7.2 联苯
159	8.7.3 蒽
160	8.7.4 菲
160	8.7.5 其他稠环芳烃

163　第9章　醇、酚、醚

164	9.1 醇
164	9.1.1 醇的介绍
165	9.1.2 醇的性质
170	9.2 酚
170	9.2.1 酚的介绍
170	9.2.2 酚的性质
176	9.3 醚
176	9.3.1 醚的介绍
177	9.3.2 醚的性质

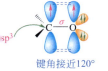

183　第10章　醛和酮

184	10.1 醛、酮的介绍
184	10.2 醛、酮的性质
184	10.2.1 醛、酮的物理性质
184	10.2.2 醛、酮的化学性质

197　第11章　羧酸及其衍生物

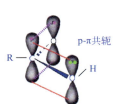

198	11.1 羧酸的介绍
199	11.2 羧酸的性质
199	11.2.1 羧酸的物理性质
200	11.2.2 羧酸的化学性质
203	11.3 羧酸衍生物的介绍

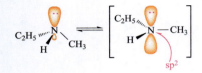

203   11.4   羧酸衍生物的性质
203   11.4.1   羧酸衍生物的物理性质
204   11.4.2   羧酸衍生物的化学性质

207   第12章   含氮有机化合物

208   12.1   含氮有机化合物介绍
209   12.2   硝基化合物
209   12.2.1   硝基化合物介绍
210   12.2.2   硝基化合物的性质
213   12.3   胺
214   12.3.1   胺的结构
215   12.3.2   胺的性质
220   12.3.3   胺的制备
221   12.4   芳香族重氮盐

226   参考文献

Chapter 1

第 1 章

绪 论

内容提要

1.1 有机化合物和有机化学
1.2 有机化合物的特点
1.3 有机化学的研究内容
1.4 结构概念和结构理论
1.5 杂化轨道理论和成键方式

学习目标

掌握：有机化学发展简史；有机化合物的结构特征和特性；结构理论的要点；杂化轨道理论；共价键的极性与键参数。

图1-1 染料

图1-2 拉瓦锡和他的妻子

1.1 有机化合物和有机化学

有机化学（organic chemistry）是研究碳化合物（carbon compound）的化学。

有机化学是一门非常重要的科学，它和人类生活有着极为密切的关系。人体本身的变化就是一连串非常复杂、彼此制约、彼此协调的有机物质的变化过程，人们对有机物（organic matter）的认识逐渐由浅入深，把它变成一门重要的科学。最初，有机物是指由动植物有机体得到的物质，例如糖（sugar）、染料（dye，图1-1）、酒（alcohol）和醋（vinegar）等。据我国《周礼》记载，当时已设专司管理染色、制酒和制醋工作；周王时代已知用胶；汉朝时代发明造纸。《神农本草经》中载有几百种重要药物（medicine），其中大部分是植物，这是已知最早的中药学著作。人类使用有机物质虽已有很长的历史，但这些物质都是不纯的，对纯物质的认识和获取是比较近代的事。在1769—1785年间，取得了许多有机酸（organic acid），如从葡萄汁内取得酒石酸（tartaric acid），从柠檬汁内取得柠檬酸（citric acid），由尿内取得尿酸（uric acid），从酸牛奶内取得乳酸（lactic acid）。1773年由尿内析离了尿素（urea），1805年由鸦片中取得第一个生物碱（alkaloid）——吗啡（morphine）。

虽然人们制得了不少纯的有机物质，但关于它们的内部组成及结构分析问题，却长期没有得到解决。这是由于一种错误的燃素学说统治了当时化学界的思想，认为燃烧的起因是由于物质中含有一种不可捉摸的燃素引起的。A.Lavoisier（拉瓦锡，图1-2）首次弄清了燃烧的概念（1772—1777），认识到燃烧时，物质和空气中的一种物质——氧结合。他继而研究了分析有机物的方法，将有机物放在一个用水银密封的装有氧或空气的玻璃钟罩内进行燃烧，发现所有的有机物质燃烧后，都给出二氧化碳（carbon dioxide）和水（water），它们必然都含有碳（carbon）及氢（hydrogen）；有些有机物在没有空气的情况下，也可进行燃烧，而产物也是水和二氧化碳，因此这些有机物含有碳、氢、氧（oxygen）；有些有机物燃烧时还产生氮（nitrogen），所以那时认为大部分有机物的组分是碳、氢、氧、氮等。

有机物和无机物除在组成上有区别外，在性质上也有很大差别。例如，有机物比较不稳定，加热后即行分解，这与矿物和动植物的区别相像。因此化学家决然地把有机物与无机物划分开。享有盛名的化学家 J. Berzelius（贝采里乌斯，图 1-3）首先引用了有机化学这个名字（1806 年），以区别于其他矿物质的化学——无机化学（inorganic chemistry）。当时把这两门化学分开的另一原因是那时已知的有机物都是从生物体内分离出来的，尚未能在实验室内合成。因此 Berzelius 认为有机物只有在生物的细胞中受一种特殊力量——生活力——的作用才会产生出来，人工合成是不可能的。这种思想曾一度牢固地统治着有机化学界，阻碍了有机化学的发展。1828 年 F. Wöhler（魏勒，图 1-4）发现无机物氰酸铵很容易转变为尿素：

$$NH_4OCN \xrightarrow{\triangle} NH_2CONH_2$$

图 1-3　为纪念 J. Berzelius 而发行的邮票

图 1-4　魏勒

他把这个重要的发现告诉了 Berzelius：“我应当告诉您，我制造出尿素并不求助于肾或动物——无论是人或犬。”这个重要发现，并未马上得到 Berzelius 及其他化学家的承认，甚至包括 Wöhler 本人，因为氰酸铵尚未能从无机物制备。直到更多的有机物被合成，如 1845 年 H. Kolbe（柯尔柏）合成了醋酸，1854 年 M. Berthelo（柏赛罗）合成了油脂，"生活力"学说才彻底被否定。从此有机化学进入了合成的时代，1850—1900 年期间，成千上万的药品、染料是以煤焦油（coal tar）中得到的化合物为原料进行合成的。有机合成（organic synthesis）的迅速发展，使人们清楚知道，在有机物与无机物之间，并没有一个明确的界线，但在组成及性质上确实存在着某些不同之处。从组成上讲，元素周期表（periodic table of chemical element）中许多元素都能互相结合，形成无机物，而在有机物中，只发现数量有限的几种元素，所有的有机物都含碳，多数含氢，其次含氧、氮、卤素（halogen）、硫（sulfur）、磷（phosphorus）等，因此 L. Gmelin（葛美林）于 1848 年对有机化学的定义是研究碳的化学，即有机化学仅是化学中的一个分支。

1.2 有机化合物的特点

我们日常接触的化合物，80%以上是有机化合物，与无机化合物相比较，有机化合物**种类繁多**，记录在案的有3000万种以上，绝大多数有机化合物结构复杂，如同一幢布满了各种电线、导管、机器的车间大楼，看似复杂却能有效工作。图1-5是人类全合成的最复杂的天然活性物质之一——沙海葵毒素。

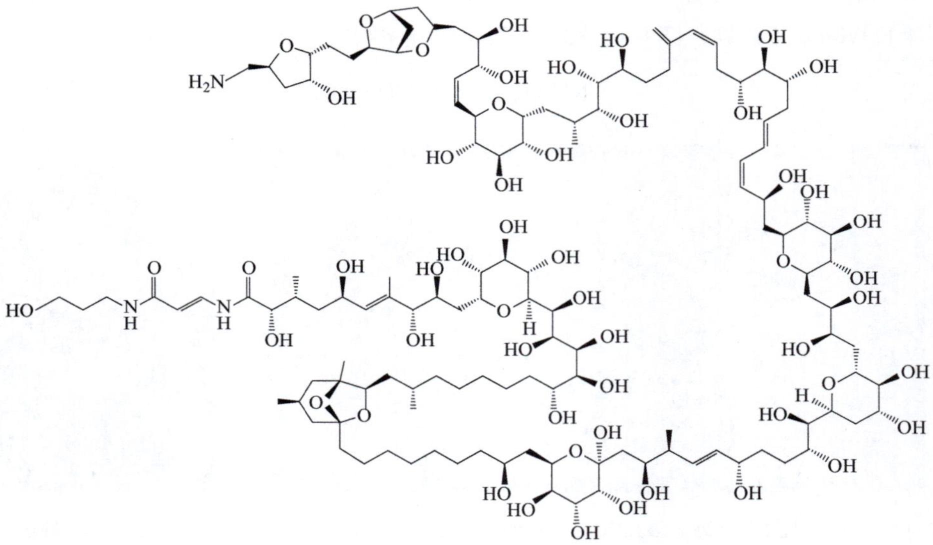

图1-5 沙海葵毒素

与无机物相比，有机物多以共价键结合，它们的结构单元往往是分子，其分子间的作用力较弱，因此绝大多数有机物**熔点低**（一般在400℃以下）、**沸点也低，易燃烧**。乙醇燃烧如图1-6所示。

有机化合物的另一个特点是**难溶于水**，而**易溶于有机溶剂**——相似相溶规律。如图1-7所示，油滴不溶于水。

无机反应一般都是离子反应，往往瞬间就可完成，例如卤离子和银离子相遇时即刻形成不溶解的卤化银沉淀。而有机反应一般是非离子反应，**速度较慢**，因此工业生产中常常采取加热等手段加速反应进行。图1-8所示为有机实验室里常用的加热搅拌装置。

有机反应常伴有**副反应**发生。有机物分子比较复杂，能起反应的部位比较多，因此反应时常产生复杂的混合

图1-6 乙醇燃烧

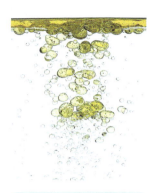

图1-7 水中的油滴

图1-8 有机实验室常用的加热磁力搅拌器

【问题1.1】

下列物质中哪些不是或不含有机化合物（不知道的话，试试网络搜索）？
小苏打，蔗糖，色拉油，味精，食盐，草酸，沼气，电石，沥青，涤纶，维生素C，TNT

物使主要反应产物的产率大大降低。一个有机反应若能达到60%～70%的产率，就比较令人满意了。

1.3 有机化学的研究内容

（1）天然产物的提取、分离、结构鉴定、开发与应用研究

分离和提取自然界存在的有机物，测定并确定其结构和性质，例如，食品成分、草药里面的药物成分等。如图1-9所示，中国科学家屠呦呦等人依据中药的抗疟作用，从植物黄花蒿中提取、分离纯化了青蒿素，并证明其具有抗疟活性，由此制成的药物挽救了无数患者的生命，屠呦呦也因此获得2015年诺贝尔生理学或医学奖。

图1-9 中国科学家最先从黄花蒿中提取抗疟药物青蒿素

（2）反应机理的研究

研究有机物的结构与性质间的关系，如有机物的反应、变化经历的途径、影响反应的因素，揭示有机反应的规律，以便控制反应的有利发展方向。图1-10所示为苯环上的亲电取代反应历程。

（3）有机合成

以有机物（如石油、煤焦油）为原料，通过反应合

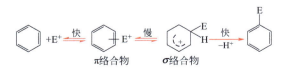

图1-10 苯环上的亲电取代反应历程

成自然界存在或不存在的有机物——人们所需的物质，如维生素、药物、香料、染料、农药、塑料、合成纤维、合成橡胶等。图1-11为人工合成的纤维、塑料。

（4）合成反应的选择

包括化学、区域、立体选择性，高通量合成技术（highthroughput）、组合化学（combinatorial chemistry）也受到了空前的重视。如图1-12所示，高通量技术常应用于批量化合物的合成及大批量药物的筛选。

1.4 结构概念和结构理论

F. Wohler（1822年）和J. von Liebig（李比息，1823）先后分别发现了异氰酸银（AgNCO）和雷酸银（AgONC），分析证明了这两种化合物分子均由一个Ag、N、C、O原子组成，但物理、化学性质完全不同。后来Berzelius经过仔细研究，证明这种现象在有机化学中是普遍存在的。他把这种分子式相同而结构不同的现象，称为同分异构现象（isomerism），简称异构现象。把两个或两个以上具有相同组成的物质，称为同分异构体（isomer）。他还解释了，异构体的不同是由分子中各个原子结合的方式不同而产生的，这种不同的结合称为结构（structure）。自从发现这个现象后，有机化学开始面临一个问题，如何测定这些结构，经过不断的探索与思考，逐渐建立了正确的结构概念。

1.4.1 A. Kekulé（凯库勒）和A. Couper（古柏尔）的两个基本规则

（1）碳原子是四价的

无论在简单的或复杂的化合物里，碳原子和其他原子的数目总保持着一定的比例。例如CH_4、$CHCl_3$、CO_2，Kekulé（凯库勒，图1-13）认为每一种原子都有一定的化合力，并把这种力叫作atomicity，按意译应为"原子化合力"或"原子力"，后来人们称为价（valence）。碳是四价的，氢、氯是一价的，氧是二价的。若用一条短线代表一价，则CH_3Cl可用下面四个式子表示：

图1-11 人工合成的纤维、塑料

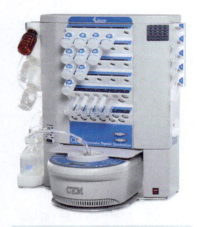

图1-12 高通量多肽合成仪

图1-13 凯库勒

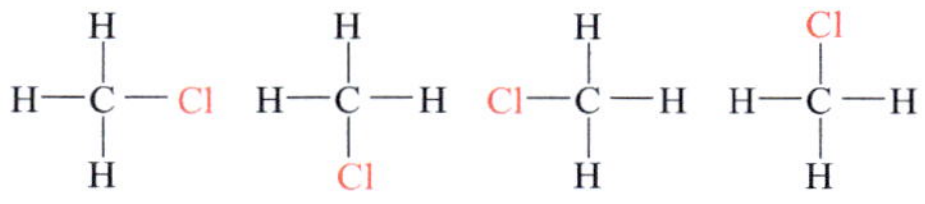

$$\begin{array}{cccc}\text{(i)} & \text{(ii)} & \text{(iii)} & \text{(iv)}\end{array}$$

事实上 CH_3Cl 只有一种化合物，因此他们还注意到碳原子的四个价键是相等的。

（2）碳原子自相结合成键

上面两个式子，代表着分子中原子的种类、数目和排列的次序，称为结构式（structural formula）。结构式中每一条线代表一个价键，称为键。如果两个原子用一个价键结合，这种键称为单键（single bond）；在有些化合物中，还可用两个价键或三个价键结合，这种键称为双键（double bond）或三键（triple bond）；碳原子还可以结合成为环。

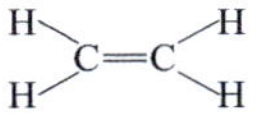

双键 　　　　三键 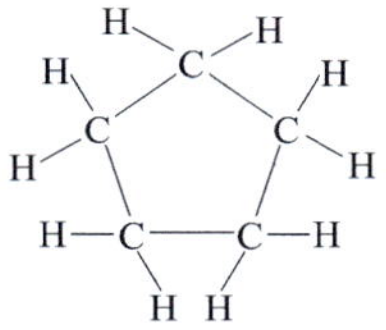　　　　环

不难看出，Kekulé 和 Couper 推导出来的两个基本规则，具有特殊的重要意义，不但解决了多年来认为不可能解决的分子中各原子结合的问题，也阐明了异构现象，从而为数目众多的有机化合物设立了一个合理的体系。例如，C_4H_{10} 按上面两个基本规则，只能有两种排列方式：

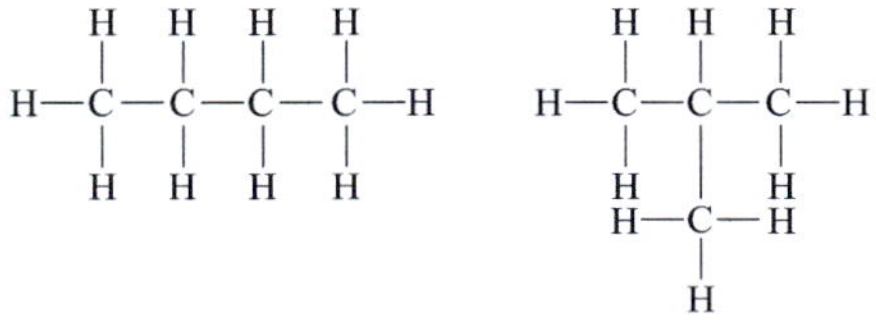

左式四个碳原子相连成一直线，称为直链；右式三个碳原子形成链，中间的碳原子与另一个碳原子相连，形成分支的链，称为支链（branched chain）（或叉链）。这是两个异构体，是碳架异构（carbon skeleton isomer）。C_4H_{10} 写不出第三个式子，实验也证明没有第三种异构体存在。经过千百个化合物的检验，这两个基本规则在绝大多数场合下能够使用而无错误。因此，Kekulé 和 Couper 在有机化学上的功绩是不可磨灭的。

Gerhardt 和 Kekulé 当时对结构的看法是分子是由各个原子结合起来的一个"建筑物"，原子好像木架和砖石等，不仅它们按照一定的次序连接，而且"建筑物"有一定的式样和形象，这是一种建筑观点的分子结构。虽然这种观点是正确的，但在

【问题1.2】

根据碳原子四价、氢原子一价的原则，你能写出 C_6H_{14}、C_7H_{16} 的几种结构？

当时，这样的结构难以测定，一直到近百年以后，X射线衍射技术取得了高度的发展，达到了间接为分子照相的阶段，这个观点才得到证实（见图1-14）。

1.4.2　A. Butlerov（布特列洛夫）的化学结构理论

19世纪中期，结构不可知论在化学界还十分流行。但在原子价的概念提出以后，A. Butlerov意识到既然每一种原子都有一定的原子价，而原子又是以原子价彼此连接的，那么化合物分子的结构就应该是有序的。1861年，Butlerov首次提出了化学结构（chemical structure）的概念。他指出：分子不是原子的简单堆积，而是通过复杂的化学结合力按一定的顺序排列起来的，这种原子之间的相互关系及结合方式，就是该化合物的化学结构。化学结构不仅是分子中各原子相对位置的图形，而且还反映了分子中各原子之间一定的化学关系。因此从分子的化学性质（chemical property）可以确定化学结构，反过来，从化学结构可以了解和预测分子的化学性质。在很长一段时间里，人们运用化学性能去测定分子的化学结构。由于新技术的不断发展，对结构的认识日益加深，现在无论是化学结构，还是分子建筑形象，都逐渐为人们所掌握。

Kekulé等原始的经典结构理论仅仅提出了分子中各种原子的原子价、数目、种类和关系等问题，限于当时的科学水平，未涉及整个分子的立体形象。随着信息的

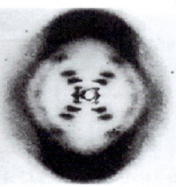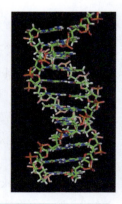

图1-14　沃森和克里克（左）利用X射线衍射（中）发现DNA双螺旋结构（右）

积累，无法用原始的结构理论解释的事实逐渐增多。例如，按照原始结构理论，分子是在一个平面上，二氯甲烷中两个氢原子和两个氯原子排列关系不同，可以有两种异构体（ⅰ）与（ⅱ），但实践证明二氯甲烷只有一种，并无异构体。

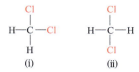

为解释这个问题，J. H. van't Hoff（范特霍夫）及 J. A. LeBel（勒贝尔）总结了前人所得到的一些事实，首次提出了碳原子的立体概念。特别是前者，很具体地为碳原子制作了正四面体（tetrahedron）的模型，他把碳原子用一个正四面体表示，碳原子在四面体的中心，它的四个价键伸向四面体的各个顶点，如图1-15所示。

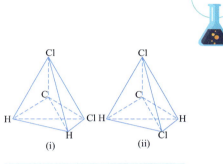

图1-15 二氯甲烷的四面体模型

因此研究一个有机分子就不仅仅局限在阐明分子中各原子的数目和彼此的关系，还要进一步了解分子的空间几何形象，这就为研究所有的分子开辟了一个新的领域，即立体化学（stereochemistry）。

为了易于了解分子的立体形象，现在已制作出各种模型，以适应不同的要求。其中最普遍使用的一种就是球棍模型（ball-stick model），就是用不同颜色的小球代表不同的原子，如黑色球代表碳原子，白色球代表氢原子等。在球上以一定的角度打孔，碳原子就按正四面体109.5°的角度打四个孔，氢、氯等就打一个孔，然后再在碳原子上插入四根等长的棍，棍的另一端与其他的原子相连。按照这种方法制作模型，二氯甲烷的模型如图1-16所示。不难看出，二氯甲烷只能有一种空间排列的形式，只要把结构（ⅱ）转一转，就变为与结构（ⅰ）完全相同的模型了。立体模型的概念，不仅说明有机分子必须具有一定的立体形象，还预测了许多新型异构体。van't Hoff本人根据自己制作的模型就提出了一类特殊的异构现象，有的甚至是在几十年以后才在实验室内发现的。从下面的模型不难看出，当一个碳上连接四个不同的基团，分子就可以有两种不同的排列方式：

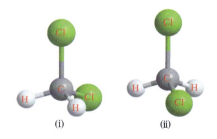

图1-16 二氯甲烷的球棍模型

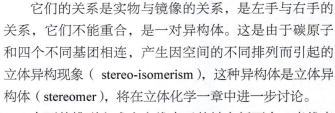

它们的关系是实物与镜像的关系，是左手与右手的关系，它们不能重合，是一对异构体。这是由于碳原子和四个不同基团相连，产生因空间的不同排列而引起的立体异构现象（stereo-isomerism），这种异构体是立体异构体（stereomer），将在立体化学一章中进一步讨论。

上面的排列方式中实线表示的键在纸面上，虚线表示的键在纸面后，楔形线表示的键在纸面前，这样绘的伞形立体投影式，简称伞形式（umbrella formula），又叫楔形式。

碳原子的四面体模型完全是由有机化学的实践及推理而得出来的结论，它成功地解释了许多以前解释不了的现象。在这个模型提出多年以后，随着X射线衍射分析方法的进步，准确地测定了碳原子的立体结构，完全证实了这个模型的正确性。正四面体是碳原子的一个间接照片。碳原子是有机化合物的基础。有一份知名的有机化学杂志，就叫作Tetrahedron（四面体，图1-17）。

图1-17 四面体杂志

1.5 杂化轨道理论和成键方式

1.5.1 碳的 sp³ 杂化以及成键方式

组成有机化合物的元素只有简单的碳、氢、氧、氮、磷、硫、卤素等有限的几种，但为什么有机化合物的数量如此庞大呢？其原因就在于碳超强的成键能力。

化学反应说到底，是原子核外层电子的分分合合。碳，6号元素，核外电子排布为$1s^2 2s^2 2p^2$，只有两个未成对电子，理论上只能形成两个化学键，但是人们很早就认识到有机物中碳是四价的。美国的Linus C. Pauling（鲍林）教授创造性地提出了"杂化（hybridization）"概念，解决了这个问题。Linus C. Pauling教授想到碳的2s轨道与2p轨道合并在一起，组成四个相同的轨道，结果形成了新的轨道，因为是由2s和2p杂化的，所以新的轨道称为sp轨道。请注意，**杂化前后轨道的总数目不变，**

【问题1.3】

用伞形式表达下列化合物的两个立体异构体。

但是体系的能量有所降低。

杂化的具体过程为：一个2s轨道与三个2p轨道杂化后，生成四个新的轨道，被称为sp³轨道，每个轨道上有一个电子，电子带负电荷，彼此排斥，因此四个sp³轨道采用在空间最远离的排布方式，见图1-18。

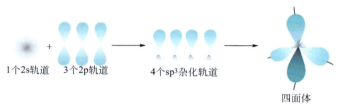

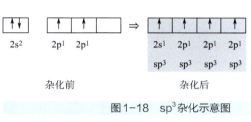

图1-18 sp³杂化示意图

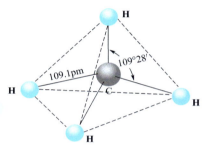

图1-18中，四个sp³轨道指向正四面体的顶点。在立体几何上，这样的结构，彼此之间的夹角是109°28′。每个sp³轨道带有一个电子，与一个H形成共价键，这就是甲烷分子（图1-19）。甲烷分子中，碳原子在四面体中间，四个氢原子在四个顶角上，任何两个C—H键之间都是109°28′，这是一个高度对称的分子。

甲烷中的四个sp³轨道与氢原子的s轨道在键轴方向上最大程度重合（即"头碰头"的方式）形成C—H键，像这样的键叫作σ键，如图1-20所示。又例如乙烷分子，两个碳原子各自拿出一个sp³轨道成键，剩下的sp³轨道与氢原子成键，像图1-21中那样，以"头对头"方式成键，乙烷中的七个键均为σ键。σ键有以下几个特点：

① σ键有方向性，两个成键原子必须沿着对称轴方向接近，才能达到最大重叠。

② σ键是轴对称的，可以绕轴旋转而不改变电子云密度的分布。

③ σ键是头碰头的重叠，与其他键相比，重叠程度大，键能大，因此，化学性质稳定。

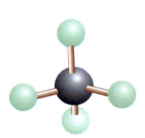

球棍模型

空间比例模型

图1-19 甲烷的正四面体结构

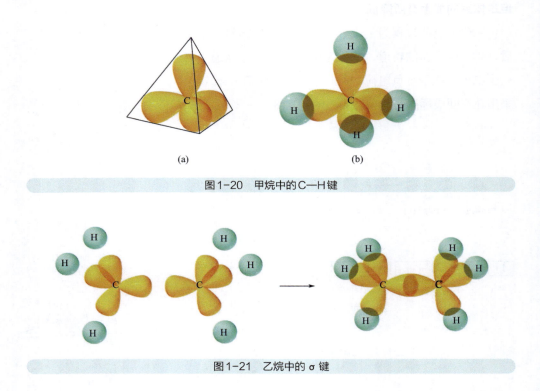

图1-20 甲烷中的C—H键

图1-21 乙烷中的σ键

1.5.2 碳的sp^2杂化以及成键方式

碳原子的一个2s轨道与两个2p轨道杂化后,生成三个新的轨道,被称为sp^2轨道。每个轨道上有一个电子,电子带负电荷,彼此排斥,因此三个杂化轨道采用在空间最远离的三角形排布方式,见图1-22。

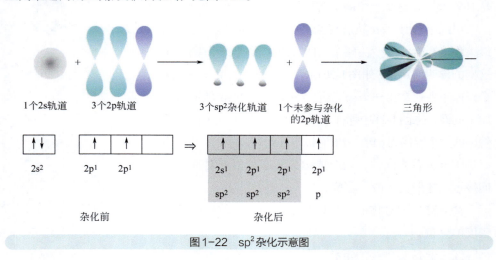

图1-22 sp^2杂化示意图

三个sp^2杂化轨道在平面上,彼此互成120°夹角,还有一个未参与杂化的2p轨道，轨道有一个电子，同样要与sp^2杂化轨道空间距离最远，因此只能采取垂直的方式排布，见图1-23。

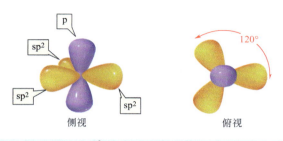

图1-23　sp^2杂化轨道与2p轨道关系示意图

两个碳原子各自拿出一个sp^2杂化轨道以"头对头"方式形成一个σ键，剩下的sp^2杂化轨道与氢原子成键，两个未参与杂化的2p轨道采取"肩并肩"方式成π键，这样就形成了乙烯分子，见图1-24。

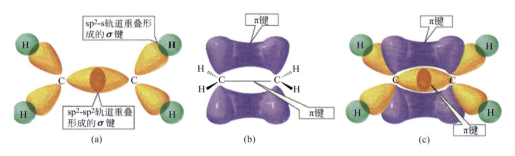

图1-24　乙烯分子结构示意图

图1-24中，两个碳原子的未参与杂化的2p轨道在空间采用"肩并肩"方式配对成键，这样的键我们称之为π键。乙烯分子的球棍模型以及空间比例模型如图1-25所示。

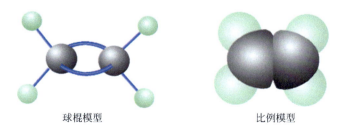

图1-25　乙烯的平面结构

1.5.3　碳的sp杂化以及成键方式

碳原子一个2s轨道与一个2p轨道杂化后，生成两个新的轨道，被称为sp轨道，每个轨道上有一个电子，电子带负电荷，彼此排斥，因此两个杂化轨道采用线性排

【问题1.4】

乙烯分子中π键能否绕键轴旋转？

布方式，彼此成180°夹角，碳原子还有两个未参与杂化的2p轨道，彼此排斥的结果就是形成如图1-26所示的形状。

可见，两个2p轨道互相垂直，且都垂直于sp杂化轨道。两个碳原子各自拿一个sp杂化轨道以"头对头"方式形成一个σ键，剩下的sp杂化轨道与氢原子成键，四个未杂化的p电子在两个垂直的平面上两两"肩碰肩"重叠，形成两个互相垂直的π键，见图1-27。

由于sp杂化，乙炔分子具有直线形结构，如图1-28。

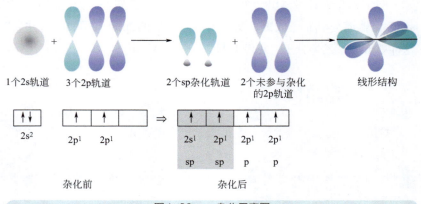

图1-26　sp杂化示意图

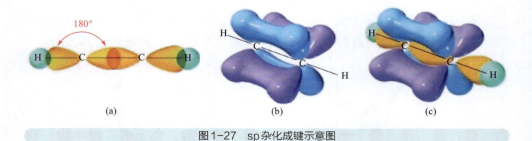

图1-27　sp杂化成键示意图

图1-28　乙炔的直线形结构

根据分子结构，填写表格。

分子结构	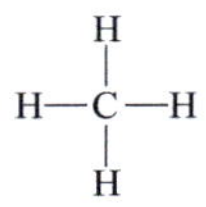 H−C(H)(H)−H	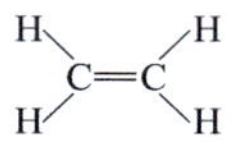 H₂C=CH₂	 H−C≡C−H	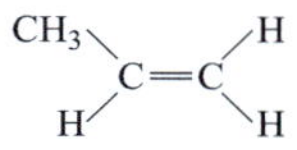 CH₃−C(H)=CH₂
碳原子杂化类型				
含有的 σ 键数量				
含有的 π 键数量				
分子形状				/

第 1 章 绪论

1. 下面是12位诺贝尔化学奖得主，请问他们各是哪国科学家？分别于哪一年获得诺贝尔化学奖？获奖原因是什么？

（1）Emil Fischer　　　（2）victor Grignard
（3）A Dolf Windaus　（4）Sir Walter Haworth
（5）Sir Robert Robinson（6）Otto Diels
（7）Giulio Natta　　　（8）Luis Federico Leloir
（9）Roald Hoffmann　（10）Alan G. MacDiarmid
（11）Roger Y. Tsien　（12）Brian K. Kobilka

2. 有机化合物的性质一般具有哪些特点？

3. 请指出下列化合物中各个碳原子的杂化类型。

（1）H₃C−CH₂−CH₂−CH₃　（2）H₂C=C(CH₃)−CH₃

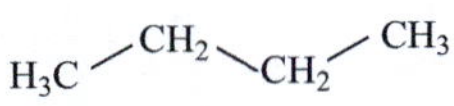

（3）C₆H₅−CH₂−CH₃　（4）C₆H₅−CH=CH₂

（5）C₆H₁₁−CH=CH₂

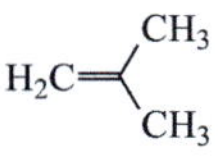

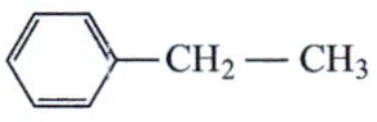

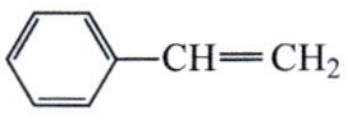

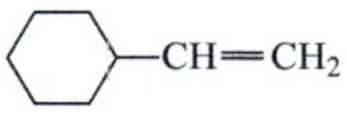

4. 根据碳原子四价理论，C_4H_4 可能有哪些结构？

有 机 化 学

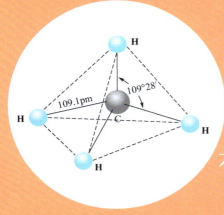

第 2 章
有机化合物的分类、表示方法和命名

内容提要

2.1 有机化合物的分类

2.2 有机化合物的表示方式和同分异构现象

2.3 有机化合物的命名

掌握：有机化合物的分类方法；有机化合物构造式的表达方式；同分异构现象的概念；碳原子的级；有机化合物名称的基本格式；各类有机物、基团的 IUPAC 命名法、普通命名法的基本要点与规则。

2.1 有机化合物的分类

有机化合物数量庞大，一个一个研究，既不可能也无必要，因此选择适当的标准进行分类就非常重要。有机化合物的分类方法主要有两种，一种是按碳架分类，另一种是按官能团（function group）分类。

2.1.1 按碳架分类

按碳架分类，各类化合物的关系如下所示：

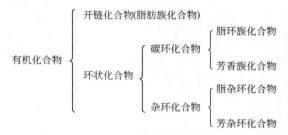

碳原子互相连接成链状的化合物称为开链化合物（alliphatic compound）。因这类化合物最初是从动物脂肪中获取的，所以也称为脂肪族化合物。例如：

$$CH_3CH_2CHCH_3 \quad CH_2=CH-CH=CH_2 \quad CH_2-CH-CH_2 \quad CH_3(CH_2)_{14}COOH$$
$$\underset{CH_3}{} \qquad\qquad\qquad\qquad \underset{OH\ \ OH\ \ OH}{}$$

2-甲基丁烷　　　　1,3-丁二烯　　　1,2,3-丙三醇(甘油)　十六碳酸(软脂酸)

碳原子互相连接成环的化合物称为碳环化合物（carbocyclic compound）。它分成两类，与脂肪族化合物性质类似的一类碳环化合物称为**脂环族化合物**（alicyclic compound）；另一类碳环化合物大都含有一个或几个单双键交替出现的六元环——苯环，这种特殊的结构决定了它们具有一种特殊的性质——芳香性（aromaticity），因此这类碳环化合物称为**芳香族化合物**（aromatic compound）。环内有杂原子（非碳原子）的环状化合物称为杂环化合物（heterocyclic compound）。杂环化合物也分为两类，具有脂肪族性质特征的称为**脂杂环化合物**（aliphatic heterocyclic compound），具有芳香特性的称为**芳杂环化合物**（aromatic heterocyclic compound）。因为脂杂环化合物常常与脂肪族化合物合在一起学习，所以平时说的**杂环化合物**实际指的是芳杂环化合物。碳环化合

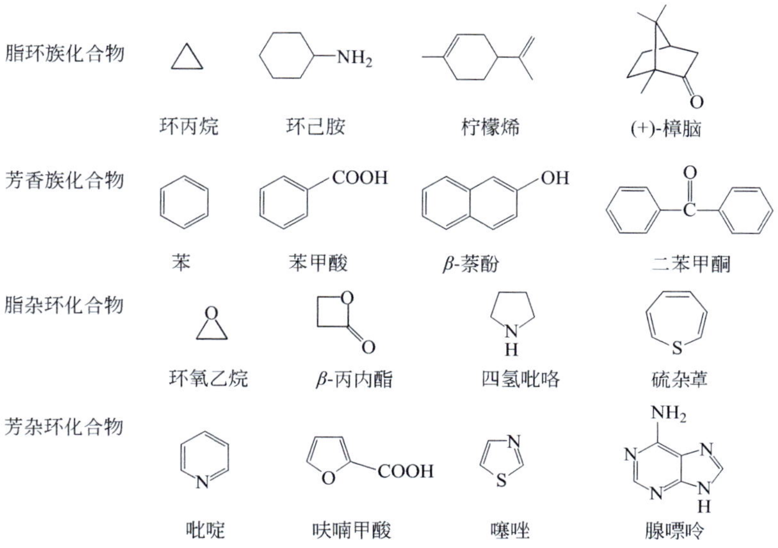

| 脂环族化合物 | 环丙烷 | 环己胺 | 柠檬烯 | (+)-樟脑 |

| 芳香族化合物 | 苯 | 苯甲酸 | β-萘酚 | 二苯甲酮 |

| 脂杂环化合物 | 环氧乙烷 | β-丙内酯 | 四氢吡咯 | 硫杂䓬 |

| 芳杂环化合物 | 吡啶 | 呋喃甲酸 | 噻唑 | 腺嘌呤 |

物和杂环化合物合称环状化合物。下面是几个代表性的化合物。

2.1.2 按官能团分类

在说各类官能团之前,我们先来说另一个名词"基"。从一个分子上除去一个H原子后剩下的部分称为基。例如,从甲烷分子中除去一个H原子,剩下的部分(·CH_3)称之为甲基,为了书写方便,常常写成CH_3—,有机化学中要求掌握的基团的名称见表2-1。以甲基为例,由于有1个未成对电子,而电子总是自发寻求配对,因此甲基非常活泼,经常可以和别的基团组成新的化合物。这样的基又称为自由基或者游离基。有机化学中有一类反应就是由自由基引发,这将在第4章具体学习。

表2-1 常见的基团

烷基	CH_3— 甲基	CH_3CH_2— 乙基	$CH_3CH_2CH_2$— 丙基	$(CH_3)_2CH$— 异丙基
烯基	$CH_2=CH$— 乙烯基	$CH_3CH=CH$— 丙烯基		$CH_2=CHCH_2$— 烯丙基
含氧基团	HO— 羟基	—CHO 醛基	—OCH_3 甲氧基	—COOH 羧基

接下来说的官能团,就像家族的姓氏,它的存在使其同属的化合物都带有相同的烙印。化合物中决定化合物物理、化学性质的原子团或特殊结构称为官能团,也可理解为带有特定功能的基团。显然,含有相同官能团的有机化合物具有相似的化学性质。因此,按官能团分类,可以为数目庞大的有机化合物提供更方便、更系统的研究方法。本书以后各章均按官能团分类的方式分别对各类化合物进行讨论。常见的官能团及其结构见表2-2。

表2-2　常见的官能团及对应化合物的类别

类别	通式	官能团结构	官能团名称	实例结构	实例名称
烷烃	C_nH_{2n+2}	—C—C—	单键	CH_3CH_3	乙烷
烯烃	C_nH_{2n}	C=C	碳碳双键	$H_2C=CH_2$	乙烯
炔烃	C_nH_{2n-2}	—C≡C—	碳碳三键	$H—C≡C—H$	乙炔
芳香烃	C_nH_{2n-6}	苯环	苯环	苯-CH_3	甲苯
卤代烃	R-X	—X	卤素	CH_3Cl	一氯甲烷
醇	R-OH	—OH	羟基	$CH_3—OH$	甲醇
硫醇	R-SH	—SH	巯基	$CH_3—SH$	甲硫醇
酚	Ar-OH	—OH	羟基	苯-OH	苯酚
硫酚	Ar-SH	—SH	巯基	苯-SH	苯硫酚
醚	R-O-R	—C—O—C—	醚键	$H_3C—O—CH_3$	甲醚
硫醚	R-S-R	—C—S—C—	硫醚键	$H_3C—S—CH_3$	甲硫醚
醛	RCHO	—C(=O)—H	醛基	$CH_3—C(=O)—H$	乙醛
酮	RCOR′	—C(=O)—	羰基	$CH_3—C(=O)—CH_3$	丙酮
羧酸	RCOOH	—C(=O)—OH	羧基	$CH_3—C(=O)—OH$	乙酸
磺酸	Ar（R）SO_3H	—SO_3H	磺酸基	苯-SO_3H	苯磺酸
酯	RCOOR′	R—C(=O)—O—R′	酯基	$CH_3—C(=O)—O—CH_2CH_3$	乙酸乙酯
酰胺	$RCONH_2$	—C(=O)—NH_2	酰氨基	$CH_3—C(=O)—NH_2$	乙酰胺
酰卤	RCO-X	—C(=O)—X	酰卤基	$CH_3—C(=O)—Cl$	乙酰氯
酸酐	RCOOCOR′	—C(=O)—O—C(=O)—	酸酐基	$CH_3—C(=O)—O—C(=O)—CH_3$	乙酸酐
胺	RNH_2	—NH_2	氨基	$CH_3CH_2—NH_2$	乙胺
腈	RCN	—CN	氰基	$CH_3—CN$	乙腈
硝基化合物	R-NO_2	—NO_2	硝基	$CH_3—NO_2$	硝基甲烷
重氮化合物	$ArN_2^+Cl^-$	—N⁺≡N	重氮基	苯-N_2Cl	氯化重氮苯

2.2 有机化合物的表示方式和同分异构现象

2.2.1 有机化合物构造式的表示方法

分子中原子的连接次序和键合性质叫作构造。表示分子构造的化学式叫作构造式（constitution formula）。表示构造式的方法有四种，现结合下面两个化合物（表2-3）进行具体说明。

用价电子（即共价结合的外层电子）表示的电子结构式称为路易斯结构式（Lewis structure formula）。在路易斯结构式中，用黑点表示电子，两个原子之间的一对电子表示共价单键，两个原子之间的两对或三对电子表示共价双键或共价三键。只属于一个原子的一对电子称为孤对电子。将路易斯结构式中一对共价电子改成一条短线，就得到了结构式（蛛网式，cobweb formula），因其形似蛛网而得名。为了简化构造式的书写，常常将碳与氢之间的键线省略，或者将碳氢单键和碳碳单键的键线均省略，这两种表达方式统称为结构简式（skeleton symbol）。还有一种表达方式是只用键线来表示碳架，两根单键之间或一根双键和一根单键之间的夹角为120°，一根单键和一根三键之间的夹角为180°，而分子中的碳氢键、碳原子及与碳原子相连的氢原子均省略，而其他杂原子及与杂原子相连的氢原子须保留。用这种方式表示的结构式为键线式（bond-line formula）。在上述表示式中，结构简式和键线式应用较广泛，键线式最为简便。

【问题2.1】

命名下列取代基或官能团，或根据名称写出结构。

（1）异丙基；（2）—COOH；

（3）$CH_3-\overset{\overset{\displaystyle CH_3}{|}}{\underset{\underset{\displaystyle CH_3}{|}}{C}}$；（4）—COOR；

（5）—CN；（6）烯丙基；

（7）丙烯基；（8）异丁基；

（9）$-\overset{\overset{\displaystyle O}{\|}}{C}-H$；（10）$-\overset{\overset{\displaystyle O}{\|}}{C}-OH$

【问题2.2】

利用化学结构式绘制软件，绘制表2-2中的官能团结构及实例结构，并写出每个实例结构的分子式（formula）、分子量（molecular weight）和元素分析（element analysis）。

表2-3 有机化合物构造式的表示方法

化合物名称	路易斯结构式	结构式（蛛网式）	结构简式	键线式
1-戊烯	H H H H H H:C::C:C:C:C:H 　H H H H	H H H H H H-C=C-C-C-C-H 　　H H H H	$CH_2=CH-CH_2-CH_2-CH_3$ 或 $CH_2=CH-CH_2CH_2CH_3$	⌒⌒⌒
2-戊醇	H H:Ö:H H H H H:C:C:C:C:C:H H H H H H	H H Ö H H H H-C-C-C-C-C-H H H H H H	$CH_3-\underset{\underset{\displaystyle OH}{\|}}{CH}-CH_2-CH_2-CH_3$ 或 $CH_3-\underset{\underset{\displaystyle OH}{\|}}{CH}-CH_2CH_2CH_3$	OH ⌒⌒⌒

【问题2.3】

将下列化合物由键线式改写成结构简式。

(1) [structure]

(2) [structure with NH₂]

(3) [structure with OH, OH]

(4) [structure with Br, OH, Cl]

(5) [structure]

(6) [structure]

(7) [structure]

(8) [structure]

(9) [structure]

(10) [structure with Br]

2.2.2 有机化合物的同分异构体

有机化合物都是含碳的化合物。碳位于周期表第二周期第ⅣA族，它的基态原子的外围电子是 $2s^22p^2$，由于失去四个电子或接受四个电子成为惰性气体电子结构很难实现，因此碳在形成有机物时，基本上是以四个共价键的形式和其他原子成键的。碳不仅能与其他原子形成共价键，碳碳之间也能形成共价单键、共价双键和共价三键。它们不仅能形成直链，还能形成叉链和环链。另外，一些非碳原子如卤素、氧、硫、氮、磷及金属原子等也能在有机分子中占据不同的位置，形成性质各异的化合物。因此，有机化合物的数目极其繁多，有机化学中的同分异构现象也极为普遍。

有机化学中的同分异构体，可以划分成各种类别，它们之间的关系如下所示。

同分异构体
├─ 构造异构体
│   ├─ 碳架异构体
│   ├─ 位置异构体
│   ├─ 官能团异构体
│   ├─ 互变异构体
│   └─ 价键异构体
├─ 立体异构体
│   ├─ 构型异构体
│   │   ├─ 顺反异构体（详见第3章）
│   │   └─ 旋光异构体（详见第3章）
│   └─ 构象异构体
│   ├─ 交叉式构象（详见第3章）
│   └─ 重叠式构象（详见第3章）
└─ 电子互变异构体（参见第8章）

同分异构体是所有异构体的总称。它主要分为构造异构体和立体异构体两大类。前者是指分子中的连接次序不同或者键合性质不同引起的异构体，可分为五种。因碳架不同产生的异构称为碳架异构（carbon skeleton isomer）。例如可以写出两种不同碳架的丁烷，它们互为碳架异构体，可以写出三种不同碳架的戊烷，它们也互

C_4H_{10} $CH_3CH_2CH_2CH_3$ CH_3CHCH_3
                                           $|$
                                          CH_3
              （正）丁烷   异丁烷

C_5H_{12} $CH_3CH_2CH_2CH_2CH_3$ $CH_3CHCH_2CH_3$ CH_3
                                            $|$ $|$
                                          CH_3 CH_3CCH_3
                                                           $|$
                                                          CH_3
              （正）戊烷   异戊烷   新戊烷

有机化学

为碳架异构体。

官能团在碳链或碳环上的位置不同而产生的异构体称为位置异构体。例如含三个碳的醇，羟基可以连在端基碳上，也可以连在中间碳上，这两种化合物互为位置异构体（position isomer）。

$$C_3H_8O \qquad CH_3CH_2CH_2OH \qquad CH_3\underset{\underset{OH}{|}}{CH}CH_3$$

$$\text{正丙醇} \qquad\qquad\qquad \text{异丙醇}$$

因分子中所含官能团的种类不同所产生的异构体称为官能团异构体（functional group isomer）。例如满足分子式 C_2H_6O 的化合物可以含有醚键（醚的官能团），也可以含有羟基（醇的官能团），这两种化合物互为官能团异构体。

$$C_2H_6O \qquad CH_3CH_2OH \qquad\qquad CH_3OCH_3$$

$$\text{乙醇} \qquad\qquad\qquad \text{甲醚}$$

因分子中某一原子在两个位置迅速移动而产生的官能团异构体称为互变异构体（tautomeric isomer）。例如：丙酮和1-丙烯-2-醇可以通过氢原子在氧上和α-碳上的迅速移动而互相转变，所以它们是一对互变异构体。

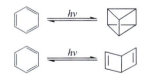

一对互变异构体虽然可以互相转换，但常常以较稳定的一种异构体为其主要的存在形式。互变异构体是一种特殊的官能团异构体。

因分子中某些价键的分布发生了改变，与此同时也改变了分子的几何形状，从而引起的异构体称为价键异构体（valence bond isomer）。例如苯在某波长光波的照射下可以转变为棱晶烷，在另一波长光波的照射下可以转变为杜瓦苯。它们的价键分布和几何形状都不同，所以棱品烷和杜瓦苯都是苯的价键异构体。

同分异构体中的另一大类是立体异构体（stereo-isomer）。分子中原子或原子团互相连接次序相同，但空间排列不同而引起的异构体称为立体异构体，有两类立体异构体。因键长、键角、分子内有双键、有环等原因引起的立体异构体称为构型异构体（configuration stereo-isomer）。一般来讲，构型异构体之间不能或很难互相转换。仅由于单键的旋转而引起的立体异构体称为构象异构体（conformational stereo-isomer），有时也称为旋转异构体（rotamer）。由于旋转的角度可以是任意的，单键旋转360°可以产生无数个构象异构体，通常以几种稳定的极端构象来代表它们（具体详见第3章）。

【问题2.4】

写出分子式为 C_6H_{14}、$C_4H_{10}O$ 的所有的构造异构体。

2.3 有机化合物的命名

有机化合物种类繁多，数目庞大，即使同一分子式，也有不同的异构体，因此认真学习每一类化合物的命名是有机化学的一项重要内容。现在书籍、期刊中经常使用普通命名法和国际纯粹与应用化学联合会（International Union of Pure and Applied Chemistry）命名法，后者简称IUPAC命名法或系统命名法。

2.3.1 链烷烃的命名

（1）系统命名法

① 直链烷烃的命名　直链烷烃（n-alkanes）的名称用"碳原子数+烷"来表示。当碳原子数为1～10时，依次用天干——甲、乙、丙、丁、戊、己、庚、辛、壬、癸——表示。碳原子数超过10时，用数字表示。表2-4列出了一些正烷烃的中英文名称。

表2-4　正烷烃的名称

构造式	中文名	英文名	构造式	中文名	英文名
CH_4	甲烷	methane	$CH_3(CH_2)_{16}CH_3$	（正）十八烷	n-octadecane
CH_3CH_3	乙烷	ethane	$CH_3(CH_2)_{17}CH_3$	（正）十九烷	n-nonadecane
$CH_3CH_2CH_3$	丙烷	propane	$CH_3(CH_2)_{18}CH_3$	（正）二十烷	n-icosane
$CH_3(CH_2)_2CH_3$	（正）丁烷	n-butane	$CH_3(CH_2)_{19}CH_3$	（正）二十一烷	n-henicosane
$CH_3(CH_2)_3CH_3$	（正）戊烷	n-pentane	$CH_3(CH_2)_{20}CH_3$	（正）二十二烷	n-docosane
$CH_3(CH_2)_4CH_3$	（正）己烷	n-hexane	$CH_3(CH_2)_{28}CH_3$	（正）三十烷	n-triacontane
$CH_3(CH_2)_5CH_3$	（正）庚烷	n-heptane	$CH_3(CH_2)_{29}CH_3$	（正）三十一烷	n-hentriacontane
$CH_3(CH_2)_6CH_3$	（正）辛烷	n-octane	$CH_3(CH_2)_{30}CH_3$	（正）三十二烷	n-dotriacontane
$CH_3(CH_2)_7CH_3$	（正）壬烷	n-nonane	$CH_3(CH_2)_{38}CH_3$	（正）四十烷	n-tetracontane
$CH_3(CH_2)_8CH_3$	（正）癸烷	n-decane	$CH_3(CH_2)_{48}CH_3$	（正）五十烷	n-pentacontane
$CH_3(CH_2)_9CH_3$	（正）十一烷	n-undecane	$CH_3(CH_2)_{58}CH_3$	（正）六十烷	n-hexacontane
$CH_3(CH_2)_{10}CH_3$	（正）十二烷	n-dodecane	$CH_3(CH_2)_{68}CH_3$	（正）七十烷	n-heptacontane
$CH_3(CH_2)_{11}CH_3$	（正）十三烷	n-tridecane	$CH_3(CH_2)_{78}CH_3$	（正）八十烷	n-octacontane
$CH_3(CH_2)_{12}CH_3$	（正）十四烷	n-tetradecane	$CH_3(CH_2)_{88}CH_3$	（正）九十烷	n-nonacontane
$CH_3(CH_2)_{13}CH_3$	（正）十五烷	n-pentadecane	$CH_3(CH_2)_{98}CH_3$	（正）一百烷	n-hectane
$CH_3(CH_2)_{14}CH_3$	（正）十六烷	n-hexadecane	$CH_3(CH_2)_{132}CH_3$	（正）一百三十四烷	n-tetratriacontane hectane
$CH_3(CH_2)_{15}CH_3$	（正）十七烷	n-heptadecane			

其中10个碳以内的烷烃要比较熟悉,以后经常要用。烷烃的英文名称变化是有规律的,认真阅读上表即可看出。表中的正（*n-*）表示直链烷烃,正（*n-*）可以省略。

② 支链烷烃的命名　有分支的烷烃称为支链烷烃（branched-chain alkanes）。

a. 碳原子的级　下面化合物中含有四种不同碳原子：

$$\underset{\underset{(i)}{CH_3}\ \underset{}{H}}{\overset{\overset{(i)}{CH_3}\ \overset{(i)}{CH_3}\ H}{CH_3-\overset{(iv)}{C}-\overset{(iii)}{C}-\overset{(ii)}{C}-\overset{(i)}{CH_3}}}$$

与一个碳相连的碳原子是一级碳原子,用1°C表示（或称伯碳,primary carbon）,1°C上的氢称为一级氢,用1°H表示。

与两个碳相连的碳原子是二级碳原子,用2°C表示（或称仲碳,secondary carbon）,2°C上的氢称为二级氢,用2°H表示。

与三个碳相连的碳原子是三级碳原子,用3°C表示（或称叔碳,tertiary carbon）,3°C上的氢称为三级氢,用3°H表示。

与四个碳相连的碳原子是四级碳原子,用4°C表示（或称季碳,quaternary carbon）。

b. 烷基的名称　烷烃去掉一个氢原子后剩下的部分称为烷基。英文名称为alkyl,即将烷烃的词尾-ane改为-yl。烷基可以用普通命名法命名,也可以用系统命名法命名。表2-5列出了一些常见烷基的名称。

从表2-5中可以看出：甲烷、乙烷分子中只有一种氢,只能产生一种甲基和一种乙基。丙烷分子中有两种不同的氢,可以产生两种丙基。丁烷有两种异构体,每种异构体分子中都有两种不同的氢原子,所以能产生四种丁基。戊烷有三种异构体,一共可产生八种戊基。命名时,用什么方法来区分碳原子数相同但结构不同的烷基？普通命名法通过词头来区分它们。词头正（*n*）表示该烷基是一条直链。异（*iso*）表示链的端基有（CH_3）$_2$CH—结构,而链的其他部位无支链。新表示链的端基有（CH_3）$_3$CCH_2—的结构,而链的其他部位无支链。此外还可以用二级、三级等词头来表明失去氢原子的碳为二

【问题2.5】

给下面分子的每个碳标注级数。

表 2-5 一些常见烷基的名称

烷烃	相应的烷基	普通命名法 中文名称（英文名称）	IUPAC命名法 中文名称（英文名称）
甲烷 CH_4	CH_3-	甲基（methyl，缩写 Me）	甲基（methyl，缩写 Me）
乙烷 CH_3CH_3	CH_3CH_2-	乙基（ethyl，缩写 Et）	乙基（ethyl，缩写 Et）
丙烷 $CH_3CH_2CH_3$	$CH_3CH_2CH_2-$	（正）丙基（n-propyl，缩写 n-Pr）	丙基（propyl，缩写 Pr）
	$CH_3\overset{2}{C}HCH_3$	异丙基（isopropyl，缩写 i-Pr）	1-甲基乙基（1-methylethyl）
（正）丁烷 $CH_3(CH_2)_2CH_3$	$CH_3CH_2CH_2CH_2-$	（正）丁基（n-butyl，缩写 n-Bu）	丁基（butyl，缩写 Bu）
	$\overset{1}{C}H_3\overset{2}{C}H_2\overset{3}{C}HCH_3$	二级丁基或仲丁基（sec-butyl，缩写 s-Bu）	1-甲（基）丙基（1-methylpropyl）
异丁烷 CH_3CHCH_3 $\quad\ \ |$ $\quad\ \ CH_3$	$\overset{3}{C}H_3\overset{2}{C}HCH_2-$ $\quad\ \ |$ $\quad\ \ CH_3$	异丁基（isobutyl，缩写 i-Bu）	2-甲基丙基（2-methylpropyl）
	$\overset{2}{C}H_3\overset{1}{C}CH_3$ $\quad\ \ |$ $\quad\ \ CH_3$	三级丁基或叔丁基（tert-butyl，缩写 t-Bu）	1,1-二甲基乙基（1,1-dimethylethyl）
（正）戊烷 $CH_3(CH_2)_3CH_3$	$CH_3CH_2CH_2CH_2CH_2-$	（正）戊基（n-pentyl 或 n-amyl）	戊基（n-pentyl）
	$\overset{4}{C}H_3\overset{3}{C}H_2\overset{2}{C}H_2\overset{1}{C}HCH_3$	—	1-甲基丁基（1-methylbutyl）
	$\overset{3}{C}H_3\overset{2}{C}H_2\overset{1}{C}HCH_2CH_3$	—	1-乙基丙基（1-ethylpropyl）
异戊烷 $CH_3CHCH_2CH_3$ $\quad\ \ |$ $\quad\ \ CH_3$	$\overset{4}{C}H_3\overset{3}{C}HCH_2\overset{1}{C}H_2-$ $\quad\ \ |$ $\quad\ \ CH_3$	异戊基（iso-pentyl）	3-甲基丁基（3-methylbutyl）
	$\overset{3}{C}H_3\overset{2}{C}H\overset{1}{C}H_3$ $\quad\ \ |$ $\quad\ \ CH_3$	—	1,2-二甲基丙基（1,2-dimethylpropyl）
	$\overset{3}{C}H_3\overset{2}{C}CH_3$ $\quad\ \ |$ $\quad\ \ CH_3$	三级戊基或叔戊基（tert-pentyl）	1,1-二甲基丙基（1,1-dimethylpropyl）
	$-\overset{1}{C}H_2\overset{2}{C}H\overset{3}{C}H_2\overset{4}{C}H_3$ $\quad\ \ |$ $\quad\ \ CH_3$	—	2-甲基丁基（2-methylbutyl）
新戊烷 $\quad\ \ CH_3$ $CH_3\overset{|}{C}CH_3$ $\quad\ \ |$ $\quad\ \ CH_3$	$\quad\ \ CH_3$ $CH_3\overset{|}{C}CH_2-$ $\quad\ \ |$ $\quad\ \ CH_3$	新戊基（neopentyl）	2,2-二甲基丙基（2,2-dimethylpropyl）

注：1. 括号中的正字可以省略。
2. 在英文命名时，正用 n-，异用 iso- 或 i-，新用 neo，二级用词头 sec-（或 s-），三级用词头 tert-（或 t-）表示，后面有一短横线。

级碳和三级碳。显然烷基的普通命名只适用于简单的烷基。烷基的系统命名法适用于各种情况，它的命名方法是：**将失去氢原子的碳定位为1，从它出发，选一个最长的链为烷基的主链，从1位碳开始，依次编号，不在主链上的基团均作为主链的取代基处理**。写名称时，将主链上的取代基的编号和名称写在主链名称前面。例如，下面的烷基从1号碳出发，有三个编号的方向，选碳原子数最多的方向编号，该碳链为烷基的主链，称为丁基（butyl），在该主链的1位碳上有两个取代基，分别为甲基、乙基。所以该烷基的名称为1-甲基-1-乙基丁基。

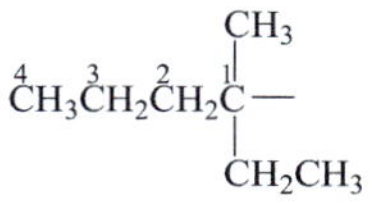

$$CH_3CH_2CH_2\overset{4\ \ 3\ \ 2}{C}-\overset{CH_3}{\underset{CH_2CH_3}{|}}$$

c. 顺序规则　有机化合物中的各种基团可以按一定的规则来排列先后次序，这个规则称为顺序规则（Cahn-Ingold-Prelog sequence），其主要内容如下：

将单原子取代基按原子序数（atomic number）大小排列，原子序数大的顺序在前，原子序数小的顺序在后，有机化合物中常见的元素顺序如下：

$$I > Br > Cl > S > P > F > O > N > C > D > H$$

在同位素（isotope）中质量高的顺序在前。

如果两个多原子基团的第一个原子相同，则比较与它相连的其他原子，比较时，按原子序数排列，先比较最大的，仍相同，再顺序比较居中的、最小的。如 —CH_2Cl 与 —CHF_2，第一个均为碳原子，再按顺序比较与碳相连的其他原子，在 —CH_2Cl 中为 —C（Cl，H，H），在 —CHF_2 中为 —C（F，F，H），Cl比F在前，故 —CH_2Cl 在前。如果有些基团仍相同，则沿取代链逐次相比。

含有双键或三键的基团，可认为连有两个或三个相同的原子，例如下列基团排列顺序为：

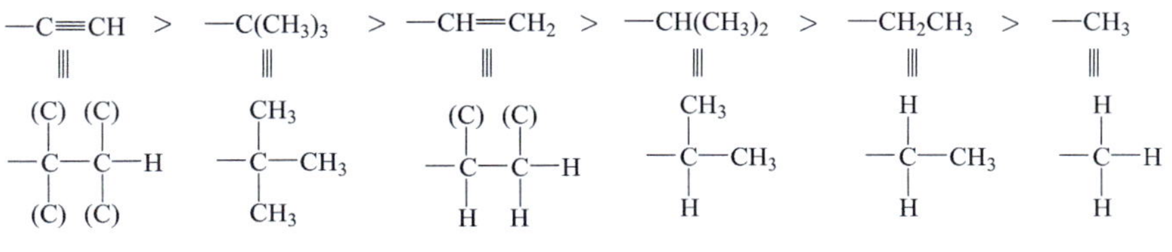

—C≡CH > —C(CH_3)$_3$ > —CH=CH_2 > —CH(CH_3)$_2$ > —CH_2CH_3 > —CH_3

此外如苯基，醛基 —CH=O，氰基 —C≡N 等等。

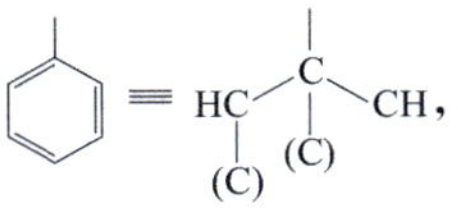

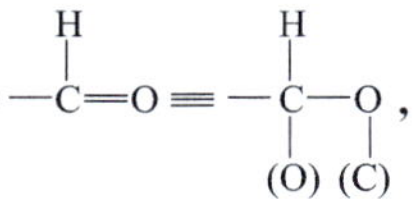

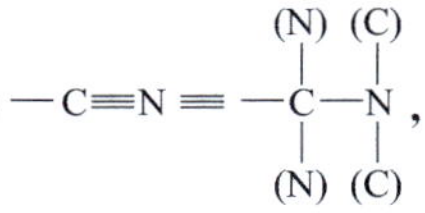

若参与比较顺序的原子的键不到4个，则可以补充适量的原子序数为零的假想原子，假想原子的排序放在最后。例如 $CH_3CH_2NHCH_3$ 中，N上只有三个基团，则它的第四个基团为一个原子序数为0的假想原子，四个基团的排序为：CH_3CH_2— > CH_3— > H— > 假想原子。

【问题2.6】

给下面分子的每个碳标注级数。

—CH₂CH₃   —CH₂CH₂CH₃   —CH₂OH   —CH₂NH₂   —C(=O)—OCH₃

—CCl₃   —CH₂Br   —SCH₃   —CHDCH₃   —CH₂CHDCH₃

d. **名称的基本格式**　有机化合物系统命名的基本格式如下所示：

构型	+	取代基	+	母体
		取代基位置号+个数+名称		官能团位置号+名称
R, *S*；D, L；*Z*, *E*；顺, 反		(有多个取代基时,中文按顺序规则确定次序,小的在前；英文按英文字母顺序排列)		(没有官能团时不涉及位置号)

例如下面化合物的系统名称（构型的命名详见第3章）：

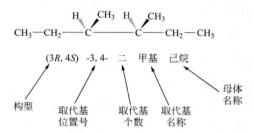

e. **命名原则和命名步骤**　命名时，首先要确定主链。命名烷烃时，确定主链的原则是：首先考虑链的长短，长的优先。若有两条或多条等长的最长链时，则根据侧链的数目来确定主链，多的优先。若仍无法分出哪条链为主链，则依次考虑下面的原则，侧链位次小的优先，各侧链碳原子数多的优先，侧分支少的优先。主链确定后，要根据最低系列原则（lowest series principle）对主链进行编号。最低系列原则的内容是：使取代基的号码尽可能小，若有多个取代基，逐个比较，直至比出高低为止。最后，根据有机化合物名称的基本格式写出全名。下面是几个实例。

实例一

$$\underset{\underset{CH_3\ H_3C\ CH_3}{|\ \ \ \ \ |\ \ \ \ \ |}}{\overset{1\ \ \ 2\ \ \ \ 3\ \ \ \ 4\ \ \ 5\ \ \ 6}{\underset{6\ \ \ 5\ \ \ \ 4\ \ \ \ 3\ \ \ 2\ \ \ 1}{CH_3CHCH_2CHCHCH_3}}}\quad \begin{matrix}2,4,5\\2,3,5^*\end{matrix}$$

选六碳链为主链。主链有两种编号方向，第一行编号，取代基的位号为2，4，5，第二行编号，取代基的位号为2，3，5（位号用阿拉伯数字1，2，3…表示）。根据最低系列原则，用第二行编号。该化合物的中文名称为2，3，5-三甲基己烷。英文名称为2，3，5-trimethylhexane。在名称中，2，3，5分别为三个甲基的位号。三是甲基的数目。（在中文名称中，取代基个数用中文数字一、二、三……来表示。在英文名称中，一、二、三、四、五、六数字相应用词头mono、di、tri、tetra、penta、hexa表示。）

实例二

$$\underset{8\ 7\ 6\ 5\ 4\ 3\ 2\ 1}{\overset{1\ 2\ 3\ 4\ 5\ 6\ 7\ 8}{CH_3CH_2CH_2CH-CH-CH-CHCH_3}}\quad\overset{4,5,6,7}{\underset{2,3,4,5}{}}*$$

$$\underset{|}{CH_3}\ \underset{|}{{}_6CH_2}\ \underset{|}{CH_3}$$

$$\underset{|}{{}_7CH_2}$$

$$\underset{}{{}_8CH_3}$$

本化合物有两根八碳的最长链，因此通过比较侧链数来确定主链。横向长链有四个侧链，弯曲的长链只有两个侧链，多的优先，所以选横向长链为主链。主链有两种编号方向，第一行取代基的位号是4，5，6，7，第二行取代基的位号是2，3，4，5，根据最低系列原则，选第二行编号。该化合物的中文名称是2，3，5-三甲基-4-丙基辛烷。注意本化合物中有两种取代基。当一个化合物中有两种或两种以上的取代基时，中文按顺序规则确定次序，顺序规则中小的基团放在前面。所以甲基放在丙基的前面。

实例三

$$\underset{7\ 6\ 5\ 4\ 3\ 2\ 1}{\overset{1\ 2\ 3\ 4\ 5\ 6\ 7}{CH_3CH_2-CH-CH_2-CH_2-CH-CH_3}}\quad\overset{3,4,6}{\underset{2,4,5}{}}*$$

$$\underset{|}{H_3C}\quad\underset{|}{{}_3CH_2}\quad\underset{|}{CH_3}$$

$$\underset{|}{{}_2CH-CH_3}$$

$$\underset{}{{}_1CH_3}$$

本化合物有两根七碳的最长链，侧链数均为三个，所以根据侧链的位次来决定主链。横向长链的侧链位次为2，4，5，弯曲长链的侧链位次为2，4，6，小的优先，所以横向长链为主链。根据最低系列原则，取主链的第二行编号。本化合物的中文名称为2，5-二甲基-4-异丁基庚烷或2，5-二甲基-4-（2-甲丙基）庚烷。括号中的2是取代烷基上的编号。

实例四

（结构式略）

本化合物有两个等长的最长链，侧链数均为5，侧链位次均为3，5，7，9，11。而侧链的碳原子数由小到大排列时，一个主链为1，1，1，2，8，另一个主链为1，1，1，1，9。逐项比较，根据多的优先的原则确定主链。本化合物的中文名称为3，5，9-三甲基-11-乙基-7-（2,4-二甲基己基）十三烷。

实例五

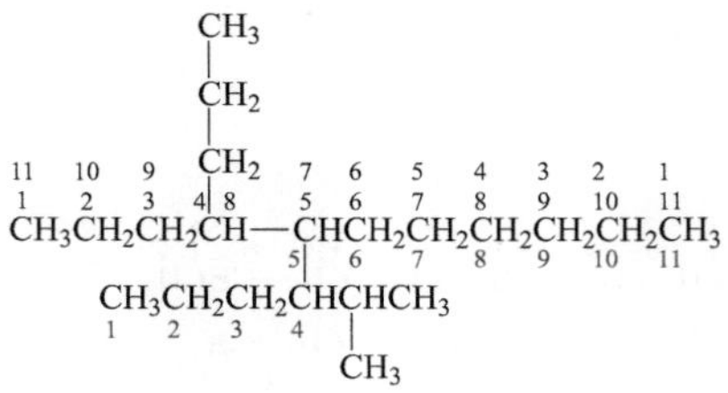

本化合物有两根等长的最长链，两根长链均有两个侧链，侧链位次均为4，5，侧链的碳原子数均为3，7。最后根据侧分支少的优先的原则来确定主链。化合物的中文名称是4-丙基-5-（1-异丙基丁基）十一烷。其英文名称是5-（isopropyl butyl）-4-propylundecane。

（2）普通命名法

普通命名法对直链烷烃的命名与系统命名相同。命名有支链的烷烃时，用正表示无分支，用异表示端基有（CH_3）$_2$CH—结构，用新表示端基有（CH_3）$_3CCH_2$—结构，这与烷基的普通命名法相同。例如戊烷的三个同分异构体的普通命名如下：

(正)戊烷

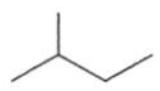
异戊烷

新戊烷

普通命名法中，工业上常用的异辛烷是一个特例，不符合上述规定。

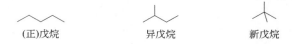

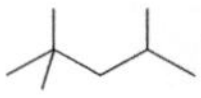
系统命名：2, 2, 4-三甲基戊烷
普通命名：异辛烷

用正、异、新可以区别烷烃中具有五个碳原子以下的同分异构体，但命名多于五个碳原子的烷烃时就有困难了。如六个碳原子的化合物有五个同分异构体，除用正、异、新表示其中的三个化合物外，尚有两个无法加以区别，故此命名法只适用于简单的化合物。

（3）衍生物命名法

烷烃的衍生物命名法以甲烷为母体，其他部分则作为甲烷的取代基来命名。例如：

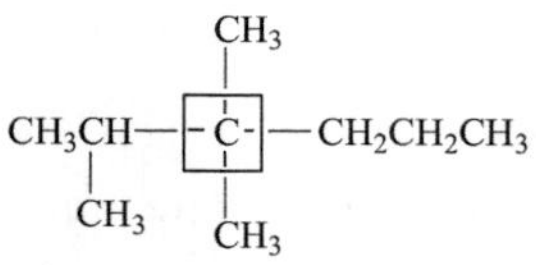

二甲基　正丙基　异丙基甲烷

在衍生物命名法中，为了方便，一般总是选连有烷基最多的碳原子作为甲烷的碳原子。

（4）俗名

通常是根据来源来命名。例如甲烷产生于池沼里腐烂的植物，所以称为沼气（marsh gas）。

2.3.2 环烷烃的命名

（1）单环烷烃的命名

只有一个环的环烷烃称为单环烷烃（monocyclic alkane）。环上没有取代基的环烷烃命名时只需在相应的烷烃前加环，英文名称只需在相应的英文名称前加 cyclo。例如：

环丙烷　　　环丁烷　　　环戊烷　　　环己烷
cyclopropane　cyclobutane　cyclopentane　cyclohexane

环上有取代基的单环烷烃命名分两种情况。环上的取代基比较复杂时，应将链作为母体，将环作为取代基，按链烷烃的命名原则和命名方法来命名。例如：

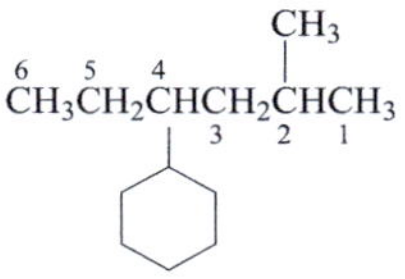

中文名称：2-甲基-4-环己基己烷
英文名称：4-cyclohexyl-2-methylhexane

而当环上的取代基比较简单时，通常将环作为母体来命名。例如：

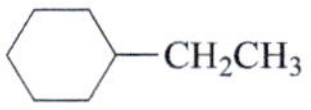

中文名称：乙基环己烷
英文名称：ethylcyclohexane

当环上有两个或多个取代基时，要对母体环进行编号，编号仍遵守最低系列原则。例如：

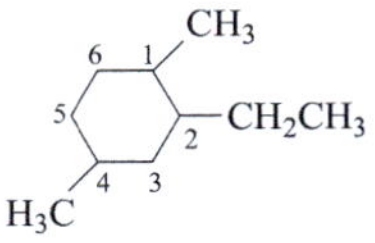

中文名称：1,4-二甲基-2-乙基环己烷
英文名称：2-ethyl-1,4-dimethylcyclohexane

但由于环没有端基，有时会出现有几种编号方式都符号最低系列原则的情况。例如：

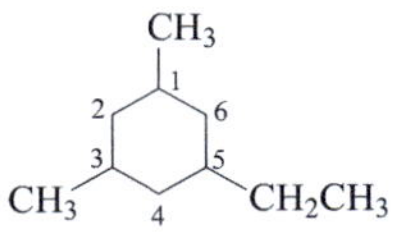

(i) 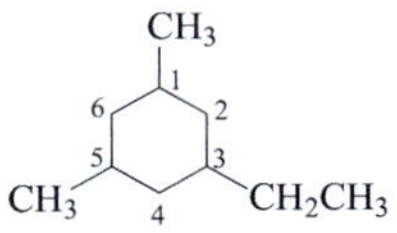　　　　(ii) 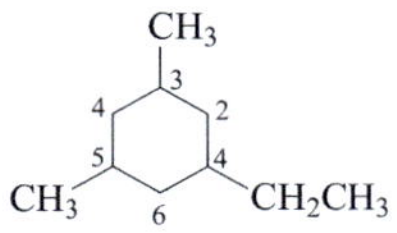　　　　(iii)

上面列出了同一个化合物的三种编号方式，它们都符合最低系列原则，也即应用最低系列原则无法确定哪一种编号优先。在这种情况下，中文命名时，应让顺序规则中较小的基团位次尽可能小。所以应取（i）的编

【问题2.7】

写出下列化合物的中文系统命名。

（1）

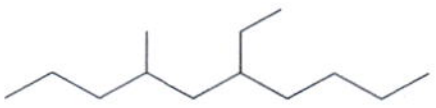

（2）

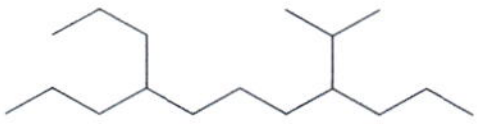

（3）

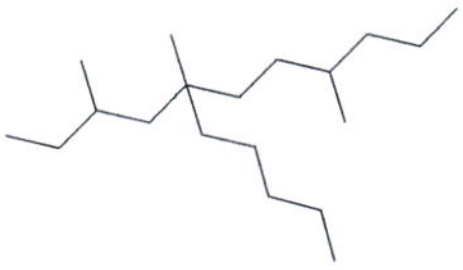

（4）

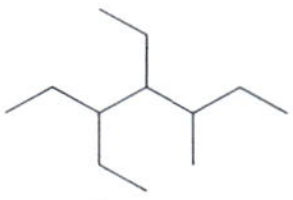

（5）

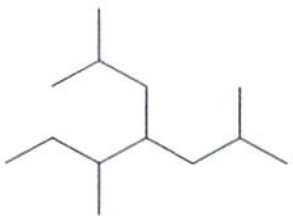

（6）

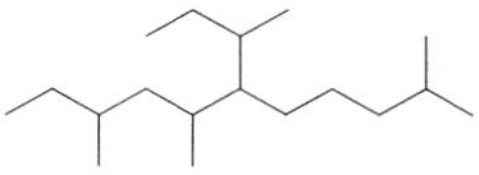

写出下列化合物的中文系统命名。

(1)

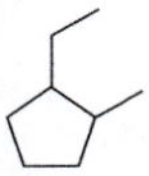

(2)

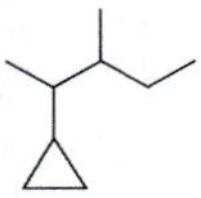

(3)

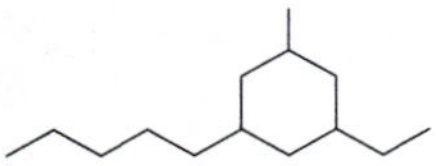

(4)

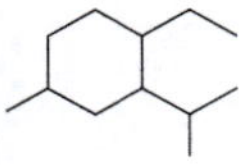

号，化合物的名称是1,3-二甲基-5-乙基环己烷。

（2）桥环烷烃的命名

桥环烷烃（bridged alkane）是指共用两个或两个以上碳原子的多环烷烃，共用的碳原子中的端碳原子称为桥头碳（bridgehead carbon），两个桥头碳之间可以是碳链，也可以是一个键，称为桥。将桥环烃变为链形化合物时，要断裂碳链，需断两次的桥环烃称为二环（bicyclo），断三次的称为三环（tricyclo）等，然后将桥头碳之间的碳原子数（不包括桥头碳）按由多到少顺序列在方括弧内，数字之间在右下角用圆点隔开，最后写上包括桥头碳在内的桥环烃碳原子总数的烷烃的名称。如桥环烃上有取代基，则列在整个名称的前面，桥环烃的编号是从第一个桥头碳开始，从最长的桥编到第二个桥头碳，再沿次长的桥回到第一个桥头碳，再按桥渐短的次序将其余的桥编号，如编号可以选择，则使取代基的位号尽可能最小。

二环[1.1.0]丁烷
bicyclo[1.1.0]butane

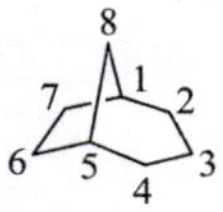

二环[3.2.1]辛烷
bicyclo[3.2.1]octane

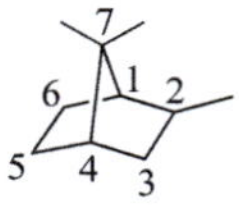

2,7,7-三甲基二环[2.2.1]庚烷
2,7,7-trimethylbicyclo[2.2.1]heptane

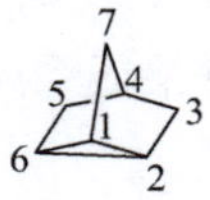

三环[2.2.1.0^{2,6}]庚烷
tricyclo[2.2.1.0^{2,6}]heptane

如上式三环烃中，在2,6-位中间无碳原子，因此用0表示，在0的右上角标明位号，位号中间用逗号隔开。

对于一些结构复杂的桥环烷烃，常用俗名。

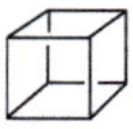

立方烷
cubane

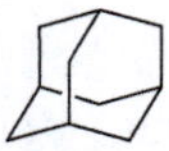

金刚烷
amadantane

（3）螺环烷烃的命名

螺环烷烃（spirocyclic alkane）是指单环之间共用一个碳原子的多环烃，共用的碳原子称为螺原子（spiro

atom）。螺环的编号是从螺原子上的小环开始顺序编号，由第一个环顺序编到第二个环，命名时先写词头螺，再在方括弧内按编号顺序写出除螺原子外的环碳原子数，数字之间用圆点隔开，最后写出包括螺原子在内的碳原子数的烷烃名称，如有取代基，在编号时应使取代基位号最小，取代基位号及名称列在整个名称的最前面。

螺[4.5]癸烷
spiro[4.5]decane

螺[5.5]十一烷
spiro[5.5]undecane

4-甲基螺[2.4]庚烷
4-methylspiro[2.4]heptane

螺[5.5]十一烷分子对称，可合并命名，称为螺[二环己烷]（spirobicyclohexane）。

2.3.3 烯烃和炔烃的命名

（1）烯基和炔基

① 烯基　烯烃去掉一个氢原子，称为某烯基（-enyl）。烯基的编号从带有自由价（free valence）的碳原子开始，烯基的英文名称用词尾"enyl"代替烷基的词尾"yl"。下面是三个烯基的普通命名法和IUPAC命名法。

	CH₂=CH—	CH₃CH=CH—	CH₂=CHCH₂—	CH₂=C(CH₃)—
普通命名法	乙烯基 vinyl	丙烯基 propenyl	烯丙基 allyl	异丙烯基 isopropenyl
IUPAC命名法	乙烯基 ethenyl	1-丙烯基 1-propenyl	2-丙烯基 2-propenyl	1-甲基乙烯基 1-methylethenyl

② 炔基　炔烃去掉一个氢原子即得炔基，词尾用"ynyl"代替相应烷基的词尾"yl"，如

HC≡C—	H₃CC≡C—	HC≡CCH₂—
乙炔基 ethynyl	1-丙炔基 1-propynyl	2-丙炔基 2-propynyl
	丙炔基(普通命名法)	炔丙基(普通命名法)

（2）烯烃和炔烃的系统命名

① 单烯烃和单炔烃的系统命名　单烯烃的系统命名可按下列步骤进行：

a. 先找出含双键的最长碳链，把它作为主链，并按

【问题2.9】

写出下列化合物的中文系统命名。

（1）

（2）

（3）

（4）

（5）

（6）

（7）

主链中所含碳原子数把该化合物命名为某烯。如主链含有四个碳原子，即叫作丁烯。十个碳以上用汉字数字，再加上碳字，如十二碳烯。

b. 从主链靠近双键的一端开始，依次将主链的碳原子编号，使双键的碳原子编号较小。

c. 把双键碳原子的最小编号写在烯的名称的前面。取代基所在碳原子的编号写在取代基之前，取代基也写在某烯之前。

d. 若分子中两个双键碳原子均与不同的基团相连，这时会产生两个立体异构体，可以采用 Z、E 构型来表示这两个立体异构体（详见第3章）。

e. 按名称格式写出全名。

下面是几个命名的实例。

$CH_3CH_2CH=CH_2$ $CH_3CH=CHCH_3$

1-丁烯　　　　　　　2-丁烯
1-butene　　　　　　2-butene

$\begin{matrix}CH_3\\CH_3CCH=CH_2\\CH_2CH_3\end{matrix}$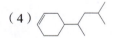

3,3-二甲基-1-戊烯　　3-(仲丁基)环戊烯
3,3-dimethyl-1-pentene　3-(sec-butyl)cyclopentene

单炔烃的系统命名方法与单烯烃相同，但不存在确定构型的问题。炔的英文名称是将相应烷烃中的词尾"ane"改为"yne"。

$CH{\equiv}CH$　　$CH_3CH_2C{\equiv}CCH_3$　　$\begin{matrix}Cl\ CH_3\\CH_3CHCHCH_2C{\equiv}CCH_3\end{matrix}$

乙炔　　　　2-戊炔　　　　5-甲基-6-氯-2-庚炔
ethyne　　　2-pentyne　　 6-chloro-5-methyl-2-heptyne

② 多烯烃或多炔烃的系统命名　多烯烃的系统命名按下列步骤进行。

a. 取含双键最多的最长碳链作为主链，称为某几烯，这是该化合物的母体名称。主链碳原子的编号，从离双键较近的一端开始，双键的位置由小到大排列，写在母体名称前，并用一短线相连。

b. 取代基的位置由与它连接的主链上的碳原子的位次确定，写在取代基的名称前，用一短线与取代基的名称相连。

【问题 2.10】

写出下列化合物的中文系统命名。

（1）$(CH_3)_2CHCH_2\underset{\underset{CH_3}{|}}{C}=CH_2$

（2）$H_2C=CHCH_2I$

（3）$CH_3CH_2CH=CCH_2CH_3$

（4）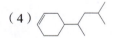

（5）$(CH_3)_3CC{\equiv}CH$

（6）$CH_3CH_2CH_2C{\equiv}CH$

（7）$(CH_3)_2CHCH_2C{\equiv}CCHCH_2CH_3$
　　　　　　　　　　　　　　　　　　$|$
　　　　　　　　　　　　　　　　　CH_3

【问题 2.11】

写出下列化合物的结构简式。

（1）2-氯-3-碘-2-丁烯

（2）4-甲基-4-氯-2-己烯

（3）1,2-二环己基乙炔

（4）5-氟-2-戊烯

c. 写名称时，取代基在前，母体在后，如果是顺、反异构体，则要在整个名称前标明双键的 Z、E 构型。

例如：

CH₂=C=CHCH₃　　1,2-丁二烯(1,2-butadiene)
CH₂=CH—CH=CH₂　1,3-丁二烯(1,3-butadiene)
CH₂=C—CH=CH₂　2-甲基-1,3-丁二烯
　　　|
　　　CH₃　　　　(2-methy1-1,3-butadiene)

多炔烃的系统命名方法与多烯烃相同。

CH≡C—CH—C≡CH　　3-甲基-1,4-戊二炔
　　　|
　　　CH₃　　　　(3-methy1-1,4-pentadiyne)

③ 烯炔的系统命名　若分子中同时含有双键与三键，可用烯炔作词尾，给双键、三键以尽可能低的编号，如果位号有选择时，使双键位号比三键小，书写时先烯后炔。

CH₃CH=CHC≡CH　　HC≡CCH₂CH=CH₂
3-戊烯-1-炔　　　　　1-戊烯-4-炔
3-penten-1-yne　　　1-penten-4-yne

（3）烯烃和炔烃的其他命名法

① 烯烃的普通命名法　烯烃的普通命名法和烷烃的普通命名法类似，用正、异等词头来区别不同的碳架。该法只适用于简单烯烃。例如

CH₂=CH₂　　　CH₃CH=CH₂　　　　CH₃
乙烯　　　　　　丙烯　　　　　　　|
ethylene　　　propylene　　　CH₃C=CH₂
　　　　　　　　　　　　　　　　　异丁烯
　　　　　　　　　　　　　　　isobutylene

② 烯烃的俗名　某些复杂的天然产物，含有多个双键，如维生素A，这些化合物一般都用俗名命名。如：

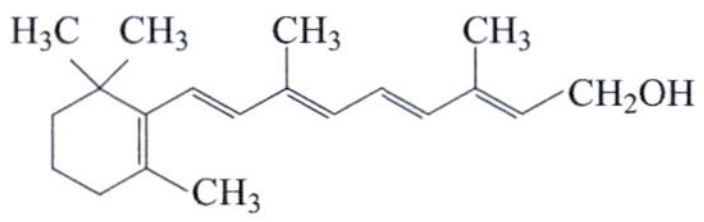

维生素A

③ 炔烃的衍生物命名　简单的炔烃可作为乙炔（acetylene）的衍生物来命名。例如：

HC≡CH　　　　　CH₃CH₂C≡CH　　　　CH₃C≡CCH₃
乙炔　　　　　　乙基乙炔　　　　　　二甲基乙炔
acetylene(俗名)　ethylacetylene　　dimethylacetylene

2.3.4　芳烃的命名

（1）含苯基的单环芳烃的命名

最简单的此类单环芳烃是苯（benzene）。其他的这

【问题2.12】

写出分子式符合 C_4H_6 的所有二烯烃的同分异构体，并对所有的同分异构体进行系统命名。

【问题2.13】

写出下列物质的结构简式。
（1）2-甲基-1,4-辛二烯
（2）2,4-己二烯
（3）1,2-戊二烯
（4）3,5-癸二烯
（5）4-己烯-1-炔
（6）5-甲基-4-庚烯-2-炔

类单环芳烃可以看作是苯的一元或多元烃基的取代物。苯的一元烃基取代物只有一种。命名的方法有两种,一种是将苯作为母体,烃基作为取代基,称为××苯。另一种是将苯作为取代基,称为苯基(phenyl),它是苯分子减去一个氢原子后剩下的基团,可简写成 ph-,苯环以外的部分作为母体,称为苯(基)××。例如:

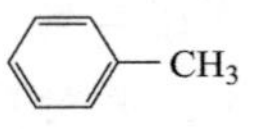

甲苯 (methylbenzene) 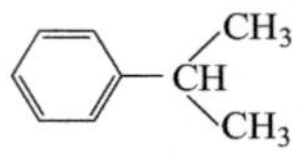　　异丙苯 (isopropylbenzene)　　苯乙烯 (phenyl ethylene) 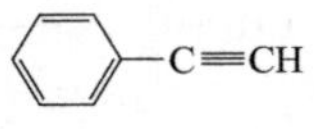　　苯乙炔 (phenyl acetylene)

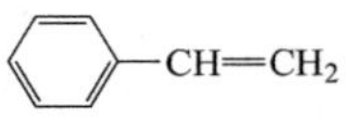

(苯为母体)　　　　　　　　　　　　　　　　(苯为取代基)

苯的二元烃基取代物有三种异构体,它们是由于取代基团在苯环上的相对位置的不同而引起的,命名时用邻或 o(ortho)表示两个取代基处于邻位,用间或 m(meta)表示两个取代基团处于中间相隔一个碳原子的两个碳上,用对或 p(para)表示两个取代基团处于对角位置,邻、间、对也可用 1,2-、1,3-、1,4- 表示。例如:

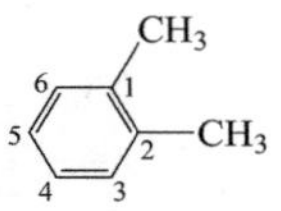

邻二甲苯(o-二甲苯)　　间二甲苯(m-二甲苯)　　对二甲苯(p-二甲苯)
1,2-二甲苯　　　　　　1,3-二甲苯　　　　　　1,4-二甲苯
o-dimethylbenzene　　m-dimethylbenzene　　p-dimethylbenzene

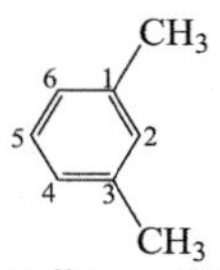

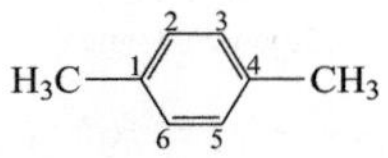

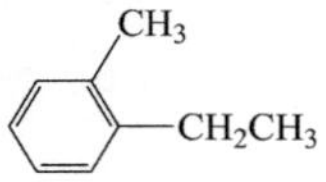

邻甲基乙苯　　　　　　间甲基丙苯　　　　　　对甲基异丙苯
o-methylethylbenzene　m-methylpropylbenzene　p-methylisopropylbenzene

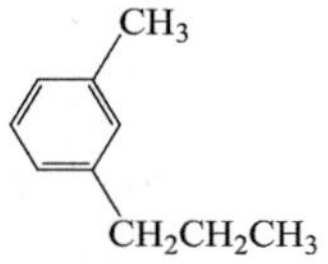

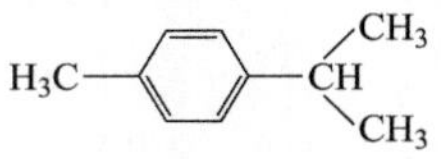

若苯环上有三个相同的取代基,常用"连"(英文用"vicinal",简写"vic")为词头,表示三个基团处在 1,2,3 位。用"偏"(英文用"unsymmetrical",简写"unsym")为词头,表示三个基团处在 1,2,4 位。用"均"(英文用"symmetrical",简写"syn")为词头,表示三个基团处在 1,3,5 位。例如:

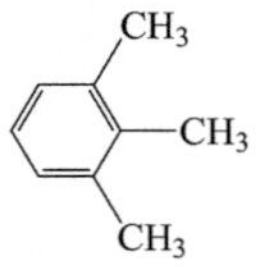

1,2,3-三甲苯　　　　　1,2,4-三甲苯　　　　　1,3,5-三甲苯
(连三甲苯)　　　　　　(偏三甲苯)　　　　　　(均三甲苯)

1,2,3- 或 vic } trimethylbenzene　　1,2,4- 或 unsym } trimethylbenzene　　1,3,5- 或 sym } trimethylbenzene

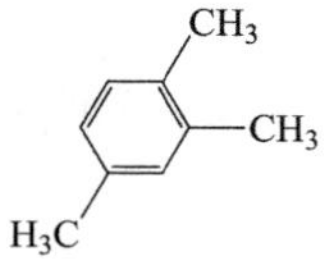

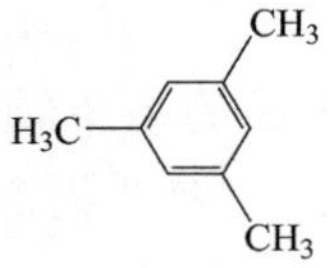

当苯环上有两个或多个取代基时,苯环上的编号应符合最低系列原则。而当应用最低系列原则无法确定哪一种编号优先时,与单环烷烃的情况一样,中文命名时应让顺序规则中较小的基团位次尽可能小,英文命名时,应按英文字母顺序,让字

母排在前面的基团位次尽可能小。例如：

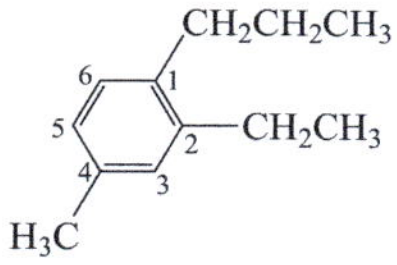

中文名称　4-甲基-2-乙基-1-丙基苯
英文名称　2-ethyl-4-methyl-1-propylbenzene

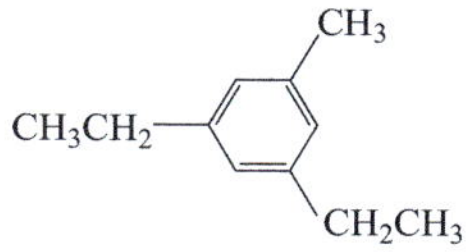

中文名称　1-甲基-3,5-二乙基苯
英文名称　1,3-diethyl-5-methylbenzene

除苯外，下面六个芳香烃的俗名也可作为母体化合物的名称。而其他芳烃化合物可看作它们的衍生物。

甲苯　　　o-二甲苯　　枯烯(异丙苯)　均三甲苯　　对伞花烃　　苯乙烯
toluene　 o-xylene　　cumene　　　　mesitylene　 p-cymene　　 styrene

例如：

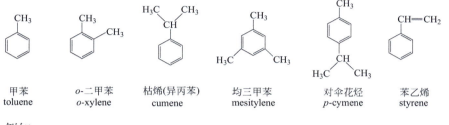

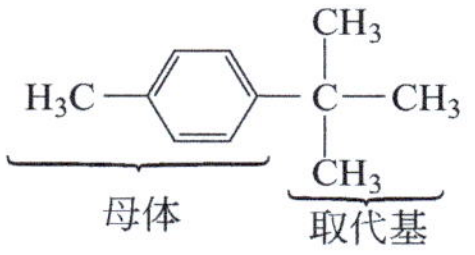

对叔丁基甲苯
p-tert-butyltoluene

（2）多环芳烃的命名

分子中含有多个苯环的烃称为多环芳烃（polycyclic arenes），主要有多苯代脂烃（multi-phenyl alicyclic hydrocarbons）、联苯（biphenyl）和稠合多环芳烃（fused polycyclic arenes）。

① 多苯代脂烃的命名　链烃分子中的氢被两个或多个苯基取代的化合物称为多苯代脂烃。命名时，一般是将苯基作为取代基，链烃作为母体。例如：

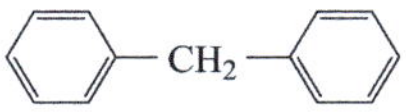

二苯甲烷　　　　　　三苯甲烷　　　　　　1,2-二苯基乙烷
diphenylmethane　　triphenylmethane　　1,2-diphenylethane

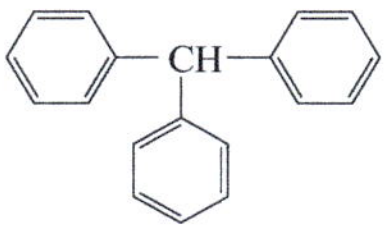

② 联苯型化合物的命名　两个或多个苯环以单键直接相连的化合物称为联苯型化合物。例如：

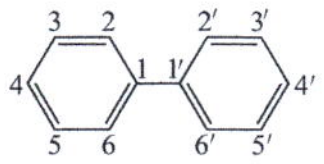

二联苯(简称联苯)　　　　　三联苯
biphenyl　　　　　　　　　p-terphenyl

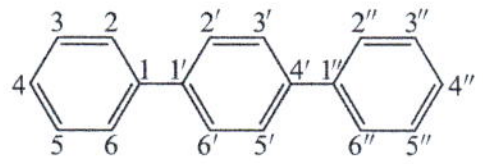

联苯类化合物的编号总是从苯环和单键的直接连接处开始，第二个苯环上的号码

【问题2.14】

写出下列化合物的中文系统命名。

(1)

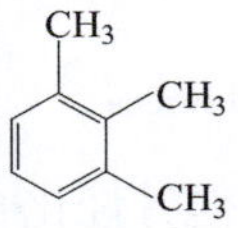

(2)

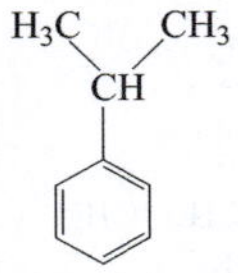

(3)

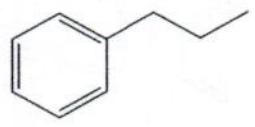

(4)

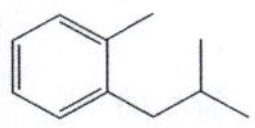

(5)

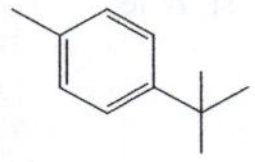

(6)

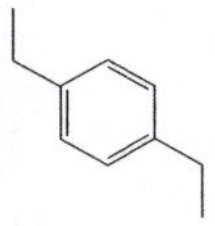

【问题2.15】

写出下列化合物的结构简式。

（1）四苯甲烷
（2）2-甲基萘
（3）α-叔丁基萘
（4）β-硝基蒽

分别加上"′"符号，第三个苯环上的号码分别加上"″"符号，其他依此类推。苯环上如有取代基，编号的方向应使取代基位置尽可能小，命名时以联苯为母体。例如：

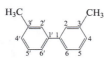

3,3′-二甲基联苯
3,3′-dimethylbiphenyl

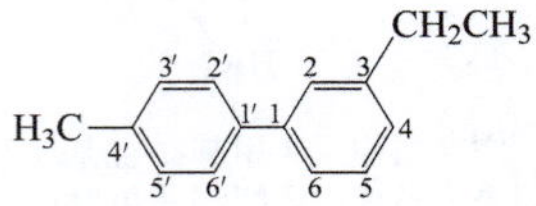

4′-甲基-3-乙基联苯
3-ethyl-4′-methylbiphenyl

③ 稠环芳烃的命名　两个或多个苯环共用两个邻位碳原子的化合物称为稠环芳烃。最简单最重要的稠环芳烃是萘、蒽、菲。

萘
naphthalene

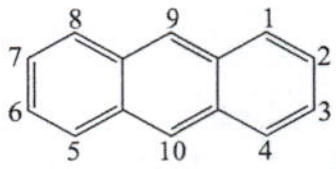

蒽
anthracene

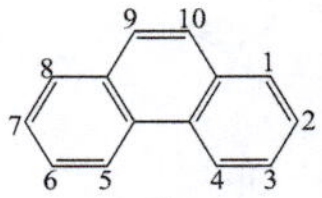

菲
phenanthrene

萘、蒽、菲的编号都是固定的，如上所示。

萘分子的1，4，5，8位是等同的位置，称为α位；2，3，6，7位也是等同的位置，称为β位。蒽分子的1，4，5，8位等同，也称为α位；2，3，6，7位等同，也称为β位；9，10位等同，称为γ位。菲有五对等同的位置，它们分别是：1，8；2，7；3，6；4，5和9，10。取代稠环芳烃的名称格式与有机化合物名称的基本格式一致。例如：

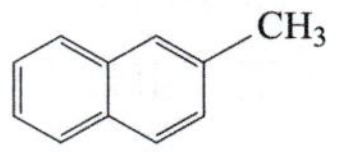

2-甲基萘(或β-甲基萘)
2-methylnaphthalene

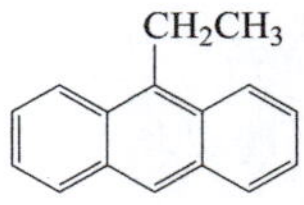

9-乙基蒽
9-ethylanthracene

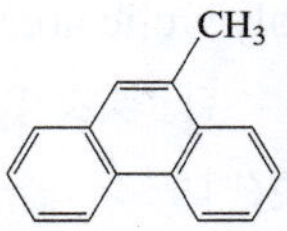

9-甲基菲
9-methylphenanthrene

2.3.5　烃衍生物的系统命名

烃分子中的氢被官能团取代后的化合物称为烃的衍生物。下面介绍烃衍生物的系统命名。

（1）常见官能团的词头、词尾名称

在有机化合物的命名中，官能团有时作为取代基，有时作为母体官能团。前者要用词头名称表示，后者要用词尾名称表示。表2-6列出了一些常见官能团的词头、词尾名称。

表2-6　常见官能团的词头、词尾名称

基团	词头名称		词尾名称	
	中文	英文	中文	英文
—COOH	羧基	carboxy	酸	-carboxylic acid（或 -oic acid）
—SO$_3$H	磺酸基	sulfo	磺酸	-sulfonic acid
—COOR	烃氧羰基	R-oxycarbonyl	酯	R-carboxylate（或 R-oate）
—COX	卤甲酰基	halo carbonyl	酰卤	-carbonyl halide（或 -oyl halide）
—CONH$_2$	氨基甲酰基	carbamoyl	酰胺	-carboxamide（或 -amide）
—CN	氰基	cyano	腈	-carbonitrile（或 -nitrile）
—CHO	甲酰基	formyl	醛	-carbaldehyde（或 -al）
＞C=O	氧代	oxo	酮	-one
—OH	羟基	hydroxy	醇	-ol
—OH	羟基	hydroxy	酚	-ol
—NH$_2$	氨基	amino	胺	-amine
—OR	烃氧基	R-oxy	醚	-ether
—R	烃基	alkyl		
—X（X=F, Cl, Br, I）	卤代	halo（fluoro, chloro, bromo, iodo）		
—NO$_2$	硝基	nitro		
—NO	亚硝基	nitroso		

（2）单官能团化合物的系统命名

只含有一个官能团的化合物称为单官能团化合物。单官能团化合物的系统命名有两种情况。一种情况是将官能团作为取代基，仍以烷烃为母体，按烷烃的命名原则来命名。当官能团是卤素（halogen）、硝基（nitro）、亚硝基（nitroso）时，采用这种方法来命名。例如：

$$\text{Br—CH}_2\text{CH}_2\overset{\overset{\text{CH}_3}{|}}{\text{CH}}\text{CH}_2\text{CH}_3$$
3-甲基-1-溴戊烷
1-bromo-3-methylpentane

$$\text{CH}_3\text{CH}_2\overset{\overset{\text{Br}}{|}}{\text{CH}}\text{—CH}_2\text{—}\overset{\overset{\text{CH}_3}{|}}{\text{CH}}\text{CH}_2\text{CH}_3$$
3-甲基-5-溴庚烷
3-bromo-5-methylheptane

若官能团是醚键，也可以采用这种方式来命名。取较长的烃基作为母体，把余下的碳数较少的烷氧（RO—）作取代基，如有不饱和烃基存在时，选不饱和程度较大的烃基作为母体。例如：

(CH₃)₂CHOCH₂CH₂CH₃   CH₃OCH₂CH₂OCH₃

1-(1-甲乙氧基)丙烷   1, 2-二甲氧基乙烷   环戊氧基苯
1-(1-methylethoxy)propane 1, 2-dimethoxyethane   cyclopentyloxybenzene

另一种情况是将含官能团的最长链作为母体化合物的主链，根据主链的碳原子数称为某A（A=醇、醛、酮、酸、酰卤、酰胺、腈等）。从靠近官能团的一端开始，依次给主链碳原子编号。在写出全名时，把官能团所在的碳原子的号数写在某之前，并在某A与数字之间画一短线，支链的位置和名称写在某A的前面，并分别用短线隔开。

分析一个实例：

CH₃CH₂CHCH₂CCH₃ （带CH₃和O取代，编号6 5 4 3 2 1）

该化合物的分子中只有一个官能团：酮羰基。所以选含羰基的最长链为主链。主链编号时，要让羰基的位置号尽可能小，所以从右向左编。按"取代基的位置号-取代基名称-官能团的位置号-母体名称"的格式写出全名。该化合物的中文名称是4-甲基-2-己酮。

下面列出了若干官能团化合物的命名实例。

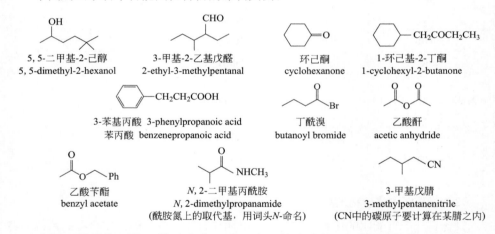

酸酐可以看作两分子羧酸失去一分子水后的生成物，两分子羧酸是相同的，为单酐，命名时在羧酸名称后加"酐"字，并把羧酸的"酸"字去掉或保留均可；如两分子羧酸是不同的，为混酐，命名时把简单的酸放在前面，复杂的酸放在后面，再加"酐"字通常把"酸"字去掉；二元酸分子内失水形成环状酸酐，命名时在二元酸的名称后加"酐"字。例如

酯可看作羧酸的羧基氢原子被烃基取代的产物，命名时把羧酸名称放在前面，烃基名称放在后面，再加一个"酯"字。分子内的羟基和羧基失水，形成内酯（lactones），用"内酯"两字代替"酸"字，并标明羟基的位次。例如：

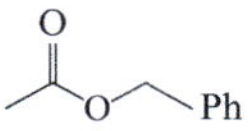

乙酸苯甲酯
benzyl acetate

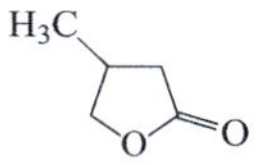

3-甲基-4-丁内酯
3-methyl-4-butanolide

（3）含多个相同官能团化合物的系统命名

分子中含有两个或多个相同官能团时，命名应选官能团最多的长链为主链，然后根据主链的碳原子数称为某n醇（或某n醛、某n酮、某n酸等），n是主链上官能团的数目，用中文数字表达。例如七碳链的二元醇称为庚二醇。英文命名时，用 di 表示二，tri 表示三，di、tri 插在特征词尾前。例如二醇（-diol）、三醇（-triol）、二醛（-dial）、二酮（-dione）、三酮（-trione）、二酸（-dioic acid）、二酰（dioyl）、二酰胺（diamide）、二腈（dinitrile）等。编号时要使主链上所有官能团的位置号尽可能小。最后按名称格式写出全名。

分析两个例子：

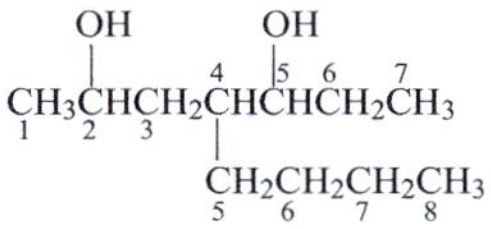

该化合物的八碳链上有一个羟基，七碳链上有两个羟基，应选含羟基多的七碳链为主链。为了使主链上官能团的位置号尽可能小，编号应从左至右。主链的4位上有一个取代基——正丁基，所以该化合物的中文名称是4-丁基-2,5-庚二醇。

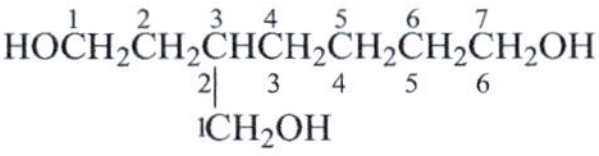

该化合物中的七碳链和六碳链均有两个羟基，所以应选长的七碳链为主链。由于从左至右和从右至左两种编号中，主官能团的位置号相同，所以要让取代基——羟甲基（hydroxymethyl）位置号尽可能小。本化合物的中文名称是3-羟甲基-1,7-庚二醇。

下面再举几个实例。

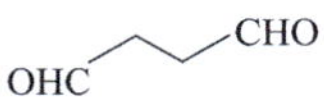

丁二醛
butanedial

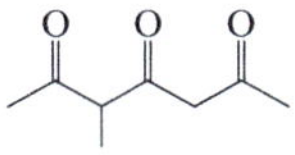

3-甲基-2,4,6-庚三酮
3-methyl-2,4,6-heptanetrione

戊二酸
pentanedioic acid

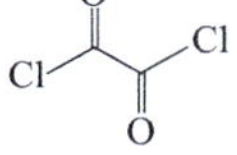

乙二酰二氯
ethanedioyl dichloride

$$\underset{\substack{\text{丁二酰胺}\\\text{butanediamide}}}{\text{H}_2\text{N}-\text{CO}-\text{CH}_2-\text{CH}_2-\text{CO}-\text{NH}_2} \qquad \underset{\substack{\text{丙二酸二乙酯}\\\text{diethyl propanedioate}}}{\text{C}_2\text{H}_5\text{O}-\text{CO}-\text{CH}_2-\text{CO}-\text{OC}_2\text{H}_5} \qquad \underset{\substack{\text{己二腈}\\\text{hexanedinitrile}}}{\text{NC}-(\text{CH}_2)_4-\text{CN}}$$

如果羧基直接连在脂环和芳环上，或一个碳链上有三个以上的羧基，也可以在烃的名称后直接加上羧酸（carboxylic acid）、二羧酸（dicarboxylic acid）、三羧酸（tricarboxylic acid）。醛有时也这样命名。例如：

$$\underset{\substack{\text{丙烷-1,2,3-三羧酸}\\\text{propane-1,2,3-tricarboxylic acid}}}{\text{HOOC}-\text{CH}(\text{COOH})-\text{CH}_2-\text{COOH}} \qquad \underset{\substack{\text{丙烷-1,2,3-三醛}\\\text{propane-1,2,3-tricarboxaldehyde}}}{\text{OHC}-\text{CH}(\text{CHO})-\text{CHO}}$$

（4）含多种官能团化合物的系统命名

当分子中含有多种官能团时，首先要确定一个主官能团，确定主官能团的方法是查看表2-6，表中排在前面的官能团总是主官能团。然后，选含有主官能团及尽可能含较多官能团的最长碳链为主链。**主链编号的原则是要让主官能团的位次尽可能小**。命名时，根据主官能团确定母体的名称，其他官能团作为取代基用词头表示，分子中如涉及立体结构要在名称最前面表明其构型。然后根据名称的基本格式写出名称。分析几个实例：

上述分子中含有羟基和醚基两种官能团。在表2-6中，羟基排在醚基的前面，所以羟基是主官能团，应选含羟基的最长链为主链。该化合物的中文名称为3-甲基-6-甲氧基-3-己醇（未考虑空间构型，具体见第3章）。

上述分子中有三个官能团：羧基、醛基和羟基。羧基（—COOH）排在表2-6的最前面，所以羧基是主官能团，羟基（—OH）、醛基（—CHO）为取代基。含有羧基的最长链是五碳链，为主链。羧基的编号为1。所以本化合物的中文名称是3-甲酰基-5-羟基戊酸（未考虑空间构型，具体见第3章）。

上述分子中有两个官能团，醛基是主官能团。醛的编号总是从醛基开始。酮羰基的氧与链中的3位碳相连，用3-氧代表示，英文的氧代用oxo表示。本化合物的中文名称是3-氧代戊醛。

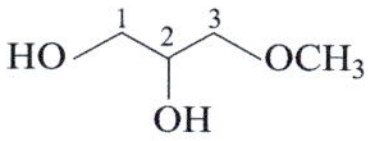

上述分子中有两个羟基一个醚键，母体化合物应为醇。醚的甲氧基作为取代基。该化合物的中文名称是3-甲氧基-1,2-丙二醇。在这类多羟基化合物中，n-甲氧基也可以写成n-O-甲基，所以此化合物也可称为1-O-甲基丙三醇。

下面再举几个实例：

丁炔二醛
butynedial

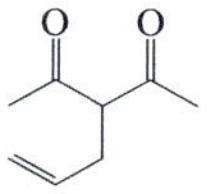

3-烯丙基-2,4-戊二酮
3-allyl-2,4-pentanedione

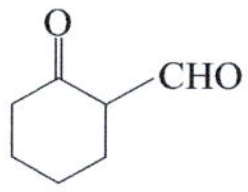

2-氧代环己烷甲醛
2-oxocyclohexanecarboxaldehyde

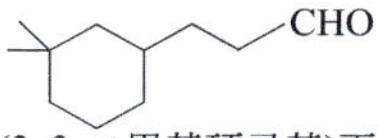

3-(3,3-二甲基环己基)丙醛
3-(3,3-dimethylcyclohexyl)propanal

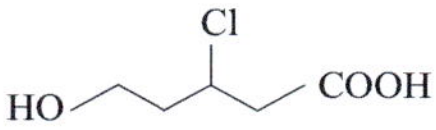

5-羟基-3-氯戊酸
3-chloro-5-hydroxypentanoic acid

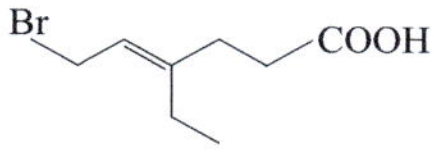

4-乙基-6-溴-4-己烯酸
6-bromo-4-ethyl-4-hexenoic acid

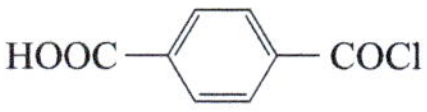

4-(氯甲酰)苯甲酸
4-(chlorocarbonyl)benzoic acid

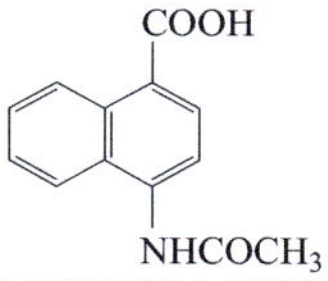

4-乙酰氨基-1-萘羧酸
4-(acetamino)-1-naphthalene carboxylic acid

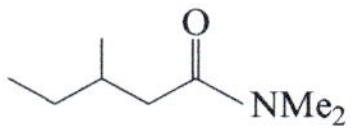

N,N,3-三甲基戊酰胺
N,N,3-trimethylpentamide

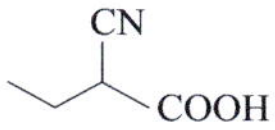

2-氰基丁酸
2-cyanobutanoic acid

2.3.6 烃衍生物的普通命名

一些简单有机化合物常用普通命名法命名。下面略做介绍。

（1）卤代烷的普通命名

卤代烷的普通命名用相应的烷为母体，称为卤（代）某烷，或看作是烷基的卤化物。例如：

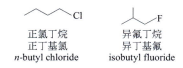

正氯丁烷
正丁基氯
n-butyl chloride

异氟丁烷
异丁基氟
isobutyl fluoride

有些多卤代烷给以特别的名称，如$CHCl_3$称为氯仿（chloroform），CHI_3称为碘仿（iodoform）。

（2）醇的普通命名

醇的普通命名按烷基的普通名称命名，即在烷基后面加一个醇字。

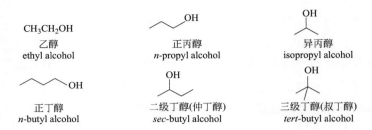

（3）醚的普通命名

简单醚的普通命名是在相同的烃基名称前写上"二"字，然后写上醚，习惯上"二"字也可以省略不写；混合醚的普通命名法是按顺序规则将两个烃基分别列出，然后写上醚字，下列名称中括号中的基字可以省略。

$$\underset{\substack{\text{二甲(基)醚或甲醚}\\\text{dimethyl ether}}}{CH_3OCH_3} \qquad \underset{\substack{\text{甲(基)乙(基)醚}\\\text{ethyl methyl ether}}}{CH_3OCH_2CH_3} \qquad \underset{\substack{\text{烯丙(基)乙炔(基)醚}\\\text{allyl ethynyl ether}}}{CH_2{=}CHCH_2OC{\equiv}CH}$$

（4）醛和酮的普通命名

醛的普通命名是按氧化后所生成的羧酸的普通名称来命名，将相应的"酸"改成"醛"字，碳链可以从醛基相邻碳原子开始，用 α, β, γ…编号。酮的普通命法按羰基所连接的两个烃基的名称来命名，按顺序规则，简单在前，复杂在后，然后加"甲酮"，下面括号中的"基"字或"甲"字可以省去，但对于比较复杂的基团的"基"字，则不能省去。酮的羰基与苯环连接时，则称为酰基苯。

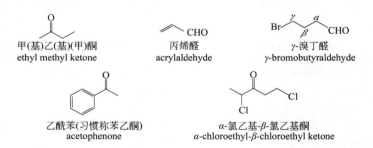

（5）羧酸的普通命名

羧酸的普通命名是选含有羧基的最长的碳链为主链，取代基的位置从羧基邻接的碳原子开始，用希腊字母表示，依次为 α, β, γ, δ, ε 等，最末端碳原子可用 ω 表示，然后按命名的基本格式写出名称。

$$\underset{\substack{\beta\text{-甲基戊酸}(\beta\text{-甲基缬草酸})\\\beta\text{-methylvaleric acid}}}{\overset{\delta\quad\gamma\quad\beta\quad\alpha}{}\text{COOH}} \qquad \underset{\substack{\gamma\text{-环己基丁酸}(\gamma\text{-环己基酪酸})\\\gamma\text{-cyclohexyl butyric acid}}}{\overset{\gamma\quad\beta\quad\alpha}{}\text{COOH}}$$

最常见的酸，也可由它的来源来命名。如甲酸最初是由蚂蚁蒸馏得到的，称为蚁酸。乙酸最初由食用的醋中得到，称为醋酸。软脂酸、硬脂酸、油酸（oleic acid）等是由油脂水解得到的，是根据它们的性状分别加以命名的。表2-7列出了一些常见酸的普通名称。

表 2-7 一些常见羧酸的普通名称

化合物	普通名称	化合物	普通名称
HCOOH	蚁酸（formic acid）	HOOCCOOH	草酸（oxalic acid）
CH_3COOH	醋酸（acetic acid）	$HOOCCH_2COOH$	丙二酸（malonic acid）
CH_3CH_2COOH	初油酸（propionic acid）	$HOOC(CH_2)_2COOH$	琥珀酸（succinic acid）
$CH_3(CH_2)_2COOH$	酪酸（butyric acid）	$HOOC(CH_2)_3COOH$	胶酸（glutaric acid）
$CH_3(CH_2)_3COOH$	缬草酸（valeric acid）	$HOOC(CH_2)_4COOH$	肥酸（adipic acid）
$CH_3(CH_2)_{14}COOH$	软脂酸（palmitic acid）	顺-HOOCCH=CHCOOH	马来酸（maleic acid）
$CH_3(CH_2)_{16}COOH$	硬脂酸（stearic acid）	反-HOOCCH=CHCOOH	富马酸（fumaric acid）

（6）羧酸衍生物的普通命名

将羧酸普通名称的词尾作相应的变化即可得到羧酸衍生物的普通名称。词尾的变化规律以乙酸为例予以说明（见画线部分）。

CH_3COH(O)	CH_3CCl(O)	CH_3COCCH_3(OO)	$CH_3COCH_2CH_3$(O)	CH_3CNH_2(O)
乙<u>酸</u>	乙<u>酰氯</u>	乙<u>酸酐</u>	乙<u>酸乙酯</u>	乙<u>酰胺</u>
acetic acid	acetyl chloride	acetic anhydride	ethyl acetate	acetamide

（7）胺的普通命名

胺的普通命名可将氨基作为母体官能团，把它所含烃基的名称和数目写在前面，按简单到复杂先后列出，后面加上胺字。例如

甲胺　　　　　　　苯胺　　　　　　甲(基)乙(基)环丙胺
methylamine　　aniline(俗名)　　cyclopropyl ethyl methylamine

1. 用系统命名法命名下列物质。

（1）$H-\underset{\underset{H}{|}}{\overset{\overset{H}{|}}{C}}-H$　　（2）$Cl-\underset{\underset{Cl}{|}}{\overset{\overset{Cl}{|}}{C}}-Cl$　　（3）$Cl-\underset{\underset{Cl}{|}}{\overset{\overset{Cl}{|}}{C}}-H$　　（4）$H_3C-CH-CH-CH_2-CH_3$ 下方 $\underset{CH_3}{|}\ \underset{CH_3}{|}$

(5) $CH_3-CH-CH_2-CH-CH_2-CH_3$
         $|$ $|$
         CH_3 $H_2C-CH_2-CH_3$

(6) $H_3C-\overset{CH_3}{\underset{CH_3}{\overset{|}{C}}}-H$

(7) $CH_3-CH_2-CH-CH_2-CH_3$
               $|$
               $CH-CH_3$
               $|$
               CH_3

(8) $CH_3-CH-CH_2-CH-CH_3$
         $|$ $|$
         CH_2 CH_3
         $|$
         CH_3

(9) $CH_3-CH-(CH_2)_4-CH-CH-CH_2-CH_3$
         $|$ $|$ $|$
         CH_3 CH_3 CH_3

(10) $CH_3CH_2CHCH=CHCH_2CH_3$
              $|$ $|$
              CH_3 C_2H_5

(11) $CH_3-CH_2-CH-CH_2-CH-C=CH_2$
                $|$ $|$ $|$
                CH_3 CH_3 CH_2-CH_3

(12) $H_3C-CH-CH=CH-CH_3$
           $|$
           CH_3

2. 用系统命名法命名下列物质。

(1) $H_2C=C-CH=CH_2$
          $|$
          CH_3

(2) $HC\equiv C-CH-CH_3$
                $|$
                CH_3

(3) $HC\equiv C-CH=CH-CH_3$

(4) $CH_3-CH_2-C\equiv C-CH_3$
              $|$
              $CH-CH_3$
              $|$
              CH_3

(5) $H_3C-\underset{}{\bigcirc}-C_2H_5$

(6) 对甲基苯甲酸 (CH_3-苯环-$COOH$)

(7) 甲基环丙烷

(8) 1-甲基-2-氯环戊烷

(9) 3-甲基环己烯

(10) 苯乙烯 ($HC=CH_2$-苯环)

(11) 1,3,5-三甲基苯

(12) 正丙基苯 ($CH_2CH_2CH_3$-苯环)

3. 用系统命名法命名下列物质。

(1) 2-甲基-4-苯基戊烷

(2) 3-环丙基-4-甲基戊烯

(3) 间氯苯酚

(4) $\underset{OH}{CH_3CH_2CHCH_2CH_3}$ (2-戊醇)

(5) 4-甲基环己醇

(6) 环己基甲醇

(7) 1-甲基氢化茚

(8) 1-甲基螺[4.5]癸烷

(9) 氯甲基二甲基二环化合物

(10) 苯甲醛

(11) HCOOH

(12) 丁酮

4. 用系统命名法命名下列物质。

（1）[结构式：3-甲基丁酸]　（2）[结构式：水杨酸]　（3）[结构式：2,4,6-三硝基甲苯]

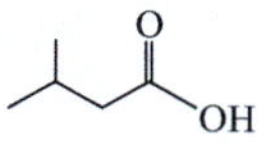

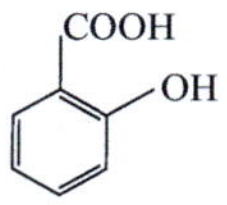

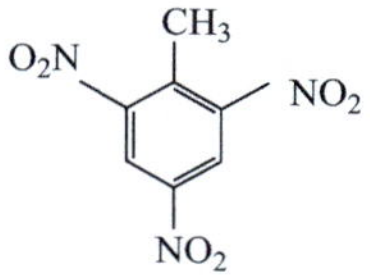

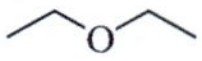

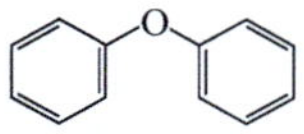

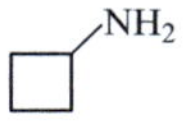

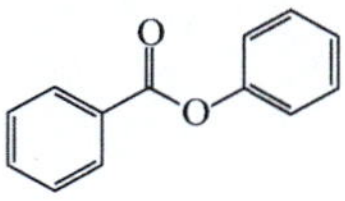

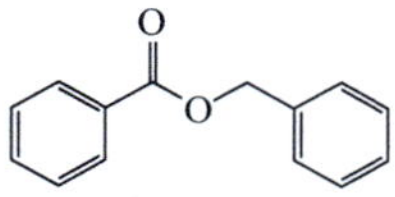

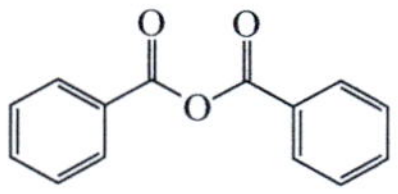

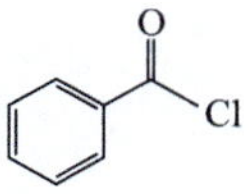

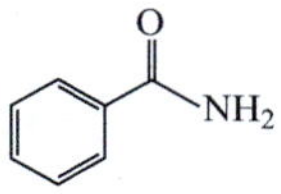

（4）[结构式：乙醚]　（5）[结构式：二苯醚]　（6）[结构式：环丁胺]

（7）[结构式：苯甲酸苯酯]　（8）[结构式：苯甲酸苄酯]　（9）[结构式：苯甲酸酐]

（10）[结构式：苯甲酰氯]　（11）[结构式：苯甲酰胺]　（12）[结构式：N,N-二甲基甲酰胺]

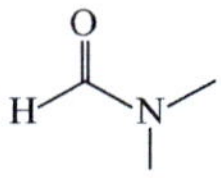

5. 写出下列化合物的结构简式或键线式。

（1）2-甲基-3-乙基己烷　　（2）2-甲基-4-溴壬烷
（3）2-甲基-1-丁烯　　　　（4）3-甲基-1-戊炔
（5）2-甲基-1,3-丁二烯　　（6）邻二硝基苯
（7）间氯苯甲酸　　　　　（8）1,2-二溴苯
（9）3-溴-1,4-环己二烯　　（10）丙酮
（11）甲醚　　　　　　　　（12）环庚烯

6. 写出下列化合物的结构简式或键线式。

（1）甲酸乙酯　　　　　　（2）乙酸甲酯
（3）对氯乙酰苯　　　　　（4）异戊二烯
（5）4-甲基-3-戊烯-1-炔　（6）丙二酸二乙酯
（7）顺丁烯二酸酐　　　　（8）丁内酯
（9）N-乙基丁酰胺　　　　（10）3-甲基-4-羟基戊醛
（11）对甲苯磺酰氯　　　　（12）5,7,7-三甲基-二环[2.2.1]-2-庚烯

7. 用键线式写出分子式 $C_4H_{10}O$ 的所有同分异构体的结构式，并用系统命名法命名这些化合物。

8. 用键线式写出分子式 C_4H_9Cl 的所有同分异构体的结构式，并用系统命名法命名这些化合物。

有机化学

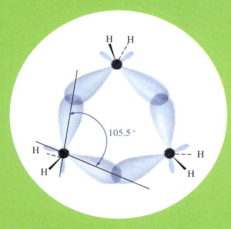

Chapter 3

第 3 章

立体化学

内容提要

3.1 构象、构象异构体

3.2 顺反异构

3.3 旋光异构

学习目标

掌握：烷烃的构象；烯烃的 Z/E 异构；分子的手性；R/S 命名以及物质的旋光性。

立体化学（stereochemistry）是研究分子的立体结构、反应的立体性及其相关规律和应用的科学。分子的立体结构是指分子内原子所处的空间位置及这种结构的立体形象，研究分子的立体结构及这种结构和分子物理性质之间的关系属于静态立体化学的范畴。反应的立体性是指分子的立体形象对化学反应的方向、难易程度和对产物立体结构的影响等。它们都属于动态立体化学的范畴。动态立体化学在有机合成中占有十分重要的地位。本章主要学习静态立体化学的内容。动态立体化学将分散在各章的反应中讲。

3.1 构象、构象异构体

3.1.1 链烷烃的构象

由于单键可以"自由"旋转，分子中的原子或基团在空间产生不同的排列，这种特定的排列形式称为**构象**（conformation）。由单键旋转而产生的异构体称为**构象异构体**（conformation isomer）或旋转异构体（rotamer）。

（1）乙烷的构象

乙烷分子中C—C的σ键可以自由旋转。在旋转过程中，由于两个甲基上的氢原子的相对位置不断发生变化，这就形成了许多不同的空间排列方式。乙烷的构象可以有无数种。其中一种是一个甲基上的氢原子正好处在另一个甲基的两个氢原子之间的中线上，这种排布方式叫作**交叉式构象**。另一种是两个碳原子上的各个氢原子，正好处在相互对映的位置上，这种排布方式叫作**重叠式构象**。交叉式构象和重叠式构象是乙烷无数构象中的两种极端情况。用球棍模型很容易看清楚乙烷分子中各原子在空间的不同排布（图3-1）。各种构象也可用锯架式表示，例如乙烷的交叉式构象和重叠式构象如图3-2所示。

锯架式表示从斜侧面看到的乙烷分子模型的形象。在锯架式中，虽然各键都可以看到，但各氢原子间的相对位置，不能很好地表达出来。因此纽曼（M. S. Newman）提出了以投影方法观察和表示乙烷立体结构的

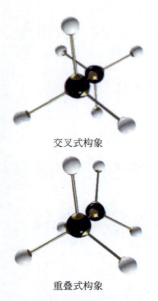

交叉式构象

重叠式构象

图3-1 乙烷的球棍模型

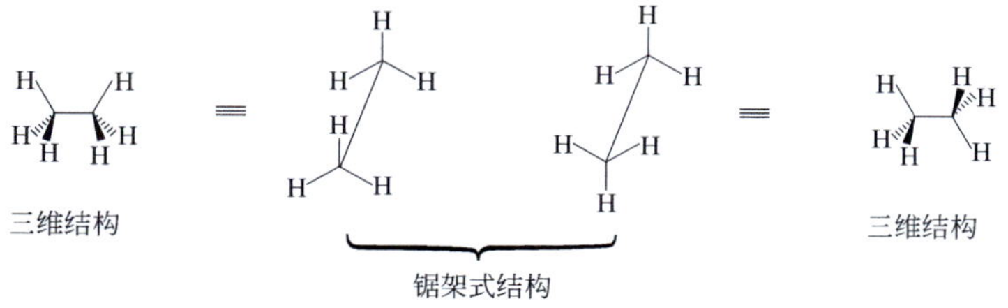

图3-2 用锯架式表示乙烷的构象

方法，叫作纽曼投影法。按照这个方法，要从碳碳单键的延长线上观察化合物分子，投影时以圆圈表示碳碳单键上的碳原子。由于前后两个碳原子重叠，纸面上只能画出一个圆圈。前面碳原子上的三个碳氢键可以用从圆心出发，彼此以120°夹角向外伸展的三根线代表。后面碳原子上的三个碳氢键，则用从圆圈出发彼此以120°夹角向外伸展的三根线来代表。乙烷分子的纽曼投影式如图3-3所示。

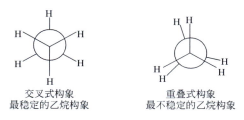

图3-3 乙烷分子的纽曼投影式

交叉式构象中，前面碳原子上的氢原子和后面碳原子上的氢原子之间距离最远，相互间斥力最小，这种构象能量最低。重叠式构象中，前面碳上的氢原子和后面碳原子上的氢原子之间距离最近，斥力最大，因而重叠式构象能量最高。处在这两种构象之间的无数构象，其能量都在交叉式构象和重叠式构象之间。如以能量为纵坐标，C—C的σ键的旋转角度为横坐标，随着乙烷碳碳单键旋转角度的改变而作图，它的能量变化应如图3-4所示。

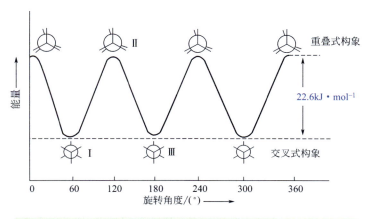

图3-4 乙烷分子的构象势能关系图

从一个交叉式构象（Ⅰ式）通过碳碳单键旋转到另一个交叉式构象（Ⅲ式），中间必须经过能量比交叉式高 12.6 kJ·mol^{-1} 的重叠式构象（Ⅱ式），也就是说，它必须克服 12.6 kJ·mol^{-1} 的能垒才能完成这种旋转。由此可见，乙烷单键的旋转也并不是完全自由的。可以把这个能垒看作是克服氢原子之间的斥力，以及很可能还有由于克服碳氢键电子云之间斥力所需要的能量。交叉式构象能量最低，是乙烷最有利的构象，称为**最稳定构象**或**优势构象**。可以认为重叠式和交叉式之间的能量差代表了乙烷的一种张力，这种张力是由于乙烷的重叠式构象要趋向最稳定的交叉式构象而产生的键的扭转，故这种张力称为**扭转张力**。因此旋转乙烷分子中的碳碳键所需的能量就称为扭转能。任何一种中间构象的相对不稳定性，都可认为是由它的扭转张力所引起的。

单键旋转的能垒一般在 12.6～41.8 kJ·mol^{-1} 范围内，在室温下分子的热运动即可越过此能垒，而使各种构象迅速互变。分子在某一构象停留的时间很短（<10^{-6}s），因此不能把某一构象"分离"出来。

但如果将温度逐步降低，分子"自由"旋转逐渐困难，最后不能"自由"旋转，X 射线衍射分析方法及核磁共振方法测定表明，乙烷分子在低温时的优势构象，是最稳定的交叉式构象。

（2）丁烷的构象

丁烷的构象也可以用纽曼投影式来表示，把丁烷看作是乙烷分子中每个碳原子上的一个氢原子被甲基取代而得，然后从 C(2)—C(3) 键轴的延长线上观察，并画出 C(2)—C(3) 键轴旋转所形成的几种最典型构象的纽曼投影式，如图 3-5 所示。丁烷构象的能量变化见图 3-6。

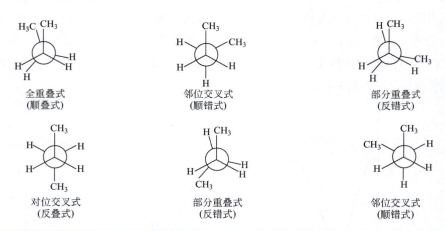

图 3-5　丁烷分子的构象

在丁烷的各个构象中，两个体积大的基团（即甲基）离得最远的构象没有扭转张力，它的能量最低，出现的概率最大，这种构象称为对位交叉式（反叠式）构象（即Ⅰ式）。其次是邻位交叉式（顺错式）构象（即Ⅲ式），在邻位交叉式构象中，两

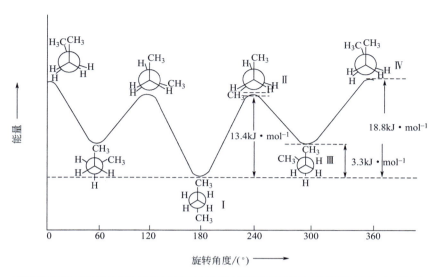

图 3-6　丁烷分子 C（2）—C（3）键旋转引起的各构象势能关系图

个甲基靠得比对位交叉式要近些，这就提高了这个构象的能量（约 3.3 kJ·mol^{-1}）。在全重叠式（顺叠式）构象（即Ⅳ式）中，两个甲基相距最近，扭转张力最大，因而能量最高，是最不稳定的构象。丁烷各构象之间的能量差也不是太大（最大约为 22.1 kJ·mol^{-1}），它们也能互相转变，但常温下丁烷分子以对位交叉式构象存在，全重叠式构象实际上是不存在的。

结构更复杂的烷烃，它们的构象也更复杂，但从以上讨论可以看出，它们也主要以对位交叉式构象的形式存在。

（3）其他链烷烃的构象

由于 sp^3 杂化轨道的几何构型为正四面体，轨道对称轴夹角为 109.5°，这就决定了具有两个碳原子以上的烷烃分子的排列不是直线型的。又由于键可以自由旋转，因此，链较长的烷烃可形成多种曲折形式。但多碳链烷烃的优势构象仍为相邻的碳原子的构象都是对位交叉式构象，所以碳链主要呈锯齿状排列。图 3-7 为己烷的锯齿状排列。

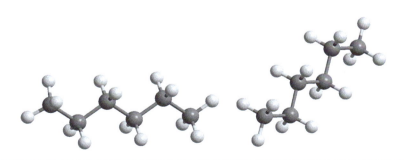

图 3-7　己烷分子的锯齿状排列

【问题 3.1】

下面各对化合物哪一对是等同的？不等同的异构体属于何种异构体？

（1）

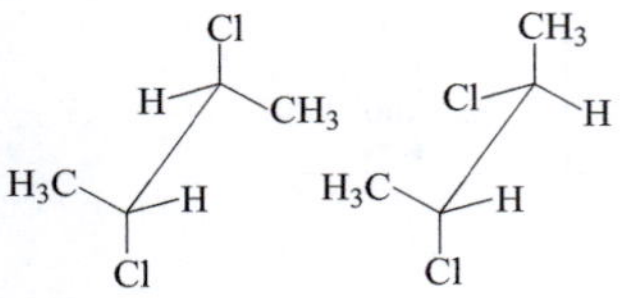

（2）

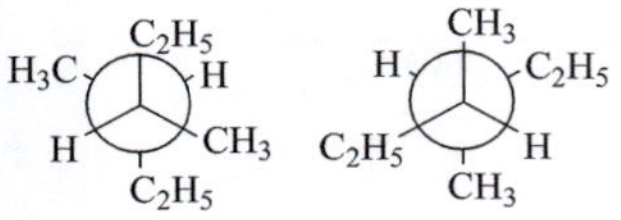

（3）

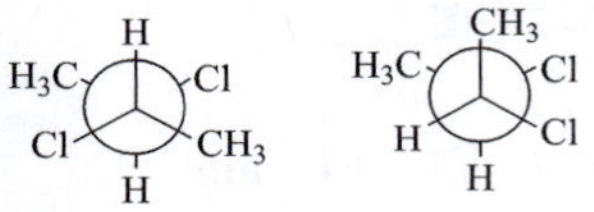

（4）

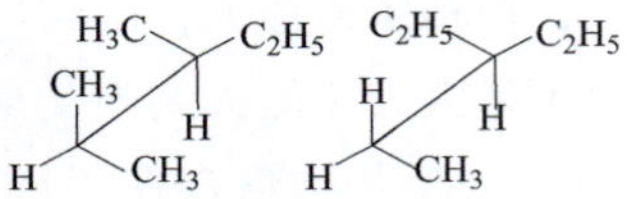

（5）

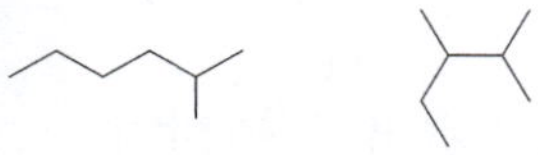

（6）

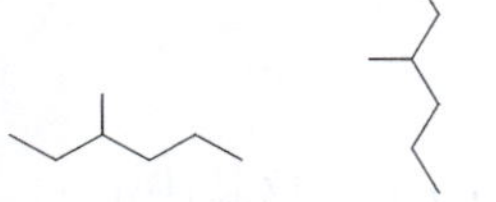

【问题 3.2】

用锯架式画出下列分子的优势构象。
（1）异丁烷
（2）新戊烷
（3）3-甲基戊烷
（4）2,4-二甲基己烷

分子的构象对于一个分子的物理性质、化学性质有很大的影响。直链分子间彼此的排列和叉链分子间彼此的排列就有所不同，譬如两条直链可以很容易地以一定的形状排列，而两条叉链排列起来就比较困难。

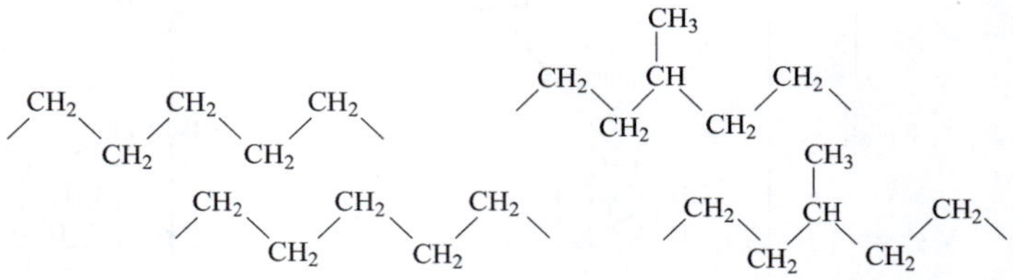

显然，前者两条链可以排列得紧一些，而后者由于一个甲基伸出链外，这两条链不能排列得很紧，分子之间松一些。

（4）乙烷衍生物的构象分布

在构象分布中，大多数有机分子都以对位交叉构象为主要的存在形式。如 1,2-二氯乙烷，对位交叉构象约占 70%，1,2-二溴乙烷对位交叉构象约占 85%，1,2-二苯乙烷，对位交叉构象约占 90% 以上。但在乙二醇和 2-氯乙醇分子中，由于邻位交叉构象可以形成分子内氢键，而氢键的形成会降低构象的能量，所以主要以邻位交叉构象形式存在。

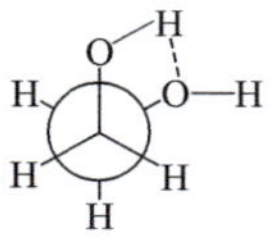

乙二醇的邻位交叉优势构象 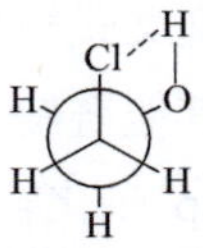　　2-氯乙醇的邻位交叉优势构象

3.1.2　环烷烃的构象

在烷烃分子中，碳原子是 sp^3 杂化的。当碳原子成键时，它的 sp^3 杂化轨道沿着轨道对称轴与其他原子的轨道交盖，形成 109.5° 的键角。环烷烃的碳原子也是 sp^3 杂化的，但是为了形成环，碳原子的键角就不一定是 109.5°，环的大小不同，键角不同。

（1）环丙烷的构象

在环丙烷分子中，三个碳原子形成一个正三角形。sp^3 杂化轨道的夹角是 109.5°，而正三角形的内角是 60°。因此，在环丙烷分子中，碳原子形成 C—C σ 键时，sp^3 杂化轨道不可能沿轨道对称轴实现最大的重叠（图3-8）。为了能重叠得好些，每个碳原子必须把形成C—C键的两个杂化轨道间的角度缩小。根据物理方法的测定，已知环丙烷的C—C—C键角是105.5°，它的C—H键键长是0.1089nm，比烷烃的C—H键键长（0.1095nm）短些，它的H—C—H键角是115°，比甲烷的H—C—H键角（109.5°）大些（图3-9）。由此形成的环丙烷，其C—C—C键角（105.5°）虽然比109.5°小，但还是比60°大。因此碳碳之间的杂化轨道仍然不是沿两个原子之间的连线交盖的。这样的键与一般的σ键不一样，它的电子云没有轨道轴对称，而是分布在一条曲线上，故通常称之为弯曲键。

弯曲键与正常的σ键相比，轨道重叠的程度较小，因此比一般的σ键弱，并且具有较高的能量。这就是环丙烷张力较大，容易开环的一个重要因素。这种由于键角偏离正常键角而引起的张力叫作**角张力**。

除角张力外，环丙烷的张力比较大的另一个原因是扭转张力。在3.1.1链烷烃的构象中已经讨论过，重叠式构象比交叉式构象能量高，比较不稳定。环丙烷的三个碳原子在同一个平面上，相邻两个碳原子上的C—H键都是重叠式的，因此也具有较高的能量。

环丙烷的张力较大，分子能量较高，所以很不稳定，在化学上就表现为容易发生开环反应。

$$\triangle + H_2 \xrightarrow[80\,℃]{Ni} CH_3CH_2CH_3$$

（2）环丁烷的构象

环丁烷是由四个碳原子组成环的。如果环是平面结构，正四边形内角为90°，所以环丁烷的C—C键也只能是弯曲键。不过，其键弯曲的程度比较小。但环丁烷有四个弯曲键，比环丙烷多一个。同时，环丁烷相邻碳原子上的C—H键也都是重叠式的，并且环丁烷比环丙烷多一个CH_2，所以处于重叠式构象的C—H键比环丙烷还要多。因此，环丁烷的环张力也还是比较大的。

但实际上环丁烷的四个碳原子不在一个平面上。环丁烷分子是通过C—C键的扭转而以一个折叠的碳环形式存在的。因为这样可以减少C—H键的重叠，从而使环张力相应降低。环丁烷折叠式构象是四个碳原子中，三个

【问题3.3】

用纽曼投影式画出下列分子的优势构象。
（1）2-氟乙醇　（2）2-羟基乙醛

【问题3.4】

用纽曼投影式画出1，2-二溴乙烷最稳定和最不稳定的构象，并写出构象的类型名称。

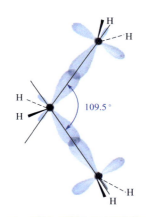

图3-8　sp^3轨道头碰头的重叠方式可以使重叠程度最大，更稳定

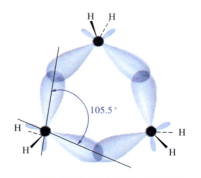

图3-9　环丙烷分子中的键

分布在同一平面上，另一个处于这个平面之外（图3-10）。环丁烷的这种构象虽较平面构象能量有所降低，但环张力还是相当大的。所以环丁烷也是不稳定的化合物。

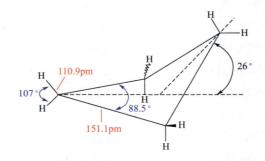

图3-10　环丁烷分子中的键

（3）环戊烷的构象

环戊烷如果是平面结构，C—C—C键角应是108°，这与正常的sp^3键角相近，故这种结构没有角张力。但在平面结构中，所有C—H键都是重叠的，因此有较大的扭转张力。为降低扭转张力，环戊烷实际上是以折叠环的形式存在的，它的四个碳原子基本在一个平面上，另一个碳原子则在这个平面之外。这种构象常叫作信封型构象（图3-11）。在这种构象中，分子的张力不太大，因此环戊烷的化学性质比较稳定。

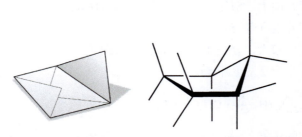

图3-11　环戊烷的信封型构象

（4）环己烷的构象

环己烷也不是平面结构。它较为稳定的构象是折叠的椅型构象和船型构象。这两种构象的透视式和纽曼投影式如图3-12所示。

在椅型构象中，所有C—C—C键角基本保持109.5°，而任何两个相邻碳上的C—H键都是交叉式的，所以环己烷的椅型构象是个无张力环。在船型构象中，所有键角也都接近109.5°，故也没有角张力。但其相邻碳原子上的C—H键却并非全是交叉式的。图3-12所示的船型构象中，C1和C2上的C—H键，以及C4和C5上的C—H键，都是重叠式的。这从船型构象的纽曼投影式（Ⅳ）可以清楚地看出来。此外，在船型构象中，C3和C6上的两个向内伸的氢原子[见图3-12（Ⅲ）]之间，由于距离较近而互相排斥，这也使分子的能量有所升高。船型构象和椅型构象相比，船型构象的能量

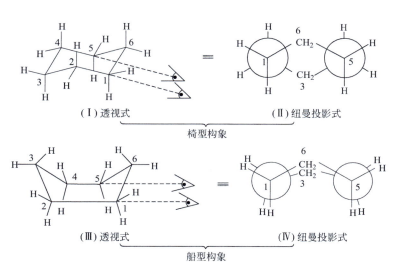

图3-12 环己烷的椅型和船型构象

高得多，也就不稳定得多。许多物理方法已经证实，在常温下，环己烷的椅型构象和船型构象是互相转化的，在平衡混合物中，椅型构象占绝大多数（99.9%以上），是优势构象。椅型构象没有张力，所以环己烷具有与烷烃类似的稳定性。

椅型环己烷的六个碳原子空间分布在两个平面上（图3-13）。C1、C3和C5在平面P上，C2、C4和C6在平面P'上。平面P和平面P'平行。图中A线垂直于P平面，是椅型构象的对称轴。环己烷有12个C—H键。在椅型构象中，它们可分成两种：一种与对称轴平行，叫作**直立键**或**a键**（axial bond）；另一种与对称轴成109.5°的倾斜角，叫作**平伏键**或**e键**（equatorial bond）（图3-14）。

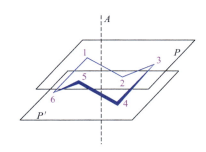

图3-13 环己烷椅型构象中碳原子的空间分布

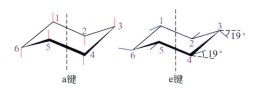

图3-14 椅型构象中的两种C—H键

环己烷分子并不是静止的，通过C—C键的不断扭动，它可以由一种椅型构象翻转为另一种椅型构象（图3-15）。

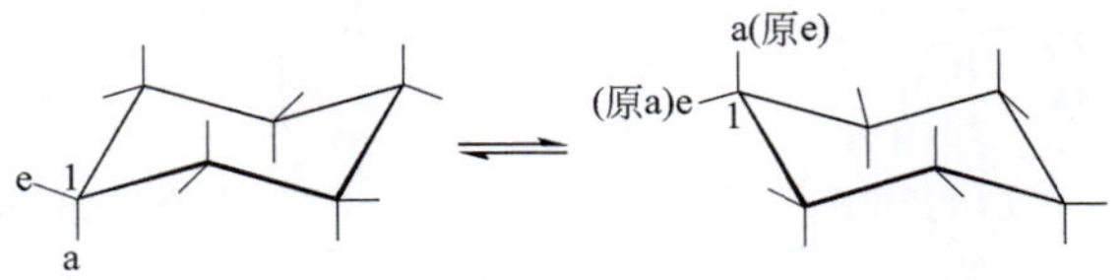

图3-15　环己烷椅型构象的翻转

构象翻转后，原来分布在 P 平面上的三个碳原子转移到 P' 平面上，原来在 P' 平面上的碳原子则转移到 P 平面上。同时，原来的a键变成e键，原来的e键变成a键。而后一种椅型构象又可以再翻转成原来的椅型构象。

在常温下，这种构象的翻转进行得非常快。因此环己烷实际上是以两种椅型构象互相转化达到动态平衡的形式存在的。在平衡体系中，这两种构象各占一半。不过因为六个碳原子上连的都是氢原子，所以这两种椅型构象是等同的分子。

环己烷衍生物绝大多数也以椅型构象存在，且大都可以进行构象翻转。但翻转前后的两种构象可能是不相同的。例如甲基环己烷，如果原来甲基连在e键上，构象翻转后，甲基就连在a键上了。也就是说，构象翻转的前后是两种结构不同的分子（图3-16）。这两种甲基环己烷结构不同，能量上也有差异。因此，在互相翻转的动态平衡体系中，它们的含量不等。

图3-16　甲基环己烷椅型构象的翻转

甲基连在a键上的构象与连在e键上的相比，具有较高的能量，比较不稳定。因为a键上的甲基与C3、C5的a键氢原子相距较近，它们之间有排斥作用，故分子能量较高。而e键上的甲基是向外伸去的，它与C3、C5的a键氢原子之间没有排斥作用，故分子能量较低。因此，在平衡体系中，e键甲基环己烷占95%，a键甲基环己烷只占5%。

环己烷的各种一元取代物都是取代基在e键上的构象，它比取代基在a键上的稳定。当取代基的体积很大时（如叔丁基、苯基），平衡体系中a键取代物含量极少。如果环己烷有多个取代基，往往是e键取代基最多的构象最稳定。如果环上有不同的取代基，则体积大的取代基连在e键上的构象最稳定。

由于成环碳原子的单键不能自由旋转，因此当环上带有两个或多个基团时，就会产生两种或多种立体异构体。异构体的两个取代基团在环的同侧称为顺式构型（cis configuration）。异构体的两个取代基在环的异侧，称为反式构型（trans configuration）。例如：

顺-1,4-二甲基环己烷（两个甲基都在环同侧）

反-1,4-二甲基环己烷（两个甲基都在环两侧）

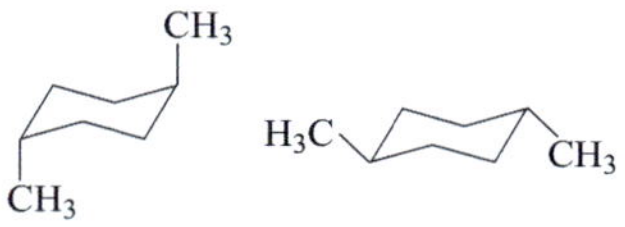

又例如，1,2-二甲基环己烷有顺式和反式两种异构体。在顺式异构体分子中，两个甲基只能一个在a键上，另一个在e键上。

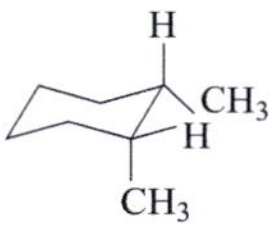

在反式异构体分子中，两个甲基或者都在a键上，或者都在e键上，都在e键上的构象要比都在a键上的稳定得多。所以反-1,2-二甲基环己烷是以两个甲基都在e键上的构象存在的。顺-1,2-二甲基环己烷只能有一个甲基在e键上，所以1,2-二甲基环己烷的顺、反两种异构体中，反式的比顺式的稳定。

又如，顺-4-叔丁基环己醇的两种椅型构象中，叔丁基在e键上的构象要比在a键上的另一种构象稳定得多。

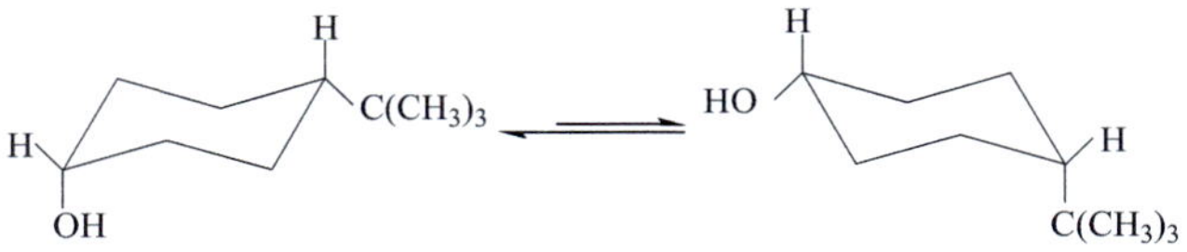

【问题3.5】

写出下列化合物椅型构象的一对构象转换体。
（1）乙基环己烷
（2）溴代环己烷
（3）环己醇

【问题3.6】

画出下列化合物的优势构象。
（1）顺-1,4-二溴环己烷
（2）反-1-甲基-4-异丙基环己烷
（3）异丙基环己烷
（4）顺-1-甲基-2-异丙基环己烷
（5）反-1-甲基-2-异丙基环己烷
（6）反-1-乙基-3-叔丁基环己烷

3.2　顺反异构

乙烯的构成前提条件是两个2p轨道肩并肩，所以乙烯中C—C是不能旋转的。（设想两个人勾肩搭背的情形，此时如果一个人非要头向下转180°而另一个人不动，那这两人抓着的手是要松开的。）

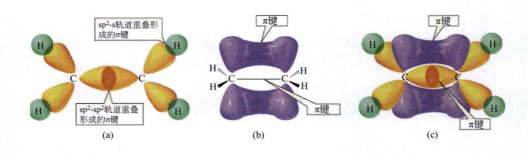

(a)   (b)   (c)

如果此时把乙烯双键碳上的H换成其他不相同的基团，结果会怎么样呢？如：

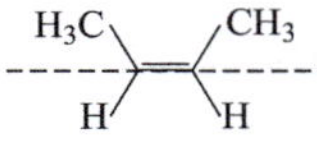

顺-2-丁烯 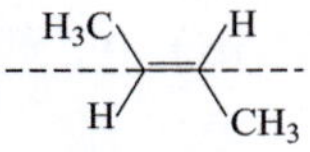   反-2-丁烯

类似于取代环烷烃的命名，当相同基团位于双键同一侧时，称为顺式结构，反之，就是反式结构。通常在名字前加上"顺"或者"反"以示区别。

进一步考虑，如果两个双键碳上的四个基团都不一样，结果如何？

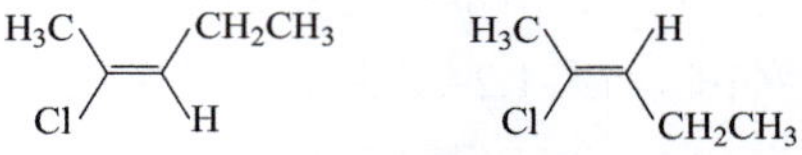

双键碳上没有相同的基团，无法使用顺反法则进行有效区分！

为了解决上述问题，IUPAC推荐了 Z/E 命名法。按照 Cahn-Ingold-Prelog 规则次序排列，找出两个双键碳原子上的优先基团。（说明：Z，德文 Zusammen，在一起；E，德文 Entgegen，相反。）

具体操作：首先比较每个双键碳上两个基团的次序（具体规则见第2章命名法），并用">"或者"<"标记（这里的">"读作"优于"，"<"读作"不优于"），如果较优的基团位于双键同一侧，就是 Z 构型；否则就是 E 构型。很显然，乙基>H，Cl>甲基，因此上述化合物命名为

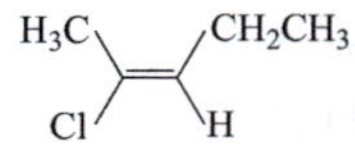

(E)-2-氯-2-戊烯 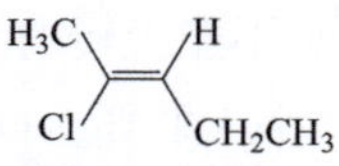   (Z)-2-氯-2-戊烯

其名字前加上"Z"或者"E"表示构型。

【问题3.7】

判断下列烯烃有无顺反异构，有顺反异构的画出两种结构并命名。

(1) $CH_3CH=CH_2$

(2) $(CH_3CH_2)_2C=CHCH_3$

(3) $CH_3CH_2CH=CHCH_2CH_3$

(4) $CHCl=CHF$

3.3 旋光异构

3.3.1 分子的手性和对映体

（1）对映异构现象的发现

1808年马鲁斯（E.Malus）发现了偏振光。其后，法国物理学家毕奥特（J.B.Biot）、法国结晶学家邬于（Hauy）等人都先后发现了许多无机物晶体及某些有机物质具有使平面偏振光的振动平面发生旋转的性能，但他们却未能发现这种旋光差别的原因。

1848年，法国化学家巴斯德（L.Pasteur）在研究酒石酸钠铵晶体时，发现其有两种不同的晶形，外形非常相似，但是不能重叠，互为镜像关系（图3-17）。巴斯德细心地用镊子将其分开，分别溶于水中，测旋光度，发现一种是右旋的，另一种为左旋的，并且比旋光度相等。此时，他意识到旋光性与晶体的不对称性有关。因为溶于水后，晶体消失了，而旋光性依然存在，显然旋光性与分子内部的结构及不对称性有关。由此他提出了两个重要概念：一是对映异构现象是由分子中原子在**空间排列不同**引起的；二是在左旋和右旋两种异构体的分子中原子在空间的排列方式互为**镜像关系**。

巴斯德阐述了存在对映异构的必要和充分条件，即分子结构缺乏某些对称元素，以致与其镜像不能互相重叠。

（2）分子的手性

巴斯德说明了存在手性的一般性条件，但由于当时有机化合物的结构理论尚未出现，他没有说明分子要满足什么具体的结构条件才有手性。1874年，荷兰化学家范特霍夫（van't Hoff）提出了碳原子的四面体学说。他提出，如果一个碳原子上连有四个不同基团，这四个基团在碳原子周围可有两种不同的排列形式，有两种不同的四面体空间构型。它们互为镜像，就跟人的左右手关系一样，外形相似但不能重叠。例如乳酸（2-羟基丙酸）的立体结构可用图3-18所示的模型来表示。

这两个模型都是四面体中心的碳原子连着H、CH_3、OH和COOH。初看时，它们像是相同的。但是把这两

【问题3.8】

系统命名下列烯烃。

【问题3.9】

写出烯烃C_6H_{12}所有的同分异构体，并命名（须考虑顺反异构）。

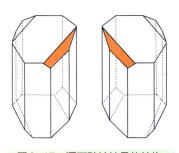

图3-17 酒石酸钠铵晶体结构

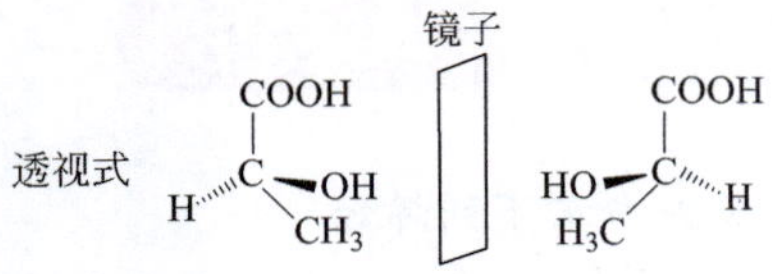

图 3-18 乳酸的分子模型

【问题 3.10】

下列化合物是否含有手性碳原子？

（1）CH₃CHBrCH₂CH₃

（2）CH₃CH₂CHBrCH₂CH₃

（3）CH₃CH₂CHBrCH₂CH₂Cl

（4）PhCH₂OH

个模型叠在一起仔细观察就会发现，无论把它们怎样放置，都不能使它完全重叠。**这种互为实物与镜像关系，彼此又不能重叠的特征就称为手性。**如同人的左右手关系，左右手互为镜像，但却不能完全重叠。**连有四个不同原子或基团的碳原子称为手性碳原子**（或叫不对称碳原子），通常用*标出。例如：

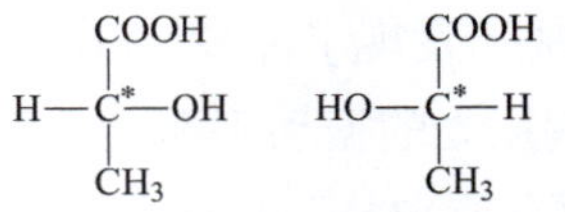

在立体化学中，**不能与镜像叠合的分子叫作手性分子，而能叠合的叫作非手性分子**。乳酸分子就是手性分子。不能与镜像叠合是手性分子的特征。但是要判断一个化合物是否具有手性，并非一定要用模型来考察它与镜像能否叠合得起来。一个分子是否能与其镜像叠合，与分子的对称性有关。只要考察分子的对称性就能判断它是否具有手性分子的对称性，需要考虑的对称因素主要有下列两种。

① 对称面（镜面）　设想分子中有一平面，它可以把分子分成互为镜像的两半，这个平面就是对称面，如图 3-19 所示。

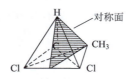

图 3-19　有对称面的分子

② 对称中心　设想分子中有一个点 P，从分子中任何一个原子出发，向这个点作一直线，再从这个点将直线延长出去，则在与该点前一线段等距离处，可以遇到一个同样的原子，这个点就是对称中心，如图 3-20 所示。

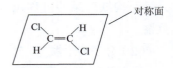

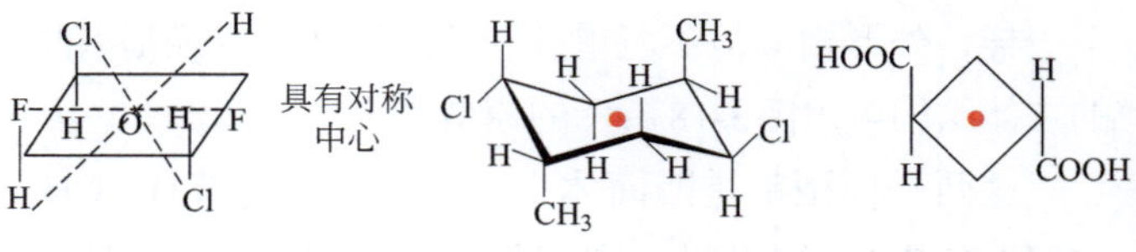

图 3-20　有对称中心的分子

在有机化合物中，绝大多数非手性分子都具有对称面或对称中心。因此，**只要一个分子既没有对称面，又没有对称中心，一般就可以初步断定它是个手性分子**。

分子中原子的连接次序和连接方式是分子的构造。而原子的空间排列方式是分子的构型。构造一定的分子，可能有不止一种构型。例如 3.2 节所讨论的顺反异构体，即是构造相同而构型不同的化合物。凡是手性分子，必有互为镜像的构型。**互为镜像的两种构型的异构体叫作对映体**。分子的手性是存在对映体的必要和充分条件。

一对对映体的构造相同，只是立体结构不同，因此它们是立体异构体。这种立体异构就叫作**对映异构**。对映异构和顺反异构一样，都是构型异构。要把一种异构体变成它的构型异构体，必须断裂分子中的两个键，然后对换两个基团的空间位置。而构象异构则不同，只要通过键的扭转，一种构象异构体就可以转变成另一种构象异构体。

【问题 3.11】

下列化合物哪些是手性分子？

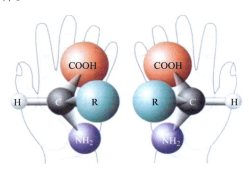

3.3.2 旋光性和比旋光度

（1）平面偏振光

光波是一种电磁波，它的振动方向与其前进的方向垂直，在普通光里，光波在垂直前进方向上可以有无数个振动平面。图 3-21 是普通光示意图。

(a) 光的前进方向与振动方向　　(b) 普通光的振动平面

图 3-21　普通光示意图

在光前进的方向上放一个尼可尔（Nicol）棱镜或人造偏振片，只允许与棱镜晶轴互相平行的平面上振动的光线透过棱晶，而在其他平面上振动的光线则被挡住。这种只在一个平面上振动的光称为平面偏振光，简称**偏振光**。当偏振光射到另一个尼可尔棱镜上时，若其光轴相互垂直，光线全被阻挡。这就是旋光仪的工作原理。图3-22是平面偏振光示意图。

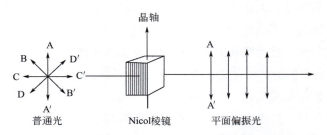

图3-22　平面偏振光示意图

（2）旋光性

物质能使平面偏振光振动平面旋转的性质称为物质的**旋光性**，具有旋光性的物质称为**旋光性物质**（也称为**光学活性物质**）。能使偏振光振动平面向右旋转的物质称**右旋体**，能使偏振光振动平面向左旋转的物质称**左旋体**。使偏振光振动平面旋转的角度称为**旋光度**，用 α 表示。图3-23是旋光性原理示意图。

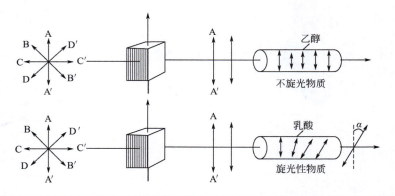

图3-23　旋光性原理示意图

（3）旋光仪

测定化合物旋光度的仪器是旋光仪，旋光仪主要部分是由两个尼可尔棱镜（起偏镜和检偏镜）、一个盛液管和一个刻度盘组装而成。若盛液管中为旋光性物质，当偏振光透过该物质时会使偏振光向左或向右旋转一定的角度，如要使旋转一定的角度后的偏振光能透过检偏镜光栅，则必须将检偏镜旋转一定的角度，目镜处视野才明亮，旋转的角度即为该物质的旋光度 α，如图3-24所示。

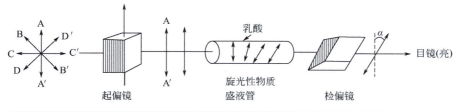

图3-24 旋光仪示意图

（4）比旋光度

旋光性物质的旋光度大小取决于该物质的分子结构，并与测定时溶液的浓度、盛液管的长度、测定温度、所用光源波长等因素有关。为了比较各种不同旋光性物质的旋光度大小，一般用比旋光度来表示，通常用$[\alpha]_\lambda^t$表示。比旋光度与从旋光仪中读到的旋光度的关系如下

$$[\alpha]_\lambda^t = \frac{\alpha_\lambda^t}{\rho_B l}$$

式中，t是温度，常用20℃；λ为测定时光的波长，一般采用钠光（波长589.3nm，用D表示）；ρ_B为溶液的质量浓度，单位$g \cdot mL^{-1}$；l为盛液管长度，一般为10cm。

当物质溶液的质量浓度为$1g \cdot mL^{-1}$，盛液管的长度为1dm时，所测物质的旋光度即为比旋光度。若所测物质为纯液体，计算比旋光度时，只要把公式中的ρ_B换成液体的密度ρ即可。比旋光度是旋光性物质特有的物理常数。

【问题3.12】

网络搜索葡萄糖注射液、左氧氟沙星的比旋光度。

3.3.3 构型的表示方法和构型的标记

（1）构型的表示方法

表示分子的构型（即分子的立体结构）最常用的方法有透视式和费歇尔（Fischer）投影式。

① 透视式　透视式是化合物分子在纸面上的立体表达式。书写时首先要确定观察的方向，然后按分子呈现的形状直接画出。画透视式时，将手性碳原子置于纸面，与其相连的四个键，其中两个处于纸面上，用细实线表示。其余两个，一个伸向纸面前方，用粗实线或楔形实线表示；另一个则伸向纸面后方，用虚线或楔形虚线表示。例如，乳酸的一对对映体可表示如下

这种表示方法虽然比较直观，但书写麻烦，特别是结构比较复杂的分子，一般还是用下一种投影式表示较为方便。

② 费歇尔投影式　费歇尔投影式是用平面形式来表示具有手性碳原子的分子立体模型的式子。投影的规定是：a. 碳链要尽量放在垂直方向上，氧化态高的在上面，氧化态低的在下面。其他基团放在水平方向上。b. 垂直方向碳链应伸向纸面后方，水平方向基团应伸向纸面前方。c. 将分子结构投影到纸面上，用横线与竖线的交叉点表示碳原子，如图 3-25 所示。乳酸分子的两种构型，如图 3-26 所示。

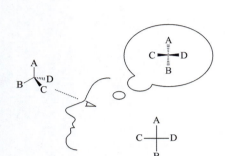

图 3-25　费歇尔投影式的表达示意

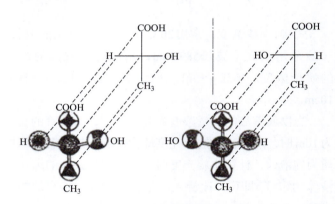

图 3-26　乳酸对映体的费歇尔投影式

在费歇尔投影式中，看上去是平面书写，实际上代表空间排布，其横线、竖线的空间取向是相反的，默认是横前竖后，因此投影式不能随意旋转及改变排列次序。使用 Fischer 投影式时要注意以下四点：a. 投影式不能离开纸面翻转，在纸面上向左或向右旋转 180°，其构型保持不变。b. 投影式在纸面上旋转 90°或 270°后变成它的对映体的投影式。c. 投影式中的四个基团，固定一个基团，其余三个基团顺时针或逆时针旋转，构型保持不变。d. 投影式中任意两个基团对调一次后变成它的对映体的投影式。

（2）构型的标记

构型的标记通常采用两种方法：D/L 标记法和 R/S 标记法。

① D/L 标记法　一对对映体具有两种不同构型，可用分子模型、立体结构式或费歇尔投影式来表示。这些表示法只能一个代表左旋体，一个代表右旋体，不能确定两个构型中哪个是左旋体，哪个是右旋体。另外旋光仪只能测定旋光度和旋光方向，不能确定手性碳原子上所连基团在空间的真实排列情况。为了确定分子的构型，最早人为规定以（+）-甘油醛为标准来确定对映体的相对构型。利用费歇尔投影式表示（+）-甘油醛一对对映体的构型时，其投影式三个碳原子画在竖线上，—CHO 位于上方，—CH$_2$OH 位于下方，其中（+）-甘油醛的羟基在右边，定为 D 构型，其对映体（-）-甘油醛的羟基在左边，定为 L 构型。

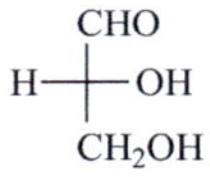

【问题 3.13】

画出 2-丁醇不同结构的 Fischer 投影式，并验证上一段中 Fischer 投影式的四点注意事项。

D-(+)-甘油醛 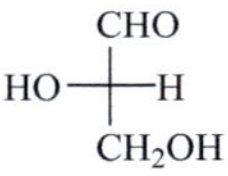　　　L-(-)-甘油醛

这种采用 D/L 的标记法是人为规定的，并不表示旋光方向。对于其他分子的对映异构体与标准甘油醛通过各种直接或间接的方式相联系，来确定其构型，例如下列化合物都是 D 构型。

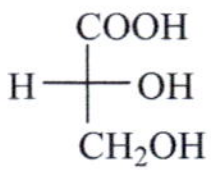

D-(-)-甘油酸 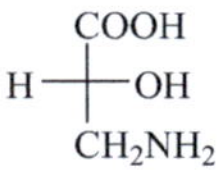　　D-(+)-异丝氨酸 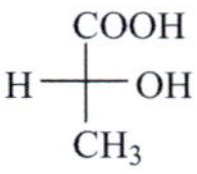　　D-(-)-乳酸

至于两种甘油醛的绝对构型则是在 1951 年毕育德（J. M. Bijvoet）利用特种的 X 射线衍射技术对右旋酒石酸铷钠进行分析后确定的。确定了右旋酒石酸的绝对构型后，再根据甘油醛与酒石酸构型之间的关系而得知 D-甘油醛是右旋的，L-甘油醛是左旋的。

D/L 标记法有一定的局限性，因为有些化合物不易与甘油醛联系；也因为有时采用不同的转化方法，同一化合物可以是 D 型，也可以是 L 型。为了克服这个缺点，现通常采用 R/S 标记法来替代 D/L 标记法。但由于长期习惯，糖类和氨基酸类化合物，目前仍沿用 D、L 构型的标

示方法。

② R/S标记法　对映异构体的构型可用R、S来表示，判断某一构型是R或S，需要用到次序规则（详细内容见第2章）。具体方法是将手性碳原子所连的四个基团（a、b、c、d）按次序规则排列，如a>b>c>d，然后将次序最小的基团d放在离观察者最远处。其他三个基团a、b、c指向观察者，若a→b→c由大到小是顺时针的方向，则构型为R；反之，则为S。如图3-27所示。

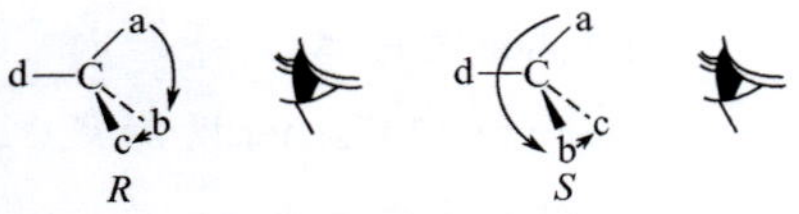

图3-27　R/S构型的判断方法

在有机化学中，常用费歇尔投影式书写。如果一个化合物是用费歇尔投影式表示的，它的构型不需要改画成模型或透视式就能识别。在费歇尔投影式中，当次序最小的基团处于竖线时，若a→b→c，由大到小是顺时针的方向，则其构型为R，反之为S。例如：

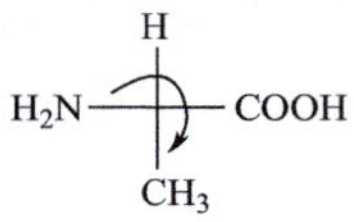

基团次序NH_2> COOH> CH_3>H
最小基团(H)位于竖线
R-构型

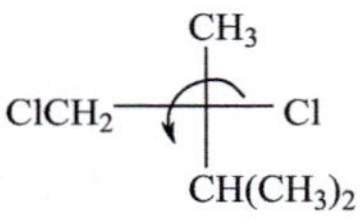

基团次序Cl > CH_2 > $CH-CH_3$ > CH_3
最小基团(CH_3)位于竖线
S-构型

次序最小的基团处于横线上时，若a→b→c，由大到小是逆时针的方向，则构型为R，反之为S。例如：

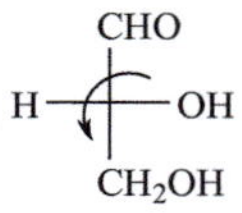

基团次序OH>CHO>CH_2OH
最小基团(H)位于横线
R-构型

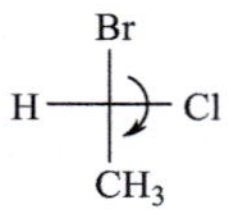

基团次序Br > Cl > CH_3> H
最小基团(H)位于横线
S-构型

需要指出的是，旋光异构体的R构型和S构型同旋光方向之间的关系并不对应，也就是说R型和S型与右旋和左旋的关系并非是一一对应的关系。例如甘油醛和乳酸：

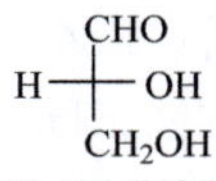

(R)-(+)-甘油醛 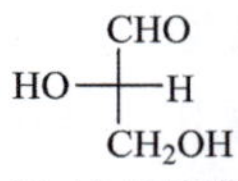　　(S)-(-)-甘油醛 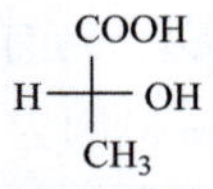　　(R)-(-)-乳酸 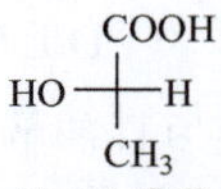　　(S)-(+)-乳酸

这就说明R型不一定是右旋的，S型不一定是左旋的。

3.3.4 含一个手性碳原子化合物的对映异构

（1）对映体

含有一个手性碳原子的分子是不对称的，其分子必定是手性分子，是与其镜像不能重叠的。这种立体异构体会有两种不同的构型，并且互为物体与镜像的关系，称为**对映异构体**（简称为**对映体**）。对映异构体都有旋光性，其中一个是左旋的，一个是右旋的，它们的比旋光度大小相等，方向相反。所以对映异构体又称为旋光异构体。

对映体因其分子中任意两个原子或基团之间距离及相互作用、影响都相同，因此分子的热力学性能也相同，它们的物理及化学性质在非手性环境中没有区别，只有在手性条件下才显示其不同。例如乳酸，有一个手性碳原子，有一对对映体，熔点都是53℃（非手性环境），但它们对偏振光（手性环境）的影响是不同的，其一是使偏振光右旋，称为（+）-乳酸，其$[\alpha]_D^{15}=+3.82°$（水）；另外一个则使偏振光左旋，称为（-）-乳酸，其$[\alpha]_D^{15}=-3.82°$（水）。这就好像我们的双手（对映体），若把左右手各自伸入非手性的圆筒里，感觉相同；若把左右手分别伸入右手套里，感觉就大不相同。对于对映体来说，它们的构造相同，旋光值大小相同，但方向相反。

（2）外消旋体

将等物质的量的右旋体和左旋体混合，由于其旋光方向相反，互相抵消，无旋光性，这种混合物称为**外消旋体**，一般用（±）来表示。外消旋体的物理性质与单纯的左旋体或右旋体是有差异的，如熔点、溶解度等不同。外消旋体的化学性质在非手性条件下与对映体基本相同，在手性条件下各自发挥作用。

对映异构现象不仅具有理论价值，而且在实际应用上也有重要意义。例如，（+）-葡萄糖在动物的代谢作用中起着独特的作用，有营养价值，而（-）-葡萄糖不能被动物代谢，也不能被酵母发酵。左旋的氯霉素具有抗菌作用，而右旋氯霉素无抗菌作用。

3.3.5 含多个手性碳原子化合物的对映异构

除了含有一个不对称碳原子的手性化合物外，还有

【问题3.14】

指出下列分子的R/S构型。

【问题3.15】

画出下列结构的费歇尔投影式。

（1）（R）-2-氨基丁酸
（2）（S）-3-甲基-3-氯己烷
（3）（R）-1-氟-1-氯-1-溴甲烷
（4）（S）-2-苯基-2-氯乙酸

含两个或多个不对称碳原子的手性化合物。因为每个不对称碳原子上的基团可以有两种不同的空间排列方式，所以含一个不对称碳原子的化合物只可能存在一对对映体。含有两个不相同的不对称碳原子的化合物，便可能存在 $2^2=4$ 种立体异构体。而含有 n 个不相同的不对称碳原子的化合物，就可能存在 2^n 种立体异构体。

（1）含两个不同手性碳原子的化合物

如图3-28所示，醛丁糖含有两个不同的手性碳原子，因此有四种立体异构体，分别为A、B、C、D。其中，A和B互为镜像，是一对对映异构体；C和D互为镜像，是一对对映异构体。

但A与C，A与D，B与C，或B与D之间只有一部分是呈镜像关系，而另一部分是相同的，因此它们不是对映异构体，而是**非对映异构体**（diastereoisomer）。非对映异构体和对映异构体不同，非对映异构体之间的许多物理性质不相同，但是由于它们属于同类化合物，所以化学性质有些相似。

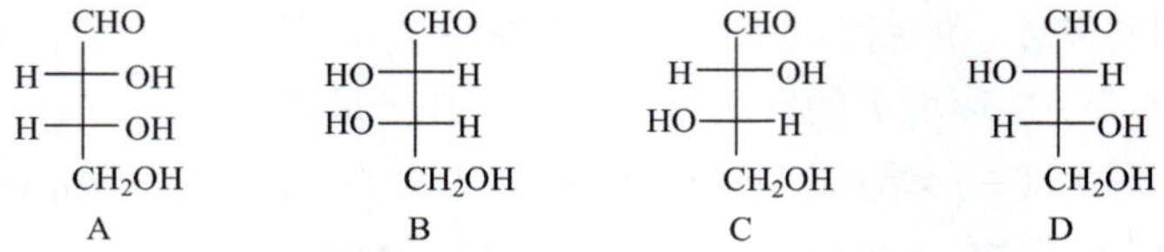

图3-28 醛丁糖的四种对映异构体

（2）含有两个相同手性碳原子的化合物

含两个以上C*化合物的构型或投影式，也可以用 R、S 标记，然后注明各标记的是哪一个手性碳原子。

例如：

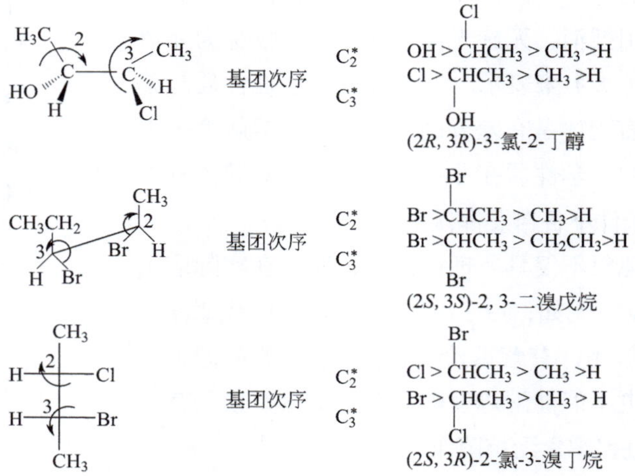

基团次序 C_2^* C_3^*

$OH > CHCH_3 > CH_3 > H$
$Cl > CHCH_3 > CH_3 > H$
    OH

(2R, 3R)-3-氯-2-丁醇

基团次序 C_2^* C_3^*

$Br > CHCH_3 > CH_3 > H$
$Br > CHCH_3 > CH_2CH_3 > H$
    Br

(2S, 3S)-2, 3-二溴戊烷

基团次序 C_2^* C_3^*

$Cl > CHCH_3 > CH_3 > H$
$Br > CHCH_3 > CH_3 > H$
    Cl

(2S, 3R)-2-氯-3-溴丁烷

在酒石酸这个化合物中，两个手性碳原子C2和C3所连的四个基团是完全相同的，如图3-29所示。

酒石酸可写出四种构型的费歇尔投影式（如图3-30所示）。A和B是一对对映异构体，它们等物质的量混合可以组成外消旋体。C和D呈镜像关系，如果把C在纸面上旋转180°后即得到D，因此它们实际上是同一种物质。从化合物C和D的构型看，分子中存在一对称面，使两个手性碳原子的构型相反，致使旋光能力彼此抵消，分子不具有旋光性。这种化合物称为**内消旋体**，用“*meso*”表示，所以又称*meso*-酒石酸。因此，酒石酸的立体异构体实际上只有三种，即左旋体、右旋体和内消旋体。右旋酒石酸和左旋酒石酸互为对映体，等物质的量的右旋体和左旋体混合可组成外消旋体。它们和内消旋体酒石酸是非对映异构体。

图3-29　酒石酸的结构式

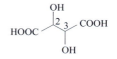

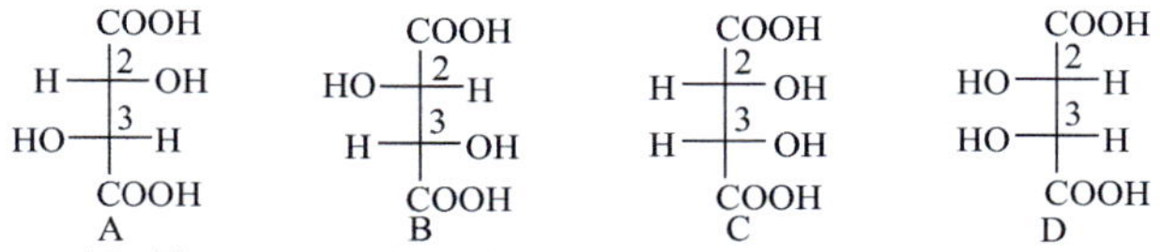

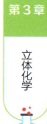

内消旋体和外消旋体虽然都没有旋光性，但它们却有本质上的差别。前者是一个化合物，不能拆分成两个具有旋光性的对映体。而后者是一种混合物，由等物质的量对映体组成，可被拆分成两个具有旋光性的对映异构体。

(+)-酒石酸 (2*R*, 3*R*)　(-)-酒石酸 (2*S*, 3*S*)　*meso*-酒石酸 (2*R*, 3*S*)　(2*S*, 3*R*)

图3-30　酒石酸的费歇尔投影式

乳酸分子中含有一个手性碳原子，但整个分子中无对称因素，有旋光性，因此乳酸是手性分子。而内消旋体酒石酸分子中虽然含有两个手性碳原子，却没有旋光性，因分子内有对称因素（对称面），故不是手性分子。由此可见，含有一个手性碳原子的分子必定有手性，但是含有两个或更多个手性碳原子的分子却不一定有手性。所以，绝不能说凡是含有手性碳原子的分子就一定具有手性。尽管，手性碳原子是使分子具有手性的原因，但决定一个分子是否有手性还是要看其有无对称因素。

【问题3.16】

画出下列物质的所有旋光异构体，标注其中的每个手性碳的构型，并指出对映异构体和内消旋体。

（1）2，3-二溴丁烷

（2）2，5-二氨基己二酸

（3）2，3，4-三羟基戊二酸

（4）2，3，4，5，6-五羟基己醛

3.3.6　外消旋体的拆分

外消旋体拆分指通过物理、化学或生物等方法将一对外消旋体分离成单一的左旋体和右旋体的过程。外消旋体的拆分是一件比较困难的工作，主要的拆分方法有

机械拆分法、酶拆分法、诱导结晶法、色谱拆分法、化学拆分法等。

（1）机械拆分法

一对对映异构体是呈明显的物体与镜像关系的晶体时，可在显微镜下用镊子慢慢挑选而分离。但此法不能拆分液态对映体，并且此法操作比较麻烦，现在已不经常使用了。

（2）酶拆分法

酶催化的反应对底物是高度立体专一的，因此酶能高选择性地催化单一对映体的化学转化，而另一个对映体不发生化学转化，然后通过一些常规的方法可将衍生物分离开来，最终实现对映体的分离。这种拆分方法有很多优势：①高度立体专一性，产物旋光纯度很高；②副反应少，产率高，产物分离提纯简单；③大多在温和条件下进行，pH也多接近中性，对设备腐蚀性小；④酶无毒，易被环境降解。但缺点也很明显，可用的酶制剂品种有限，酶的保存条件比较苛刻，价钱也比较昂贵，拆分过程中原料至少要损失一半等。

$$CH_3-\underset{NH_2}{CH}-COOH \longrightarrow CH_3-\underset{NHCOCH_3}{CH}-COOH \xrightarrow[\text{水解}]{\text{由猪肾内取得}\atop\text{酶}} H_2N-\underset{CH_3}{\overset{COOH}{\underset{|}{C}}}-H + H-\underset{CH_3}{\overset{COOH}{\underset{|}{C}}}-NHCOCH_3$$

消旋丙氨酸　　　消旋乙酰丙氨酸　　　L-(+)-丙氨酸　　　D-(-)-乙酰丙氨酸
　　　　　　　　　　　　　　　　　　（溶于乙醇）　　　（不溶于乙醇）

（3）诱导结晶法

根据对映异构体在溶液中具有不同的晶间力而进行拆分。向外消旋体的过饱和溶液中播入一个纯的对映异构体的晶种，会使这个对映异构体结晶析出，而在母液中留下另一个对映异构体。这一方法具有工艺简便、成本低廉的特点，是工业生产中常用的拆分方法。

（4）色谱拆分法

利用手性柱进行拆分的方法。将某些光学活性物质填充在色谱柱上充当固定相。由于固定相与被拆分的对映体有不同的相互作用，因此在洗脱剂洗脱下，对映体各自能以不同的速度被洗脱出来，从而达到拆分的目的。

（5）化学拆分法

这是应用最广的一种拆分方法。其原理是将对映体转变成非对映体，然后用一般方法分离。外消旋体与无旋光性的物质作用并结合后，得到的仍是外消旋体。但若使外消旋体与旋光性物质作用，得到的就是非对映体的混合物了。非对映体具有不同的物理性质，可以用一般的分离方法把它们分开。最后再把分离所得的两种衍生物分别变回原来的旋光化合物，即达到了拆分的目的。用来拆分对映体的旋光性物质，通常称为拆分剂。不少拆分剂是从天然产物中分离提取获得的。化学拆分法最适用于酸或碱的外消旋体的拆分。

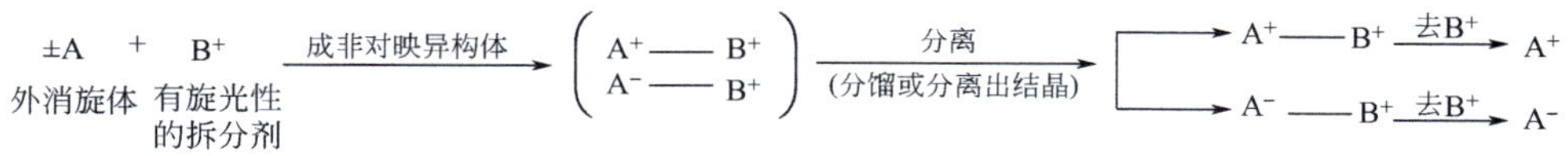

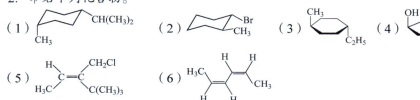

其他外消旋体的拆分方法还有圆偏振光拆分法、消旋归还拆分法、毛细管电泳法、聚合物膜拆分法和萃取拆分法等。

习题

1. 用纽曼投影式和锯架式表示下列化合物最稳定和最不稳定的构象。
（1）1,2-二溴乙烷　　（2）$(CH_3)_3C-C(CH_3)_3$　　（3）$CH_3CH_2-CH_2Ph$

2. 命名下列化合物。

（1）、（2）、（3）、（4）

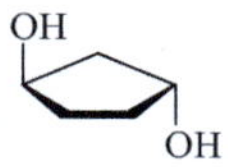

（5）、（6）

3. 写出下列化合物的优势构象。
（1）反-1,2-二甲基环己烷　（2）顺-1-甲基-4-叔丁基环己烷

（3）、（4）

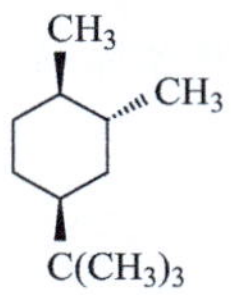

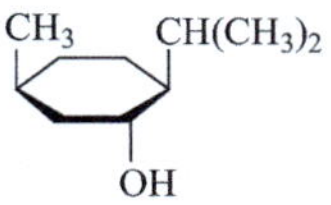

4. 甲基环己烷 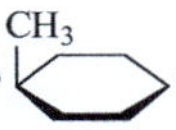 ，如果甲基上或者环上的任意一个氢被溴取代，那么，一溴取代的甲基环己烷有几种？

5. 在溴丁烷和溴戊烷的所有异构体中，哪些异构体具有手性碳原子？画出所有具有手性碳的结构式，并标注出手性碳。

6. 网络搜索左旋甘油醛和右旋甘油醛的下列性质。
（1）熔点　（2）沸点　（3）比旋光度　（4）折射率　（5）相对密度
（6）溶解度　（7）构型

7. 判断下列各化合物中有无手性碳原子（若有，用*标注手性碳）。
（1）$CH_3CHDC_2H_5$　（2）$CH_2BrCH_2CH_2Cl$　（3）$BrCH_2CHDCH_2Br$
（4）$CH_3CHCH_2CH_3$ （下面CH_2CH_3）　（5）$CH_3CHClCHClCHClCH_3$　（6）环己烷带OH和Br

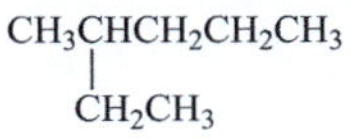

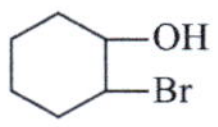

（7）环氧化合物带CH_3和H　（8）环己烷带H_3C、HO、COOH

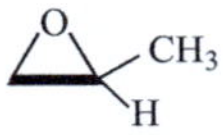

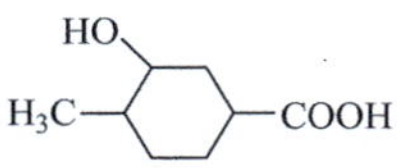

(9) [structure] (10) [structure]

8. 用费歇尔投影式完成下列题目。

（1）用费歇尔投影式写出3-氯-2-戊醇的所有异构体，并用 R/S 标记其构型。

（2）用费歇尔投影式写出2，3-丁二醇的所有异构体，并用 R/S 标记其构型。

（3）用费歇尔投影式写出2，3，4，5-四羟基己二酸的所有异构体，并用 R/S 标记其构型。

9. 用 R/S 标记下列化合物中手性碳原子的构型。

（1) $CH_3CH_2\overset{OH}{\underset{CH_3}{C}}H$ （2) $H_2N\overset{CH_3}{\underset{(CH_3)_2CH}{C}}CH_2CH_3$ （3) [structure with H, F, HO, CH₃]

（4) $CH_3\overset{CN}{\underset{CH_2OH}{C}}C\equiv CH$ （5) [structure]

10. 用费歇尔投影式画出下列物质所有的对映体，并用 R/S 标注手性碳的构型。

（1）3-氯-1-戊烯   （2）3-氯-4-甲基-1-戊烯   （3）$HOOCCH_2CHOHCOOH$

（4）$C_6H_5CH(CH_3)NH_2$ （5）$CH_3CH(NH_2)COOH$

11. 用费歇尔投影式表示下列化合物的结构，并指出其中哪些是内消旋体。

（1）(R)-2-戊醇

（2）(2R, 3R, 4S)-4-氯-2,3-二溴己烷

（3）(S)-CH_2OH-$CHOH$-CH_2NH_2

（4）(2S, 3R)-1, 2, 3, 4-四羟基丁烷

（5）(S)-1-溴代乙苯

12. 写出下列化合物的费歇尔投影式，并对每个手性碳原子的构型标以 R 或 S。

（1) [Br, C₂H₅, H, Cl]   （2) [Cl, F, Br]   （3) [C₂H₅, Br, H, D, CH₃, CH₃]

（4) [CH₃, NH₂, H, C₆H₅]   （5) [structure with CH₃, Cl, H, CH₃, Cl]   （6) [Newman projection with H, OH, HO, CHO, CH₂OH]

13. 正确判断下列各组化合物之间的关系：构造异构、顺反异构、对映异构、非对映体、同一化合物等。

（1) [two alkene structures] 与 [two alkene structures]

(2)

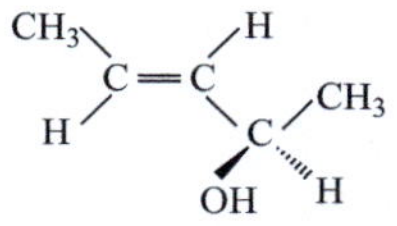

(3)

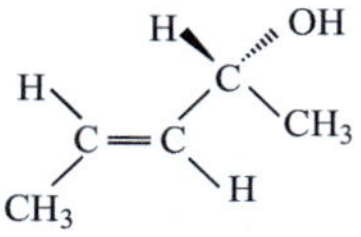

(4)

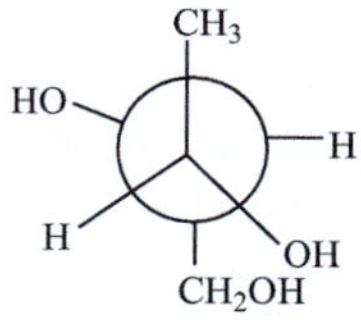

(5)

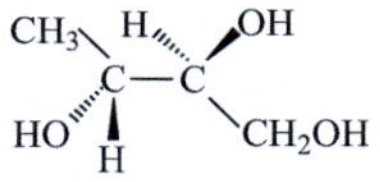

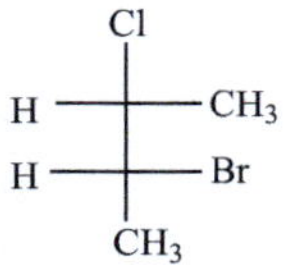

14. 指出下述指定化合物（a）与其他化合物之间的关系（对映体、非对映体或同一化合物）。

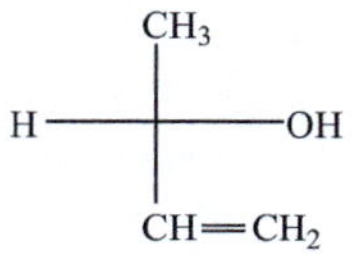

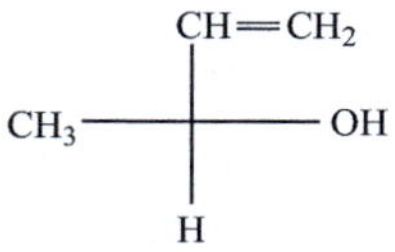

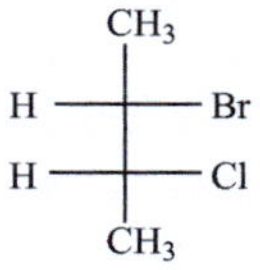

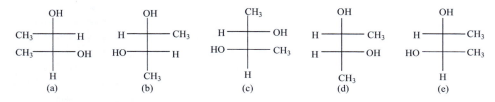

15. 写出下列化合物的Fisher投影式。

（1）（S）-2-羟基丙酸

（2）（S）-2-氯四氢呋喃

（3）（2R，3R）-2,3-二氯丁烷

（4）（R）-4-甲基-3-氯-1-戊烯

（5）（1S，2R）-2-氯环戊醇

（6）（R）-3-氰基环戊酮

（7）（R）-3-甲基-3-甲氧基-4-己烯-2-酮

（8）（2R，3R）-2-溴-3-戊醇

（9）（2S，4R）-4-氨基-2-氯戊酸

（10）（2R，3S）-2-羟基-3-氯丁二酸

（11）（2E，4S）-3-乙基-4-溴-2-戊烯

（12）（2E，4S）-4-氘代-2-氟-3-氯-2-戊烯

有 机 化 学

第 4 章

烷 烃

内容提要

4.1 烷烃的物理性质
4.2 烷烃的化学性质
4.3 烷烃的主要来源和制法
4.4 重要的烷烃

掌握：烷烃的物理性质；烷烃参与的化学反应；环烷烃参与的化学反应；解释自由基取代反应的机理和应用。

4.1 烷烃的物理性质

4.1.1 链烷烃的物理性质

有机化合物的物理性质，通常包括化合物的状态、相对密度、沸点、熔点和溶解度等。通常纯净的有机化合物的物理性质在一定条件下是固定的，因此，通过物理常数的测定，常常可以对有机化合物进行定性鉴定和定量分析。表4-1中列出了部分正链烷烃的物理常数。

表4-1　正链烷烃的物理常数

名称	分子式	熔点/℃	沸点/℃	相对密度 d_4^{20}	状态
甲烷	CH_4	−182.6	−161.7	—	气态
乙烷	C_2H_6	−182.8	−88.6	—	
丙烷	C_3H_8	−187.1	−42.2	0.5005	
丁烷	C_4H_{10}	−138.4	−0.5	0.5788	
戊烷	C_5H_{12}	−129.3	36.1	0.6264	液态
己烷	C_6H_{14}	−94.0	68.7	0.6594	
庚烷	C_7H_{16}	−90.5	98.4	0.6837	
辛烷	C_8H_{18}	−56.8	125.6	0.7028	
壬烷	C_9H_{20}	−53.7	150.7	0.7179	
癸烷	$C_{10}H_{22}$	−29.7	174.0	0.7298	
十一烷	$C_{11}H_{24}$	−25.6	195.8	0.7404	
十二烷	$C_{12}H_{26}$	−9.6	216.3	0.7493	
十三烷	$C_{13}H_{28}$	−6	230	0.7568	
十四烷	$C_{14}H_{30}$	5.5	251	0.7636	
十五烷	$C_{15}H_{32}$	10	268	0.7688	
十六烷	$C_{16}H_{34}$	18.1	280	0.7749	
十七烷	$C_{17}H_{36}$	22	303	0.7767	固态
十八烷	$C_{18}H_{38}$	28	308	0.7767	
十九烷	$C_{19}H_{40}$	32	330	0.7776	
二十烷	$C_{20}H_{42}$	36.4	343	0.7886	
三十烷	$C_{30}H_{62}$	66	449.7	0.7750	
四十烷	$C_{40}H_{82}$	81	—	—	

（1）物质状态

常温常压下，含有1～4个碳原子的烷烃为气体；

5～16个碳原子的烷烃为液体；17个碳原子以上的高级烷烃为固体，但直至60个碳原子的直链烷烃，熔点都不超过100℃。

（2）沸点

沸腾是在一定温度下液体内部和表面同时发生的剧烈汽化现象。液体沸腾时候的温度被称为沸点。液体沸点的高低取决于分子间引力的大小，分子间引力越大，使之沸腾就必须提供更多的能量，因此沸点就越高。分子间的引力称范德瓦耳斯力，它包括取向力、诱导力和色散力。分子间引力的大小取决于分子结构和分子量，直链烷烃分子量越大，范德瓦耳斯力也就越大。因此，直链烷烃的沸点随着碳原子的增多而升高，含有支链的烷烃，由于支链的阻碍，分子间靠近的程度不如直链烷烃，所以，直链烷烃的沸点高于它的异构体，如图4-1所示。

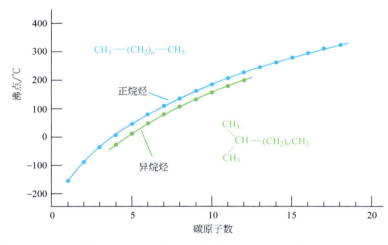

图4-1 链烷烃的沸点与分子中所含有碳原子数目的关系

（3）熔点

烷烃的熔点变化也有与沸点类似的变化规律，即直链烷烃的熔点随着碳原子数的增加而升高。但是由于熔点反映的是分子在固相的相互作用，这个相互作用受到分子能否紧密排列的影响，因此，熔点的变化不同于沸点的变化之处在于，如果某种烷烃分子能够紧密排列，则可能具有相对高的熔点。如甲烷比乙烷，乙烷比丙烷具有更好的对称性，由此可推测，它们在固体中排列的紧密程度为甲烷＞乙烷＞丙烷，所以它们的熔点顺序为甲烷＞乙烷＞丙烷。直链烷烃中，偶数碳原子的熔点比奇数者高。因为直链烷烃的碳链在晶体中呈锯齿形，偶数碳链中两端甲基处于相反的位置，分子彼此更为靠近，排列较为紧密，分子间引力增强，熔点就高。

含奇数和含偶数碳原子的烷烃构成一条锯齿状的熔点线。偶数烷烃在上，奇数烷烃在下，分别构成两条曲线，如图4-2所示。分子量越大，两条线越接近。这是因为含偶数碳的链烷烃具有较高的对称性，碳链之间的排列比较紧密，熔点比含奇数碳的链烷烃要高一些。如支链使整个分子的对称性增加，则会使熔点升高。

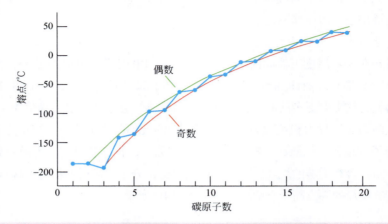

图4-2 直链烷烃的熔点与分子中所含碳原子数目的关系

（4）相对密度

烷烃比水轻，相对密度小于1。由于范德瓦耳斯力的作用，直链烷烃的相对密度也随碳原子数目的增加逐渐增大。

（5）溶解度

烷烃分子的σ键极性小，结构较对称，所以是非极性分子。它可溶于非极性溶剂如苯、四氯化碳等，而不溶于极性溶剂如水。结构相似的化合物，分子间的引力也相似，故能很好溶解，这就是**相似相溶**规律。利用溶解度的差异可以对有机化合物进行萃取、洗涤等分离纯化操作。

4.1.2 环烷烃的物理性质

环烷烃的物理性质与烷烃相似，环丙烷及环丁烷在常温下是气体，环戊烷是液体，高级同系物是固体。环烷烃的沸点比同碳原子的链烷烃高。其物理常数如表4-2所示。环烷烃比水密度小，不溶于水。

表4-2 环烷烃的物理常数

名称	分子式	沸点/℃	熔点/℃	相对密度
环丙烷	C_3H_6	−32.7	−127.6	0.72（−79℃）
环丁烷	C_4H_8	12.5	−80	0.703（0℃）
环戊烷	C_5H_{10}	49.3	−93.9	0.7457
环己烷	C_6H_{12}	80.7	6.6	0.7786
环庚烷	C_7H_{14}	118.5	−12	0.8098
环辛烷	C_8H_{16}	150	14.3	0.8349

4.2 烷烃的化学性质

烷烃是饱和烃，分子中只存在C—C和C—H的σ键，所以，烷烃的化学性质相当稳定。在常温下，烷烃与强酸（如硫酸、盐酸）、强碱（如氢氧化钠）、强氧化剂（如重铬酸钾、高锰酸钾）、强还原剂（如锌+盐酸、金属+乙醇）均无反应。所以医药上常用液体石蜡（$C_{18} \sim C_{24}$的液体烷烃混合物）作为滴鼻剂、喷雾剂的溶剂或基质，凡士林（$C_{18} \sim C_{22}$的烷烃混合物）用作软膏的基质。有机反应中常常用烷烃作为反应的溶剂。

然而，烷烃的稳定性也是相对的，在适当的温度、压力和催化剂下，可与一些试剂起反应。

4.2.1 取代反应

烷烃和环烷烃分子中的氢原子在一定条件下，可被其他原子或基团所取代，称为**取代反应**。通过自由基取代分子中氢原子的反应，称为**自由基取代反应**。如被卤原子取代，则称**卤化反应**。

（1）卤化反应

烷烃和卤素在室温和黑暗中不起反应，但在日光下发生猛烈反应，甚至引起爆炸。如甲烷和氯气在日光下发生剧烈反应，生成氯化氢和炭黑。

$$CH_4 + 2Cl_2 \xrightarrow{光} C + 4HCl$$

在漫射光或催化剂的作用下，烷烃的氢原子能被卤素取代，生成烃的卤素衍生物，同时放出卤化氢。例如，甲烷和氯气在漫射光的照射下，生成一氯甲烷和氯化氢，生成的一氯甲烷中的氢原子还会继续被取代，生成二氯甲烷、三氯甲烷（氯仿）和四氯化碳。

$$CH_4 + Cl_2 \xrightarrow{漫射光} CH_3Cl + HCl$$
$$CH_3Cl + Cl_2 \longrightarrow CH_2Cl_2 + HCl$$
$$CH_2Cl_2 + Cl_2 \longrightarrow CHCl_3 + HCl$$
$$CHCl_3 + Cl_2 \longrightarrow CCl_4 + HCl$$

甲烷氯化反应通常得到四种产物的混合物，工业上把这种混合物作为溶剂使用。通过控制一定的反应条件可以使其中一种产物为主，如增加甲烷的用量比，可以主要得到一氯甲烷，而提高氯气的比例，可以主要得到四氯化碳。

（2）卤化反应的机理

反应机理是指化学反应所经过的途径或过程，也叫反应历程或反应机制。了解反应机理可以认识反应的本质，深入掌握反应规律，达到控制反应和利用反应的目的。

甲烷的氯化反应是典型的自由基取代反应，它的机理如下：

链引发阶段：在光照或高温下，氯分子吸收能量，Cl—Cl键均裂产生两个氯自由基Cl·。

$$Cl:Cl \xrightarrow{h\nu} 2Cl· \tag{1}$$

链增长阶段：产生的氯自由基外层只有七个电子，很活泼，为了形成外层八个电子的稳定结构，便从甲烷分子中夺取一个氢原子，产生一个氯化氢分子和一个甲基自由基。

$$CH_4 + Cl· \longrightarrow ·CH_3 + HCl \tag{2}$$

甲基自由基也非常活泼，可以再与氯分子反应夺取一个氯原子，生成一氯甲烷和另一个活泼的氯自由基。

$$·CH_3 + Cl_2 \longrightarrow CH_3Cl + Cl· \tag{3}$$

反应式（2）、反应式（3）可以连续不断地循环，使反应继续下去，这称为链增长，也叫链传递。

链终止阶段：链增长反应到一定阶段，自由基之间会相互结合失去活性，反应终止，称为链终止。

$$Cl· + Cl· \longrightarrow Cl:Cl$$

$$·CH_3 + ·CH_3 \longrightarrow CH_3:CH_3$$

$$·CH_3 + Cl· \longrightarrow CH_3:Cl$$

因此，自由基反应主要通过链引发、链增长及链终止三个阶段来完成。

环烷烃与烷烃相似，在光照和高温条件下，也能发生自由基取代反应。

$$\bigpentagon + Cl_2 \xrightarrow{300℃} \bigpentagon-Cl$$

（3）卤化反应中的取向

除甲烷、乙烷及无取代的环烷烃外，其他烷烃在进行卤化反应时，因氢原子所处的位置不同，会造成各类氢原子发生取代反应的速率不同，导致生成不同的卤化产物。例如，丙烷的氯化反应：

$$CH_3CH_2CH_3 \xrightarrow{Cl_2, h\nu} \underset{\underset{43\%}{1\text{-氯丙烷}}}{CH_3CH_2CH_2Cl} + \underset{\underset{57\%}{2\text{-氯丙烷}}}{CH_3CHClCH_3}$$

丙烷中有6个伯氢和2个仲氢，按照碰撞概率，在伯氢上发生取代的概率应该是仲氢的3倍，即1-氯丙烷是2-氯丙烷的3倍。但事实上2-氯丙烷的产物更多，说明仲氢的活性要大于伯氢。两者的活性之比约为4∶1。

异丁烷的氯化反应也有类似的结果，异丁基氯的产物占36%，叔氢的活性约为伯氢的5倍。

因此，烷烃中氢原子被取代的容易程度是：

叔氢＞仲氢＞伯氢

烷烃中不同的氢原子的活性差异与各种碳氢键的解离能有关，叔氢原子的键解离能较低，键均裂时需要吸收的能量较少，反应时也就容易被取代。

$$H_3C-\underset{CH_3}{\overset{CH_3}{C}}\!\!\mid\!\!H \quad H_3C-\underset{H}{\overset{CH_3}{C}}\!\!\mid\!\!H \quad H_3C-\underset{H}{\overset{H}{C}}\!\!\mid\!\!H$$

377kJ·mol^{-1}　　393kJ·mol^{-1}　　406kJ·mol^{-1}

不同氢原子的活性差异还与产生的自由基的稳定性有关，反应过程中生成的自由基越稳定，反应越容易进行。经研究，烷基自由基的稳定性次序为：

叔烷基自由基＞仲烷基自由基＞伯烷基自由基

此次序与卤化反应中各类氢原子被取代的活性顺序是一致的。

（4）不同卤素对烷烃进行卤化反应的相对活性

单质氟的化学性质非常活泼，大多数有机化合物与氟反应将会发生爆炸，所以氟代烷的制备不采用这种方法。而碘化反应的产物碘化氢是一种强还原剂，可以将得到的碘代烷还原为原来的烷烃，所以常用的烷烃卤化试剂是氯和溴。

不同卤素对烷烃进行卤化反应的相对活性为：

$$F_2 \gg Cl_2 > Br_2 > I_2$$

由于溴的反应活性比氯小，根据反应活性与选择性的关系，溴化反应的选择性要大于氯化反应。如丙烷溴化时，2-溴丙烷的选择性高达98%。

4.2.2　氧化反应

烷烃在空气中可以燃烧生成二氧化碳和水，并放出大量的热。例如：

$$CH_4 + 2O_2 \longrightarrow CO_2 + 2H_2O + 891 \text{kJ} \cdot \text{mol}^{-1}$$

$$C_{10}H_{22} + 15.5O_2 \longrightarrow 10CO_2 + 11H_2O + 6778 \text{kJ} \cdot \text{mol}^{-1}$$

这就是高级烷烃汽油和柴油在内燃机中的燃烧反应的原理，因而烷烃可用作能源。

常温下烷烃和环烷烃一般不与高锰酸钾等氧化剂反应，但如果控制适当条件并在催化剂作用下，可以使它部分氧化，生成更有用的醇、醛、酮、羧酸等含氧化合物。高级烷烃如石蜡（含$C_{20} \sim C_{30}$的烷烃），在120～150℃并以锰盐为催化剂的条件下，可被空气氧化成高级脂肪酸。由此得到的脂肪酸可代替动植物油制造肥皂。

$$RCH_2CH_2R \xrightarrow[120 \sim 150℃]{\text{锰盐, } O_2} 2R-COOH$$

在室温下，环烷烃一般不与氧化剂（KMnO$_4$、O$_2$等）起反应，即便比较活泼的环烷烃也不起反应。例如，高锰酸钾不能氧化环丙烷或环丁烷。故可用高锰酸钾水溶液来区别烯烃与环烷烃，也可用高锰酸钾水溶液除去环烷烃中的微量烯烃。

4.2.3 异构化反应

在有机化学中，化合物分子进行结构重排而其组成和分子量不发生变化的反应，称为异构化反应。在石油工业中，许多反应涉及异构化反应。

由于环境保护的要求，汽油质量向无铅、低芳烃、低烯烃、高辛烷值和高含氧量方向发展，对清洁燃料的要求使轻质烷烃异构化生产工艺得到迅速发展。烷烃异构化工艺是20世纪80年代国外迅速发展的新的炼油工艺过程。它是生产新配方汽油和无铅汽油的一种重要工艺手段。通过异构化，这些低辛烷值组分的辛烷值提高约20个单位，异构化油的辛烷值可达到92，使其成为优质的汽油调合组分。

4.2.4 裂化反应

烷烃和环烷烃蒸气在隔绝氧气下加热到400℃以上时，C—C键和C—H键都发生断裂，形成复杂的混合物。这种反应叫作裂化反应。裂化反应主要是由较长碳链的烷烃分解成较短的烷烃和烯烃。例如：

$$C_4H_{10} \longrightarrow \begin{cases} CH_4 + CH_3-CH=CH_2 \\ CH_3CH_3 + H_2C=CH_2 \\ H_2 + CH_3-CH=CH-CH_3 \end{cases}$$

烷烃在裂化反应的同时也会发生异构化、环化和芳构化等反应。

裂化反应是石油加工中的重要反应，也是生产低分子量烯烃的主要途径。

4.2.5 小环环烷烃的化学性质

由于有碳环结构，特别是有不稳定的小环，小环环烷烃的化学性质比较活泼。如环丙烷的弯曲键较弱，易开环，可被亲电试剂进攻，发生加成反应，与烯烃相似。它们的化学性质可概括为"**小环似烯，大环似烷**"。如环丙烷、环丁烷与溴易发生加成反应，五碳以上的环烷烃与溴不发生加成反应，但发生取代反应。

（1）催化加氢反应

环烷烃在催化剂的作用下与氢气进行开环反应，生成相应的开链烷烃。但环烷烃进行开环反应的难易程度与环的大小有关，环丙烷、环丁烷较易开环，它们都不太稳定，有类似烯烃的性质。而环戊烷、环己烷则较稳定，它们都不易开环。例如：

$$\triangle + H_2 \xrightarrow[80℃]{Rany\ Ni} CH_3CH_2CH_3$$

$$\square + H_2 \xrightarrow[200℃]{Rany\ Ni} CH_3CH_2CH_2CH_3$$

$$\bigcirc + H_2 \xrightarrow{Pt/C \atop 310℃} CH_3CH_2CH_2CH_2CH_3$$

$$\bigcirc + H_2 \xrightarrow{\quad\times\quad}$$

（2）与卤素反应

环丙烷在室温下就能使溴水褪色，生成开链的二溴化物 $BrCH_2CH_2CH_2Br$（用于鉴别）。

环丁烷与卤素加成比环丙烷要难，常温下一般不反应，加热时可发生加成反应。

$$\triangle + Br_2 \xrightarrow{CCl_4} BrCH_2CH_2CH_2Br$$

$$\square + Br_2 \xrightarrow{CCl_4} BrCH_2CH_2CH_2CH_2Br$$

环戊烷或环己烷与卤素通常情况下不发生加成反应，可在高温或紫外光照射下与卤素发生取代反应。例如：

$$\bigcirc + Br_2 \xrightarrow{紫外线或高温} \bigcirc-Br$$

（3）与卤化氢反应

环丙烷在室温下就能与卤化氢加成。环丁烷与卤化氢加成常温下一般不反应，加热时才可发生加成反应。环戊烷或环己烷与卤化氢不发生加成反应。

$$\triangle + HBr \xrightarrow{室温} CH_3CH_2CH_2Br$$

$$\square + HBr \xrightarrow{加热} CH_3CH_2CH_2CH_2Br$$

环丙烷上若有取代基，在与卤化氢加成时，环的破裂发生在含氢最多与含氢最少（或取代基最多与最少）的两个碳原子之间。

$$H_3C-\overset{H}{\underset{\underset{CH_2}{C}}{C}}-CH_2 + HBr \longrightarrow CH_3-\underset{Br}{C}H-CH_2-H$$

$$H_3C-\overset{CH_3}{\underset{\underset{CH_2}{C}}{C}}-\overset{CH_3}{C}H + HBr \longrightarrow CH_3-\underset{Br}{\overset{CH_3}{C}}-\overset{CH_3}{C}H-H$$

以上化学反应表明三元环、四元环的环系不稳定，化学性质比较活泼，容易开环进行加成反应，显示了某种程度的不饱和性，类似于烯烃。但它们与烯烃又不完全相同，在常温下能被高锰酸钾溶液等氧化剂所氧化，故可用于区别烯烃。五元环和六元环的环烷烃比较稳定，

【问题4.1】

为实现下列反应选择 Cl_2 或 Br_2 中的哪种卤素较好？为什么？

具有开链烷烃的化学性质，难起加成反应，能起取代反应。

4.3 烷烃的主要来源和制法

4.3.1 链烷烃和环烷烃的主要来源

（1）沼气

沼气也叫坑气，主要成分是CH_4，此外还含有H_2S及H_2等。甲烷在目前主要用作燃料，是当代新能源之一，有广泛开发利用的价值。沼气利用示意图见图4-3。自20世纪60年代以来，人们陆续在冻土带和海洋深处发现了一种可以燃烧的"冰"。这种可燃冰在地质上称之为天然气水合物（natural gas hydrate，简称gas hydrate），又称笼形包合物（clathrate），分子式为$CH_4 \cdot 8H_2O$。可燃冰往往分布于水深大于300m的海底沉积物或寒冷的永久冻土中，依赖巨厚水层的压力来维持其固体状态，其分布可以从海底到海底之下1000 m的范围内。可燃冰的燃烧见图4-4。

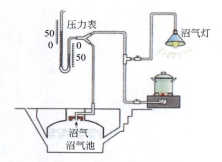

图4-3 沼气利用示意图

（2）天然气和炼油气

主要成分是含$C_1 \sim C_6$的烷烃，还有其他一些烃类，除用作燃料外（图4-5），还作为化工原料。

（3）石油

石油从地下开采出来是黏稠、黑褐色液体，称为原油（图4-6）。原油经分馏可分离出众多的低级及高级烷烃。经过加工（图4-7）后，主要产生以下几种产品：石油醚，$C_5 \sim C_6$；汽油，$C_4 \sim C_8$；煤油，$C_{10} \sim C_{16}$；柴油，$C_{15} \sim C_{20}$；润滑油，$C_{18} \sim C_{22}$；最后是沥青，C_{20}以上。这些都是重要的燃料及化工原料。

脂环烃及其衍生物广泛存在于自然界。石油中有环己烷、甲基环己烷、甲基环戊烷和二甲基环戊烷，以及少量的环烷酸等。环己烷存在于石油中，是无色液体，沸点80.7℃，相对密度0.7786，易挥发，可燃烧，不溶于水。工业上以苯为原料，镍作催化剂，在180～260℃加氢制取环己烷。

图4-4 可燃冰燃烧

图4-5 天然气作为燃料

4.3.2 链烷烃和环烷烃的主要制法

（1）合成链烷烃的方法

从石油和天然气的混合物中分离得到纯净的烷烃是十分困难的，常常通过以下实验室方法合成烷烃。

烯烃经催化氢化得到烷烃。

$$RHC=CHR+H_2 \longrightarrow RCH_2CH_2R$$

还原卤代烷得到烷烃。

$$2RBr+Zn \longrightarrow R—R+ZnBr_2$$

通过卤代烃与金属有机物的偶联反应制备烷烃。伍尔兹（Wurtz）偶联，即卤代烃在金属钠作用下反应生成烷烃。

$$2RX+2Na \longrightarrow R—R+2NaX（X=Br,I）$$

科里-豪斯（Corey-House）反应制备烷烃。反应经3步进行，卤代烷与锂作用生成烷基锂，烷基锂与氯化亚铜反应生成二烃基铜锂，二烃基铜锂与卤代烃偶联生成烷烃。

$$RX \xrightarrow{Li} RLi \xrightarrow{Cu_2Cl_2} R_2CuLi \xrightarrow{R'X} R—R'$$

科尔比（Kolbe）电解法制备烷烃。在中性或弱酸性溶液中，通过电解高浓度的羧酸盐制备烷烃。

$$2RCOO^-+2H_2O \longrightarrow R—R+2CO_2+2OH^-+H_2$$

（2）合成环烷烃的方法

用Zn或Na与二卤代烷反应，合成小环环烷烃。当用Na反应时，可看作是发生分子内的伍尔兹反应。

$$ClCH_2CH_2CH_2Cl+2Na \longrightarrow \triangle +2NaCl$$

图4-6 开采出的原油

图4-7 石化企业加工原油

4.4 重要的烷烃

4.4.1 甲烷

甲烷，化学式CH_4，是最简单的烃，分子是正四面体空间构型，C—H键能为413 kJ·mol^{-1}，H—C—H键角为109.5°。标准状态下甲烷是一种无色、可燃、无毒的气体。

甲烷化学性质比较稳定，盛有高锰酸钾（加几滴稀硫酸）溶液或溴水溶液的试管里通入甲烷气体没有变化。

（1）取代反应

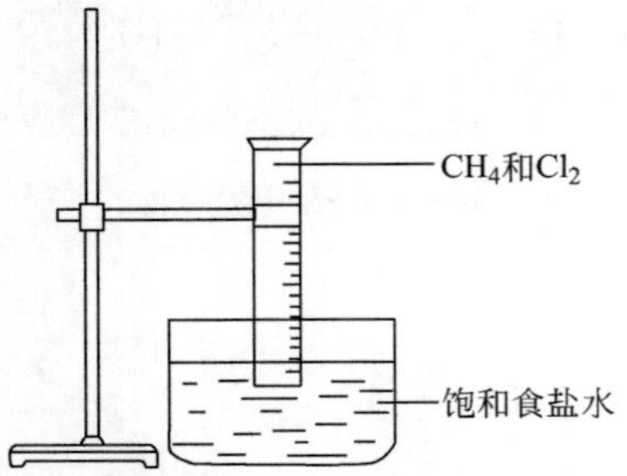

把一个大试管分成五等份，或用一支有刻度的量气管，用排饱和食盐水法先收集1/5体积的甲烷，再收集4/5体积的氯气，把它固定在铁架台的铁夹上，并让管口浸没在食盐水里，然后让装置受光照射，约0.5h后可以看到试管内氯气的黄绿色逐渐变淡，管壁上出现油状物，这是甲烷和氯气反应所生成的一氯甲烷、二氯甲烷、三氯甲烷、四氯化碳和少量的乙烷的混合物。实验装置如图4-8所示。

图4-8 甲烷和氯气反应的实验室装置

（2）氧化反应

点燃纯净的甲烷，在火焰的上方罩一个干燥的烧杯，很快就可以看到有水蒸气在烧杯壁上凝结。倒转烧杯，加入少量澄清石灰水，振荡，石灰水变浑浊。说明甲烷燃烧生成水和二氧化碳。

（3）来源

工业用甲烷主要来自天然气、烃类裂解气、炼焦时副产的焦炉煤气及炼油时副产的炼厂气，煤气化产生的煤气也提供一定量的甲烷。

植物和落叶都产生甲烷，生成量随着温度的升高和日照的增强而增加。有机物在无氧环境中，经腐败菌分解后，再经甲烷菌作用，即有甲烷生成。如纤维素在湖沼污泥中腐败分解生成的脂肪酸、醇，以及共存的二氧化碳和氢等，都能在甲烷菌作用下最终生成甲烷。经过估算认为，植物每年产生的甲烷占到世界甲烷生成量的10%到30%。

（4）化学合成

二氧化碳与氢在催化剂作用下，生成甲烷和氧，再提纯可制得甲烷。

$$CO_2+2H_2 \longrightarrow CH_4+O_2$$

将碳蒸气直接与氢反应，同样可以制得甲烷。

无水醋酸钠（CH_3COONa）和碱石灰（NaOH和CaO作干燥剂）反应，也可制得甲烷。

$$CH_3COONa+NaOH \longrightarrow Na_2CO_3+CH_4\uparrow$$

（5）危害性

甲烷对人基本无毒，但浓度过高时，空气中氧含量明显降低，会使人窒息。当空气中甲烷达25%～30%时，可引起头痛、头晕、乏力、注意力不集中、呼吸和心跳加速、供给失调。若不及时脱离，可致窒息死亡。皮肤接触液化甲烷，可致冻伤。

甲烷易燃，与空气混合能形成爆炸性混合物，遇热源和明火有燃烧爆炸的危险。与五氧化溴、氯气、次氯酸、三氟化氮、液氧、二氟化氧及其他强氧化剂接触可剧烈反应。

4.4.2 石油醚

石油醚为轻质石油产品，按馏程分有30～60℃，60～90℃等几种等级，虽然名称中有个醚字，但主要由戊烷和己烷组成。石油醚是无色透明液体（见图4-9），有煤油气味。不溶于水，溶于无水乙醇、苯、氯仿、油类等多数有机溶剂。主要用作有机溶剂，如色谱分析溶剂、医药萃取剂、精细化工合成助剂等。

图4-9　石油醚

4.4.3 环己烷

环己烷是生产环己酮、己内酰胺的中间体，又可用作溶剂、萃取剂、漆类去除剂、聚合反应的稀释剂等，是多种化工产品、精细化学品的重要原料。

环己烷是无色透明、非腐蚀性的流动液体，易挥发，其气体有刺激性，具有中等毒性。不溶于水，溶于乙醇、乙醚、丙酮、苯，以及四氯化碳等有机溶剂。与水、甲烷、醇类和丙酮易形成共沸混合物。

环己烷化学性质稳定，不易与其他化合物反应。只能在150℃以上与非常活泼的化合物反应，或在低温下与通过某些方法活化了的化合物反应。

环己烷的主要化学反应有以下三种。

① 氧化反应　这是环己烷具有重要用途的反应。根据催化剂的不同，氧化产物有多种，如环己醇、环己酮、己二酸和一些低级二元羧酸。

② 硝化反应　环己烷在硝酸中能发生硝化反应，制

得硝基环己烷，副产物有己二酸、环己醇、亚硝酸环酯和硝基环己烷。硝基环己烷还可部分还原成环己酮肟。

③ 异构化反应　以三氯化铝为催化剂，环己烷自身异构为甲基环戊烷，其产率为96%。

工业上生产环己烷通常采用苯液相氢化法或苯气相氢化法。

环己烷大部分用于生产己内酰胺（尼龙6的原料）、己二酸（尼龙66的原料）和环己酮，此外，环己烷可以作为溶剂用于聚氨酯、醚类、脂肪酸、油类、蜡、沥青、树脂和生胶等产品的生产，尤其是用作SBS树脂合成的溶剂具有较大的市场需求量。

习题

1. 写出下列各化合物的结构式。
（1）2，2，3，3-四甲基戊烷　（2）2，3-二甲基庚烷
（3）2，2，4-三甲基戊烷　（4）2，4-二甲基-4-乙基庚烷
（5）2-甲基-3-乙基己烷　（6）三乙基甲烷
（7）甲基乙基异丙基甲烷　（8）乙基异丁基叔丁基甲烷
（9）1，1-二甲基环庚烷　（10）2-甲基二环[4.3.0]壬烷
（11）3，6，6-三甲基二环[3.2.1]辛烷　（12）2-甲基螺[4.6]十一烷

2. 用系统命名法命名下列化合物。

（1）(CH₃)₂CH—C(CH₃)₂
          |
          CH(CH₃)₂

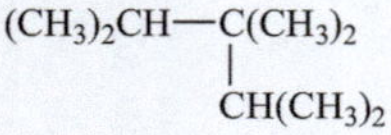

（2）CH₃CH₂—CH—CHCH₂CH₃
              | |
              CH(CH₃)₂
              CH₃

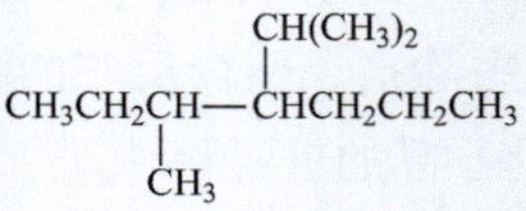

（3）CH₃CH₂C(CH₃)₂CH₂CH₃

（4）H₃C—CH—CH₂
       CH₃CH₂—CHCH₂—C—CH₂CH₃
                      |
                      CH₃

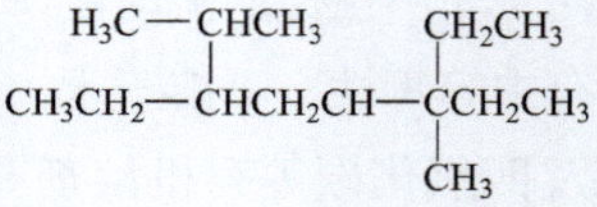

（5）结构式　（6）结构式

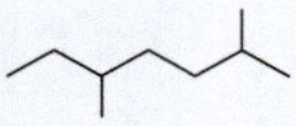

（7）结构式　（8）结构式

（9）结构式　（10）结构式

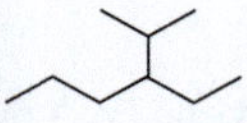

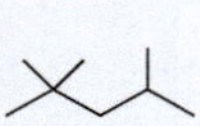

（11）结构式　（12）结构式

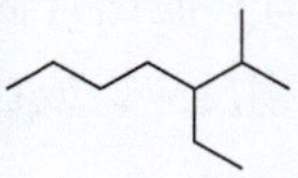

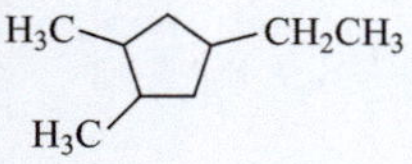

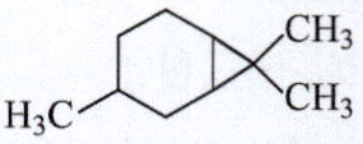

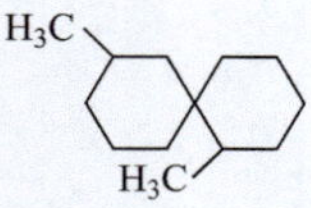

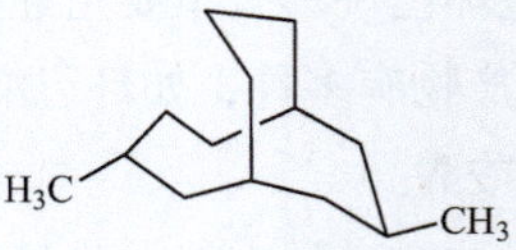

3. 不查表试将下列烃类化合物按沸点降低的次序排列。
（1）2,3-二甲基戊烷　　（2）正庚烷　　（3）2-甲基庚烷　　（4）正戊烷
（5）2-甲基己烷

4. 用纽曼投影式写出1,2-二溴乙烷最稳定及最不稳定的构象，并写出该构象的名称。

5. 下面各对化合物哪一对是等同的？不等同的异构体属于何种异构？

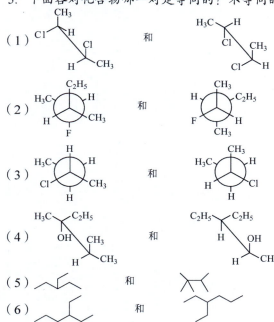

6. 某烷烃分子量为72，氯化时①只得一种一氯化产物，②得三种一氯化产物，③得四种一氯化产物，④只得两种二氯衍生物，分别给出这些烷烃的结构简式。

7. 哪一种或哪几种分子量为86的烷烃有：
（1）两个一溴代产物　　（2）三个一溴代产物
（3）四个一溴代产物　　（4）五个一溴代产物

8. 反应 $CH_3CH_3 + Cl_2 \xrightarrow{\text{光或热}} CH_3CH_2Cl + HCl$ 的历程与甲烷氯化相似，写出链引发、链增长、链终止各步的反应式。

9. 试将下列烷基自由基按稳定性大小排列成序。
（1）·CH_3　（2）·$CH(CH_3)CH_2CH_3$　（3）·$CH_2CH_2CH_3$　（4）·$C(CH_3)_3$

有 机 化 学

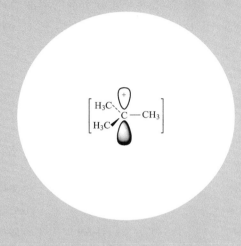

Chapter 5

第 5 章

烯烃和炔烃

内容提要

5.1　烯烃的物理性质

5.2　烯烃的化学性质

5.3　炔烃的物理性质

5.4　炔烃的化学性质

5.5　烯烃和炔烃的制备

掌握：烯烃和炔烃的物理性质；烯烃和炔烃参与的化学反应；解释亲电加成反应和自由基加成反应的机理和应用；常用烯烃和炔烃的制备方法。

5.1 烯烃的物理性质

烯烃的物理性质与烷烃相似，也是随着碳原子数的增加而递变。在室温下，2～4个碳原子的烯烃为气体，5～18个碳原子的为液体，19个碳原子以上为固体。它们的熔点、沸点和相对密度都随分子量的增加而升高，但相对密度都小于1，都是无色物质，不溶于水，易溶于有机溶剂。一些烯烃的物理常数见表5-1。

表5-1 一些烯烃的物理常数

名称	熔点/℃	沸点/℃	相对密度
乙烯	−169	−103	
丙烯	−185	−47	
1-丁烯	−184	−6.3	
反-2-丁烯	−106	0.9	0.6042
顺-2-丁烯	−139	3.7	0.6213
异丁烯	−140	−6.9	0.5942
1-戊烯	−138	30	0.6405
反-2-戊烯	−136	36.4	0.6482
顺-2-戊烯	−151	37	0.6556
2-甲基-1-丁烯	−138	31	0.6504
3-甲基-1-丁烯	−168.5	20.7	0.6272
2-甲基-2-丁烯	−134	38.5	0.6623
1-己烯	−140	63	0.6731

5.2 烯烃的化学性质

烯烃的化学性质与烷烃不同，它很活泼，可以发生很多反应。主要原因是它有双键，其中，π键的稳定性比σ键差，易发生加成、氧化、聚合等反应。

5.2.1 烯烃的催化氢化反应

（1）异相催化氢化

烯烃在催化剂存在下与氢加成生成烷烃，称为催化加氢或催化氢化，常用的催化剂为分散程度很高的铂（Pt）、钯（Pd）和镍（Ni）等金属细粉。

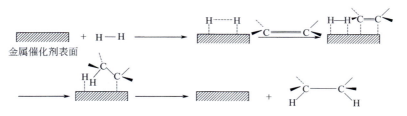

催化剂的作用是将烯烃和氢吸附在金属表面,使π键和H—H键松弛,降低反应所需的活化能。图5-1为催化氢化过程的示意图。

图5-1 烯烃催化氢化过程示意图

上述催化剂均不溶于有机溶剂,称为**异相催化氢化反应**(或非均相催化氢化反应)。用Pt或Pd催化时,可在0.1～0.4 MPa,0～100℃下使用。兰尼(Raney)镍催化剂,是将铝镍合金用氢氧化钠处理,溶去铝后得到的小颗粒多孔镍粉,也可在上述条件下使用。由于兰尼镍具有多孔结构,其表面积大大增加,极大的表面积带来的是很高的催化活性,且价格低廉,这就使得兰尼镍作为一种异相催化剂被广泛用于有机合成和工业生产的氢化反应中。

通常供应的兰尼镍是混于水中的50%的泥浆状物体(见图5-2),不要把其暴露于空气中,因其干燥状态下遇空气可燃。

图5-2 兰尼镍

(2)氢化热和烯烃的稳定性

氢化反应是放热反应,1 mol不饱和化合物氢化时放出的热量称为**氢化热**。从氢化热的大小可以得知烯烃的相对稳定性。例如，丁烯的三种异构体的氢化产物都是丁烷，顺-2-丁烯比1-丁烯少放热7.1 kJ·mol^{-1}，反-2-丁烯比顺-2-丁烯少放热4.2kJ·mol^{-1}，意味着放出的氢化热越少，内能越低，分子越稳定。为什么反式异构体比顺式稳定呢？因为在顺式异构体中，两个大基团靠的近，具有较大的范德瓦耳斯斥力，使分子不稳定。因此，三种丁烯异构体的相对稳定性顺序为：反-2-丁烯>顺-2-丁烯>1-丁烯。从表5-2中的数据中还可以看出，连接在双键碳原子上的烷基数目越多的烯烃越稳定。

表5-2　烯烃氢化热与其连接的烷基数目的关系

烯烃	氢化热/（kJ·mol^{-1}）	烯烃	氢化热/（kJ·mol^{-1}）
CH_2=CH_2	137.2	$(CH_3)_2C$=CH_2	118.8
CH_3CH=CH_2	125.9	顺-CH_3CH_2CH=$CHCH_3$	117.7
CH_3CH_2CH=CH_2	126.8	反-CH_3CH_2CH=$CHCH_3$	113.8
$CH_3CH_2CH_2CH$=CH_2	125.9	$CH_3CH_2C(CH_3)$=CH_2	119.2
$(CH_3)_2CHCH$=CH_2	126.8	$(CH_3)_2CHC(CH_3)$=CH_2	117.2
$(CH_3)_3CCH$=CH_2	126.8	$(CH_3)_2C$=$CHCH_3$	112.5
顺-CH_3CH=$CHCH_3$	119.7	$(CH_3)_2C$=$C(CH_3)_2$	111.3
反-CH_3CH=$CHCH_3$	115.5		

一般烯烃的稳定性顺序如下

CH_2=CH_2<RCH=CH_2<R_2C=CH_2 ～ RCH=CHR<R_2C=CHR<R_2C=CR_2

催化氢化（catalytic hydrogenation）

The Nobel Prize in Chemistry 1912 was divided equally between Victor Grignard

维克多·格利雅(Victor Grignard)　　保罗·萨巴蒂埃(Paul Sabatier)

"for the discovery of the so-called Grignard reagent, which in recent years has greatly advanced the progress of organic chemistry" and Paul Sabatier *"for his method of hydrogenating organic compounds in the presence of finely disintegrated metals whereby the progress of organic chemistry has been greatly advanced in recent years"*.

5.2.2 烯烃的亲电加成反应

（1）烯烃和卤素的加成

烯烃能与卤素起加成反应，生成相邻两个碳原子上各带一个卤原子的邻二卤化物。

$$\begin{matrix} \diagdown \\ C=C \\ \diagup \end{matrix} \diagup + X_2 \longrightarrow \begin{matrix} \diagdown | | \diagup \\ C-C \\ \diagup | | \diagdown \\ X\ X \end{matrix}$$

卤素的活性次序为 $F_2 > Cl_2 > Br_2 > I_2$。氟与烯烃的反应十分剧烈，同时伴随其他副反应。碘与烯烃一般不反应，所以常用氯和溴与烯烃反应，以制得邻二溴和邻二氯化合物。

向烯烃中加入溴的四氯化碳溶液，溴的红棕色很快褪去，可作为碳碳双键的鉴别方法。

卤素与烯烃的加成，形成二卤化物，这两个卤原子是同时加上去的，还是分两步加上去呢？这可通过实验的方法进行确定。

将乙烯通入含氯化钠的溴水溶液中，所得的产物除预期的1,2-二溴乙烷外，还有1-氯-2-溴乙烷及2-溴乙醇。如果加成是一步进行的，即两个溴原子同时加上去，产物就应该只有1,2-二溴乙烷，但实际产物中有1-氯-2-溴乙烷及2-溴乙醇，这说明反应是分步进行的。

既然反应是分步进行的，那么首先加上去的是正离子还是负离子呢？烯烃中的π电子作为一个电子源，应首先与卤素正离子反应，但是卤素是一个非极性化合物，怎么能解离出卤素正离子呢？

实验结果说明，烯烃和溴在干燥的四氯化碳中反应很慢，要几小时甚至几天才能完成。当四氯化碳中存在少量极性分子如水时，加成反应就能迅速进行。由此可见反应需要极性条件。

在极性条件下，烯烃中的π电子容易被极化，极化后双键的一个碳原子带微量正电荷（δ^+），另一个碳原子则带微量负电荷（δ^-），当溴接近π键时，受到极化π键的影响，也发生了极化（$\overset{\delta^+\ \delta^-}{Br-Br}$），极化溴分子的带正电荷的一端与π电子结合，形成碳正离子，溴上的未共用电子对与碳正离子的空轨道结合，含溴的带正电荷的三元环中间体称为溴鎓离子。溴鎓离子不稳定，受到溴负离子从背面的进攻，形成二溴代物，两个溴分别从双键的两侧加上，这种加成被称为**反式加成**。溴鎓离子与氯离子结合，形成1-氯-2-溴乙烷。与水结合再失去质子形成2-溴乙醇，如下所示。

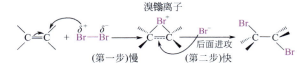

综上所述，卤素与烯烃的加成是**亲电加成**，分两步进行。第一步，卤正离子与

烯烃加成生成三元环的卤鎓离子中间体,这是决速步骤;第二步,带负电荷的部分从三元环的背面进攻,得到加成产物,加成是反式的。

(2)烯烃和卤化氢的加成

烯烃与卤化氢气体或发烟氢卤酸溶液加成时,可得一卤代烷。

$$H_2C=CH_2 + HX \longrightarrow H_2C-CH_2$$
$$||$$
$$HX$$

卤化氢活泼性的次序为:HI>HBr>HCl。

实验证明,烯烃与卤化氢的加成也是亲电加成。H^+ 首先加到碳碳双键中的一个碳原子上,从而使碳碳双键中的另一个碳原子带有正电荷,形成**碳正离子**,然后碳正离子再与 X^- 结合形成卤代烷。

$$H_2C=CH_2 \xrightarrow{H^+} H_2C-\overset{+}{C}H_2 \xrightarrow{X^-} H_2C-CH_2$$
$$\phantom{H_2C=CH_2 \xrightarrow{H^+}}|||$$
$$\phantom{H_2C=CH_2 \xrightarrow{H^+}}HHX$$
碳正离子

奥拉(George A. Olah)(Budapest, Hungary, 1927 ~)USA, University of Southern California, was awarded a Nobel Prize in Chemistry in 1994 *"for his contribution to carbocation chemistry"*.

绝大部分碳正离子的寿命都很短,一般在 $10^{-10} \sim 10^{-6}$ 秒之间。人们很难用实验方法直接观察。直到 1962 年,奥拉(George A. Olah)发现了超强酸中的叔丁基碳正离子可长期存在并能被观察到,从而毫无疑问地证实了碳正离子的存在。

$$\begin{matrix} H_3C \\ \diagdown \\ H_3C-C-F + SbF_5 \\ \diagup \\ H_3C \end{matrix} \longrightarrow \left[\begin{matrix} H_3C \\ \diagdown \\ \overset{+}{C}-CH_3 \\ \diagup \\ H_3C \end{matrix} \right] SbF_6^-$$
(超强酸)

乙烯是对称分子,不论卤素原子或氢原子加到哪一个碳原子上,由于形成相同的碳正离子,所以都得到相同的一卤代乙烷。但是丙烯与卤化氢反应时,情况就不同了,丙烯是不对称分子,它和卤化氢反应时,可以生成两种加成产物

$$H_2C-CH-CH_3 \xleftarrow{HX \atop ①} H_2C=CH-CH_3 \xrightarrow{HX \atop ②} H_2C-CH-CH_3$$
$$||||$$
$$XHHX$$

到底是①还是②呢?实验证明②是主要的,其他不对称烯烃与卤化氢加成时,也有相似的规律。实验事实表明:凡是不对称烯烃和 HX 加成时,酸中的氢原子(带正电性部分的基团)主要加到含氢原子较多的双键碳原子上,这称为马尔科夫尼科夫(Markovnikov)规则,简称**马氏规则**。例如:

$$\text{（环戊烯-甲基）} \xrightarrow{HCl} \text{（1-氯-1-甲基环戊烷）}$$

马氏规则可以从两方面加以解释：首先，与不饱和碳原子相连的甲基（或烷基）与氢相比，甲基或烷基是给电子的基团，所以在丙烯分子中，甲基将双键上流动性较大的π电子推向箭头所指的方向，从而使C1上的电子云密度较大，而C2上电子云密度较小，所以丙烯与卤化氢加成时，H^+必然加到电子云密度较大的C1上。

$$\underset{3}{CH_3} \longrightarrow \underset{2}{\overset{\delta^+}{CH}} = \underset{1}{\overset{\delta^-}{CH_2}}$$

另外，从反应过程中形成的中间体——碳正离子的稳定性来说，当H^+加到C1上时，形成（Ⅰ），而H^+如果加到C2上时，则形成（Ⅱ）。

$$\underset{1}{H_2C}=\underset{2}{CH}-\underset{3}{CH_3} + H^+ \longrightarrow \begin{array}{l} H_3C-\overset{+}{CH}-CH_3 \quad (Ⅰ) \\ \overset{+}{H_2C}-CH_2-CH_3 \quad (Ⅱ) \end{array}$$

对于（Ⅰ）来说，其正电荷受到两个甲基的给电子作用而得到分散，而在（Ⅱ）中，其正电荷只受到一个给电子的乙基的影响。碳正离子上所连烷基越多，正电荷分散程度越高，稳定性越高，所以（Ⅰ）的稳定性要比（Ⅱ）高。因此生成（Ⅰ）比较有利，也就是氢加到含氢较多的碳原子上。碳正离子的稳定性为：**叔碳正离子>仲碳正离子>伯碳正离子>甲基碳正离子**。

$$R_3\overset{+}{C}>R_2\overset{+}{CH}>R\overset{+}{CH_2}>\overset{+}{CH_3}$$

特别需要强调的是，马氏规则的适用范围是双键碳原子上连有给电子基团的烯烃。如果双键上连有吸电子基团，如—NO_2、—CF_3、—COOH、—CN等，加成的方向是反马氏规则的。例如：

$$CF_3-CH=CH_2 \xrightarrow{HCl} \begin{array}{l} CF_3CH_2\overset{+}{CH_2} \xrightarrow{Cl^-} CF_3CH_2CH_2Cl \text{ 主产物} \\ CF_3-\overset{+}{CH}CH_3 \xrightarrow{Cl^-} CF_3CHCH_3 \text{ 次产物} \\ \qquad\qquad\qquad\qquad\qquad\qquad Cl \end{array}$$

有些烯烃在与HX发生反应时，并不是完全得到正常的加成产物，往往有异构化产物出现。例如：

$$CH_3-\underset{\underset{CH_3}{|}}{CH}-CH=CH_2+HCl \longrightarrow CH_3-\underset{\underset{CH_3}{|}}{CH}-\underset{\underset{Cl}{|}}{CH}-CH_3 + CH_3-\underset{\underset{CH_3}{|}}{\overset{\overset{CH_3}{|}}{C}}-CH_2-CH_3$$

上述反应产物发生变化的原因可以从反应机理解释：质子首先加成得到仲碳正离子，仲碳正离子与Cl^-结合得到正常的加成产物，但中间体仲碳正离子可以通过相邻碳原子上的氢迁移（重排），氢带着一对电子迁移到相邻碳原子上得到稳定性更

【问题5.1】

写出下列烯烃结合一个质子后可能生成的两种碳正离子的结构式,并指出哪种稳定。

(1) $(CH_3)_2CHCH_2CH=CH_2$
(2) $CH_3CH=CHCH_2CH_2CH_3$
(3)

【问题5.2】

HCl 与 3,3-二甲基-1-丁烯的加成产物有两种氯代烷烃,试推测这两种产物。

好的叔碳正离子,再与 Cl^- 结合得到重排产物。除了氢可以发生迁移外,甲基也可以发生迁移。

$$(CH_3)_2CHCH=CH_2 \xrightarrow{H^+} (CH_3)_2C\overset{H}{\underset{\curvearrowright}{-}}\overset{+}{C}H-CH_3 \xrightarrow{Cl^-} (CH_3)_2CH-\underset{Cl}{\overset{}{C}}H-CH_3$$

$$\downarrow 重排$$

$$(CH_3)_2\overset{+}{C}-\underset{H}{\overset{}{C}}H-CH_3 \xrightarrow{Cl^-} (CH_3)_2\underset{Cl}{\overset{}{C}}-\underset{H}{\overset{}{C}}H-CH_3$$

碳正离子的重排在有机反应中经常会遇到,判断重排反应能否发生的依据是碳正离子的稳定性。重排后的碳正离子要比未重排的碳正离子有更好的稳定性。特别需要注意的是重排通常只发生在相邻碳原子上。

(3) 烯烃和硫酸的加成

烯烃能与浓硫酸反应,质子和硫酸氢根分别加到双键两个碳原子上形成硫酸氢酯。硫酸氢酯可被水解生成醇,工业上用这种方法合成醇,称为烯烃间接水合法。

$$CH_3CH=CH_2+H_2SO_4 \longrightarrow CH_3CH-CH_2 \xrightarrow[\Delta]{H_2O} CH_3CHCH_3$$
$$\qquad\qquad\qquad\qquad\qquad\quad \underset{OSO_3HH}{|} \qquad\qquad \underset{OH}{|}$$

不对称烯烃与硫酸加成的取向也符合马氏规则。

(4) 烯烃和水的加成(水合)

在中等浓度的强酸(H_2SO_4、H_3PO_4、HNO_3)中,烯烃加水生成醇,这种反应称为水合(hydration)。例如:异丁烯用 65% 的硫酸吸收,产物为叔丁醇。

反应机理如下所示:

$$(CH_3)_2C=CH_2 + H-\underset{H}{\overset{..}{O}}-H \underset{慢}{\rightleftharpoons} (CH_3)_2\overset{+}{C}CH_3 + :\underset{H}{\overset{..}{O}}-H$$

$$(CH_3)_3\overset{+}{C} + :\underset{H}{\overset{..}{O}}-H \underset{快}{\rightleftharpoons} (CH_3)_3C-\underset{H}{\overset{+}{O}}-H$$

$$(CH_3)_3C-\underset{H}{\overset{+}{O}}-H + :\underset{H}{\overset{..}{O}}-H \underset{快}{\rightleftharpoons} (CH_3)_3COH + H_3O^+$$

异丁烯接受质子转变成叔丁基正离子,后者与水结合生成**锌盐**,锌盐脱去质子后变成叔丁醇。

马氏规则显然也适用于水合反应,即羟基加在含氢最少的双键碳原子上。

$$(CH_3)_2C=CHCH_3 \xrightarrow{50\%H_2SO_4} (CH_3)_2\underset{OH}{C}CH_2CH_3$$

碳正离子也可重排，生成其他加成产物。

（5）烯烃和次卤酸的加成

烯烃与氯或溴在水溶液中反应，主要产物为 β-卤代醇，相当于在双键上加了一分子次卤酸。例如：

$$\overset{}{\underset{}{C}}=\overset{}{\underset{}{C}} + Cl_2 \xrightarrow{H_2O} \overset{}{\underset{Cl}{C}}-\overset{}{\underset{OH}{C}} + HCl$$

反应机理如下：第一步亦生成卤鎓离子中间体；第二步水分子从三元环的背面进攻，最后得到反式加成的产物。

对于结构不对称的烯烃，也符合马氏规则，即羟基加在含氢较少的双键碳原子上。

$$H_3C-CH=CH_2 + Cl_2 \xrightarrow{H_2O} H_3C-\underset{Cl}{\overset{OH}{CH}}-CH_2$$

（6）烯烃的硼氢化-氧化反应

烯烃与硼烷在醚［如四氢呋喃（THF）］中与硼烷反应生成烷基硼烷。硼烷中的硼原子和氢原子分别加到双键碳原子上，此反应称为硼氢化反应。

$$\overset{}{\underset{}{C}}=\overset{}{\underset{}{C}} \xrightarrow{BH_3 \cdot THF} \overset{}{\underset{H}{C}}-\overset{}{\underset{BH_2}{C}} \xrightarrow{2 \overset{}{\underset{}{C}}=\overset{}{\underset{}{C}}} [\overset{}{\underset{H}{C}}-\overset{}{\underset{}{C}}]_3 B$$

由于硼烷中的硼原子外层是缺电子的，它是一个很强的亲电试剂，它和不对称烯烃加成时，缺电子的硼原子加到双键上含氢较多的碳原子上。

$$R-CH=CH_2 \xrightarrow{BH_3 \cdot THF} R-CH_2CH_2BH_2 \xrightarrow{2R-CH=CH_2} (RCH_2CH_2)_3B$$

烷基硼烷在碱性条件下用过氧化氢处理转变成醇。

$$(RCH_2CH_2)_3B \xrightarrow[OH^-]{H_2O_2} 3RCH_2CH_2OH$$

烯烃经硼氢化和氧化转变成醇，总称为硼氢化-氧化反应，总的结果是烯烃分子中加了一分子水。此法可从烯烃制备伯醇，而烯烃经硫酸氢酯或酸催化水合只能制备仲醇和叔醇（乙醇除外）。

完成反应。

$$CH_3CH_2CH_2CH=CH_2 \xrightarrow{BH_3 \cdot THF} (\qquad) \xrightarrow[OH^-]{H_2O_2} (\qquad)$$

$$CH_3CH_2CH_2CH=CH_2 \xrightarrow[(2)H_2O]{(1)H_2SO_4} (\qquad)$$

5.2.3　烯烃的自由基加成-过氧化物效应

1933年卡拉施（M. S. Kharasch）等人发现溴化氢在光照或过氧化物存在时，与丙烯反应，生成了反马氏规则的产物——正溴丙烷。例如：

$$CH_3CH=CH_2 + HBr \begin{cases} \xrightarrow{\text{过氧化物}} CH_3CH_2CH_2Br \\ \xrightarrow{\text{无过氧化物}} CH_3CHCH_3 \\ \qquad\qquad\qquad\quad | \\ \qquad\qquad\qquad\;\, Br \end{cases}$$

反马氏规则的加成是由过氧化物引起的，所以称过氧化物效应。最常用的过氧化物（R—O—O—R）是过氧化苯甲酰（Ph—CO—O—O—CO—Ph），过氧化物中 O—O 键的解离能较小，一般在 146.5～209.3kJ·mol^{-1}，容易均裂成自由基，使加成反应按自由基加成机理进行。

链引发

$$R\!-\!O\!-\!O\!-\!R \xrightarrow{h\nu \text{或加热}} 2RO\cdot$$
$$RO\cdot + H\!-\!Br \longrightarrow ROH + Br\cdot$$

链增长

$$CH_3\overset{2}{C}H=\overset{1}{C}H_2 + Br\cdot \begin{cases} \longrightarrow CH_3\!-\!\dot{C}H\!-\!CH_2Br \;\text{主要产物} \\ \longrightarrow CH_3\!-\!CH\!-\!\dot{C}H_2 \\ \qquad\qquad\quad\; | \\ \qquad\qquad\;\, Br \end{cases}$$

$$CH\!-\!\dot{C}H\!-\!CH_2Br + H\!-\!Br \longrightarrow CH_3CH_2CH_2Br + Br\cdot$$

链终止

$$Br\cdot + Br\cdot \longrightarrow Br\!-\!Br$$

$$CH_3\!-\!\dot{C}H\!-\!CH_2Br + CH_3\!-\!\dot{C}H\!-\!CH_2Br \longrightarrow H_3C\!-\!\underset{CH_2Br}{\overset{H}{\underset{|}{\overset{|}{C}}}}\!-\!\underset{CH_2Br}{\overset{H}{\underset{|}{\overset{|}{C}}}}\!-\!CH_3$$

$$CH_3\!-\!\dot{C}H\!-\!CH_2Br + Br\cdot \longrightarrow CH_3CHCH_2Br \\ \qquad\qquad\qquad\qquad\qquad\qquad\qquad\quad | \\ \qquad\qquad\qquad\qquad\qquad\qquad\qquad\; Br$$

在链的增长阶段中，溴原子加到碳碳双键的C1上，产生仲自由基；加到C2上则生成伯自由基，前者比后者稳定，反应所需活化能较小，生成速率快，是主要产物。由于这一步是控制速率的步骤，因此主要得到反马氏规则的加成产物。

氯化氢和碘化氢没有过氧化物效应，加成取向仍然符合马氏规则。

【问题5.4】

完成反应。

$$CH_3CH_2CH=CH_2 + HBr \xrightarrow{\text{过氧化物}} (\quad)$$
$$CH_3CH_2CH=CH_2 + HBr \longrightarrow (\quad)$$
$$CH_3CH_2CH=CH_2 + HCl \xrightarrow{\text{过氧化物}} (\quad)$$

5.2.4 烯烃的氧化反应

碳碳双键中的π电子受核的控制吸引力较小，因此烯烃很容易给出电子，发生亲电加成反应。此外，双键也容易被氧化，氧化产物的结构取决于试剂和反应条件。

烯烃很容易发生氧化反应，随氧化剂和反应条件的不同，氧化产物也有所不同。氧化反应发生时，首先是碳碳双键中的π键打开；当反应条件强烈时，σ键也可断裂。这些氧化反应在合成和鉴定烯烃分子结构中是很有价值的。

（1）烯烃的环氧化反应

烯烃能被过氧酸氧化成环氧化物。

$$\overset{}{C}=\overset{}{C} + R-\overset{O}{\overset{\|}{C}}-O-OH \longrightarrow \overset{O}{\overset{}{C-C}}$$

环氧化物在有机合成中有着十分重要的用途，可以转变成邻二醇和氨基醇等一系列有机化合物。最常用的有机过氧酸有过氧乙酸和过氧苯甲酸等。

（2）烯烃和高锰酸钾的反应

在碱性条件或中性条件下用冷的高锰酸钾稀溶液作为氧化剂氧化烯烃，反应结果是使双键碳原子上各引入一个羟基，生成邻二醇。

$$3RCH=CH_2 + 2KMnO_4 + 4H_2O \xrightarrow{\text{冷的碱性或中性}} 3RHC-CH_2 + 2MnO_2\downarrow + 2KOH$$
$$\qquad\qquad\qquad\qquad\qquad\qquad\qquad\qquad\quad |\quad\;\; |$$
$$\qquad\qquad\qquad\qquad\qquad\qquad\qquad\qquad\; OH\;\; OH$$

反应中，高锰酸钾溶液的紫色褪去，并且生成棕色的二氧化锰沉淀，因此这个反应可以用于鉴别不饱和烃。

若用酸性高锰酸钾溶液氧化烯烃，则反应迅速发生，此时，不仅π键打开，σ键也可断裂。双键断裂时，由于双键碳原子连接的烃基不同，氧化产物也不同，此反应可用于推断烯烃的结构。氧化后$CH_2=$基变成CO_2，$RCH=$基变成羧酸（$RCOOH$），$R_2C=$基变成酮（$R_2C=O$）。

$$RCH=CH_2 \xrightarrow[H_2SO_4]{KMnO_4} RCOOH + CO_2$$

$$\underset{R'}{\overset{R}{>}}C=CHR'' \xrightarrow[H_2SO_4]{KMnO_4} \underset{R'}{\overset{R}{>}}C=O + R''COOH$$

可通过反应产物的结构推导原烯烃的结构，即把产物酸、酮的氧去掉，剩余部分以双键的形式相连，则得原烯烃的结构。例如：

$$\text{烯烃} \xrightarrow[H_2SO_4]{KMnO_4} CH_3\overset{CH_3}{\underset{}{C}}=O + O=\overset{OH}{\underset{}{C}}-CH_2CH_3$$

原烯烃结构　$CH_3\overset{CH_3}{\underset{H}{C}}=\overset{}{\underset{}{C}}-CH_2CH_3$

（3）烯烃的臭氧化-还原反应

在低温时，将含有（6%～8%）臭氧的氧气通入液体烯烃或烯烃的四氯化碳溶液中，臭氧迅速与烯烃作用，生成黏稠状的臭氧化物，此反应称为臭氧化反应。臭氧化物很容易爆炸，可不经分离直接进行下一步反应。如在还原剂（最常用锌粉）存在下用水处理则能生成酮、醛和过氧化氢。

$$\underset{R}{\overset{R'}{>}}C=\overset{H}{\underset{R''(H)}{<}} \xrightarrow{O_3} \underset{R}{\overset{R'}{>}}\overset{O}{\underset{O-O}{C}}\overset{H}{\underset{R''(H)}{<}} \xrightarrow[H_2O]{Zn} \underset{R}{\overset{R'}{>}}C=O + O=\overset{H}{\underset{R''(H)}{<}}$$

产物的结构也是由双键碳原子上烷基取代的情况决定的，反应物中$R_2C=$基变成酮，（H）RCH=基变成醛。臭氧化物在水解时还有过氧化氢生成，锌粉的作用是除去反应中产生的过氧化氢，以防醛氧化成羧酸。也可用Pd/C、H_2处理，使过氧化氢还原为H_2O，同时也得到醛或酮。如果用氢化铝锂（$LiAlH_4$）或硼氢化钠（$NaBH_4$）还原可得到醇。

$$CH_3CH=CH_2 \xrightarrow{O_3} \underset{O-O}{\overset{H_3C\ \ \ \ O\ \ \ \ H}{C}} \begin{cases} \xrightarrow[\text{还原水解}]{Zn,H_2O} \underset{H}{\overset{H_3C}{>}}C=O+O=\overset{H}{\underset{H}{<}} \\ \xrightarrow[\text{氧化水解}]{H_2O_2} \underset{HO}{\overset{H_3C}{>}}C=O+O=\overset{H}{\underset{OH}{<}} \\ \xrightarrow{LiAlO_4} \underset{H}{\overset{H_3C}{>}}CH-OH+HO-\overset{H}{\underset{H}{C}}H \end{cases}$$

由于不同结构的烯烃经臭氧化后再在还原剂存在下进行水解，可以得到不同的醛或酮，因此同样也可用来推测烯烃的结构。

The Nobel Prize in Chemistry 2001 was divided, one half jointly to William S. Knowles and Ryoji Noyori "for their work on chirally catalysed hydrogenation reactions" and the other half to K. Barry Sharpless "for his work on chirally catalysed oxidation reactions".

诺尔斯(William S. Knowles)

野依良治(Ryoji Noyori)

夏普莱斯(K. Barry Sharpless)

5.2.5 烯烃的聚合反应

烯烃在一定的条件下，分子中的π键断裂，发生同类分子间的加成反应，生成高分子化合物（聚合物），这种类型的聚合反应称为加成聚合反应，简称加聚反应。聚合所得产物称为聚合物，参加聚合的小分子叫单体（monomer）。聚合反应条件为：①高温高压；②催化剂，如齐格勒-纳塔（Ziegler - Natta）催化剂等。

乙烯的聚合：

$$n\text{CH}_2=\text{CH}_2 \xrightarrow[200\sim400℃]{\text{TiCl}_4\text{-AlEt}_3} {\left(\!\!-\text{CH}_2-\text{CH}_2-\!\!\right)}_n$$

The Nobel Prize in Chemistry 1963 was awarded jointly to Karl Ziegler and Giulio Natta "for their discoveries in the field of the chemistry and technology of high polymers"

齐格勒(Karl Ziegler)

纳塔(Giulio Natta)

【问题5.5】

根据下列事实推测相应烯烃的结构。

（1）经臭氧化-还原水解会得到含一个碳原子的醛和含三个碳原子的酮。

（2）经臭氧化-还原水解会得到含两个碳原子的醛和含四个碳原子的支链醛。

（3）分子式为C_6H_{10}，氢化时可吸收1mol H_2，经热的酸性$KMnO_4$处理后会生成含六个碳原子的直链二元酸。

（4）氢化可得到正己烷且经臭氧化-还原水解只生成一种醛。

5.2.6 烯烃的 α-氢的反应

双键是烯烃的官能团，与双键碳原子直接相连的碳原子上的氢，因受双键的影响，表现出一定的活泼性，可以发生取代反应和氧化反应。例如，丙烯与氯气混合，在常温下是发生加成反应，生成1,2-二氯丙烷。而在500℃的高温下，主要是烯丙碳上的氢被取代，生成3-氯丙烯。

$$CH_3CH=CH_2+Cl_2 \begin{cases} \xrightarrow{500℃} CH_2CH=CH_2 \\ \quad\ Cl \\ \xrightarrow{常温} CH_3CH-CH_2 \\ \ \ Cl \quad\ Cl \end{cases}$$

（1）烯烃α-氢的卤化反应

与碳碳双键相邻的碳原子称为α-碳，与此碳相连的氢称为α-氢。在高温或光照条件下，α-氢易被卤素取代。α-氢的卤化反应机理与烷烃卤化反应一样，是自由基取代反应，生成自由基的一步是决定反应速率的步骤。

链引发　　$Cl_2 \xrightarrow{h\nu\text{或高温}} 2Cl\cdot$

链增长　　$CH_3CH=CH_2+Cl\cdot \longrightarrow \cdot CH_2CH=CH_2+HCl$
　　　　　$\cdot CH_2CH=CH_2+Cl_2 \longrightarrow ClCH_2CH=CH_2+Cl\cdot$

链终止(反应式略)

烯烃高温氯化时，取代反应往往发生在α-氢上，具有较高的区域选择性。α-氢的溴化常用 N-溴代丁二酰亚胺（简称 NBS）。

$$CH_3CH=CH_2 + \underset{\underset{O}{\|}}{\overset{\overset{O}{\|}}{\underset{}{\diagdown}}}N\text{—}Br \xrightarrow[CCl_4]{h\nu} BrCH_2CH=CH_2 + \underset{\underset{O}{\|}}{\overset{\overset{O}{\|}}{\underset{}{\diagdown}}}N\text{—}H$$

（2）烯烃α-氢的氧化反应

烯烃的α-氢容易被氧化，如丙烯在一定条件下可被空气催化氧化为丙烯醛。但在不同条件下，丙烯还可被氧化为丙烯酸。

$$CH_3CH=CH_2 + 3/2\ O_2 \xrightarrow[400℃]{MnO_2} CH_2=CHCOOH+H_2O$$

丙烯的另一个特殊的氧化反应是在氨存在下的氧化反应，叫作氨化氧化反应，简称氨氧化反应，由此可得丙烯腈。

【问题5.6】

完成反应。

$$CH_3CH=CH_2 + NH_3 + 3/2\ O_2 \xrightarrow[470℃]{磷钼酸铋} CH_2=CHCN + 3H_2O$$

丙烯醛、丙烯酸和丙烯腈分子中具有双键，可作为单体进行聚合，得到不同性质和用途的聚合物。

5.3 炔烃的物理性质

乙炔、丙炔和1-丁炔在室温下为气体。炔烃的沸点比含同数碳原子的烯烃约高10～20℃，碳架相同的炔烃中，三键在链端的沸点较低。炔烃的相对密度小于1，在水中的溶解度很小，易溶于烷烃、四氯化碳、乙醚等非极性或弱极性有机溶剂。一些炔烃的物理常数见表5-3。

表5-3 一些炔烃的物理常数

名称	熔点/℃	沸点/℃	相对密度
乙炔	−81	−84（升华）	0.6181（−32℃）
丙炔	−101.5	−23.2	0.7062（−50℃）
1-丁炔	−126	8.1	0.6784（0℃）
2-丁炔	−32.3	27	0.6910
1-戊炔	−90	40.2	0.6901
2-戊炔	−101	56.1	0.7107
3-甲基-1-丁炔	−89.7	29.3	0.666
1-己炔	−132	71.3	0.7155
1-庚炔	−81	99.7	0.7328
1-辛炔	−79.3	125.2	0.747
1-壬炔	−50	150.8	0.760
1-癸炔	−36	174	0.765

5.4 炔烃的化学性质

5.4.1 三键碳上氢原子的活泼性

（1）末端炔烃活泼氢的弱酸性

与三键碳原子直接相连的氢原子活泼性较大。因sp杂化的碳原子表现出较大的电负性，使与三键碳原子直接相连的氢原子较之一般的碳氢键显示出弱酸性，可与强碱、碱金属，或某些重金属离子反应生成金属炔化物。

（2）碱金属炔化物

乙炔与熔融的钠反应，可生成乙炔钠和乙炔二钠。

$$HC{\equiv}CH \xrightarrow{Na} HC{\equiv}CNa \xrightarrow{Na} NaC{\equiv}CNa$$

丙炔或其他末端炔烃与氨基钠反应，生成炔化钠。

$$RC{\equiv}CH \xrightarrow[\text{液氨}]{NaNH_2} RC{\equiv}CNa$$

炔化钠与卤代烃（一般为伯卤代烷）作用，可在炔烃分子中引入烷基，制得一系列炔烃同系物。例如

$$RC{\equiv}CNa + R'X \xrightarrow{\text{液氨}} RC{\equiv}CR' + NaX$$

（3）过渡金属炔化物

末端炔烃与某些过渡金属离子反应，生成过渡金属炔化物。例如，将乙炔或 $RC{\equiv}CH$ 加入硝酸银或氯化亚铜的氨溶液时，分别生成白色的炔化银沉淀和红棕色的炔化亚铜沉淀。

$$HC{\equiv}CH + 2Ag(NH_3)_2^+NO_3^- \longrightarrow \underset{\text{乙炔银,白色沉淀}}{AgC{\equiv}CAg\downarrow} + 2NH_4NO_3 + 2NH_3$$

$$HC{\equiv}CH + 2Cu(NH_3)_2^+Cl^- \longrightarrow \underset{\text{乙炔亚铜,红棕色沉淀}}{CuC{\equiv}CCu\downarrow} + 2NH_4Cl + 2NH_3$$

上述反应很灵敏，现象也很明显，常用来鉴别乙炔及 $RC{\equiv}CH$ 类型的炔烃。干燥的银或亚铜的炔化物受热或震动时易发生爆炸生成金属和碳。

$$AgC{\equiv}CAg \longrightarrow 2Ag + 2C + 364kJ/mol$$

所以，实验完毕后应立即加浓盐酸把炔化物分解，以免发生危险。

$$AgC{\equiv}CAg + 2HCl \longrightarrow HC{\equiv}CH + 2AgCl\downarrow$$

5.4.2 炔烃的亲电加成

炔烃和烯烃一样，与卤素和卤化氢也能发生亲电加成反应，其亲电加成主要是反式加成。

（1）炔烃和卤素的加成

炔烃与卤素加成首先生成邻二卤代烯，再生成四卤代烷。如乙炔与溴反应，先生成1,2-二溴乙烯，进一步反应生成1,1,2,2-四溴乙烷。

$$HC{\equiv}CH \xrightarrow{Br_2} \underset{H}{\overset{Br}{\underset{|}{C}}}{=}\underset{Br}{\overset{H}{\underset{|}{C}}} \xrightarrow{Br_2} CHBr_2CHBr_2$$

炔烃与氯、溴的加成反应具有立体选择性，主要生

【问题5.7】

用简便的化学方法鉴别下列化合物。

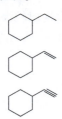

成反式加成产物。例如：

$$C_2H_5-C\equiv C-C_2H_5 \xrightarrow{Br_2} \underset{C_2H_5}{\overset{Br}{>}}C=C\underset{Br}{\overset{C_2H_5}{<}}$$

反-3,4-二溴-3-己烯(90%)

（2）炔烃和卤化氢的加成

不对称的炔烃与卤化氢加成时首先得到一卤代烯，而后得到二卤代烷，产物也符合马氏规则。

$$H_3CC\equiv CH \xrightarrow{HBr} H_3C-\underset{Br}{\overset{}{C}}=CH_2 \xrightarrow{HBr} H_3C-\underset{Br}{\overset{Br}{C}}-CH_3$$

炔烃加卤化氢大多为反式加成。

$$C_2H_5-C\equiv C-C_2H_5 \xrightarrow{HCl} \underset{C_2H_5}{\overset{H}{>}}C=C\underset{Cl}{\overset{C_2H_5}{<}}$$

(Z)-3-氯-3-己烯(97%)

炔烃与烯烃虽都可进行亲电加成反应，但炔烃的亲电加成活性比烯烃略小，当化合物中同时存在C=C时，往往卤素首先加在双键上。

$$CH_2=CH-CH_2-C\equiv CH \xrightarrow{Br_2} CH_2-CH-CH_2-C\equiv CH$$
$$\quad\quad\quad\quad\quad\quad\quad\quad\quad\quad\quad\quad | \quad\;\; |$$
$$\quad\quad\quad\quad\quad\quad\quad\quad\quad\quad\quad\; Br \;\; Br$$

（3）炔烃和水的加成

乙炔在硫酸汞和硫酸的催化下与水反应，首先得到乙烯醇，它非常不稳定，很快转变成乙醛。

$$HC\equiv CH + H_2O \xrightarrow[H_2SO_4]{HgSO_4} \left[\underset{OH}{\overset{HC=CH_2}{}} \right] \longrightarrow CH_3CHO$$

乙烯醇(不稳定)

炔烃的水合也符合马氏规则，只有乙炔的水合生成醛，其他炔烃都生成相应的酮。

$$CH_3(CH_2)_5C\equiv CH + H_2O \xrightarrow[H_2SO_4]{HgSO_4} CH_3(CH_2)_5\underset{\underset{O}{\|}}{C}-CH_3$$

羟基直接连在双键碳原子的化合物称为烯醇（enol）。烯醇很不稳定，它总是很快转变成醛或酮（酮式）。烯醇式和酮式处于动态平衡，由于酮式结构较稳定，所以平衡倾向于酮式。通常把这种异构现象称为酮-烯醇互变异构或简称为互变异构。

$$-\underset{H}{\overset{|}{C}}=C-OH \rightleftharpoons -\underset{H}{\overset{|}{C}}-C=O$$

烯醇式结构　　酮式结构

5.4.3 炔烃的亲核加成

炔烃可与醇钠（钾）和氢氰酸等试剂发生亲核加成反应，而简单的烯烃则不能发生这样反应。例如，炔烃在高温、高压下，在醇中与醇钾反应，可得到烯基醚。

$$HC\equiv CH+ROK \xrightarrow[150℃,加压]{ROH} HC=\bar{C}H \underset{OR}{|} \xrightarrow{ROH} HC=CH_2+RO^- \underset{OR}{|}$$

5.4.4 炔烃的氧化反应

炔烃能被 $KMnO_4$ 所氧化，三键断裂生成羧酸，$\equiv CH$ 端氧化生成为 CO_2 等产物。

$$RC\equiv CH \xrightarrow{KMnO_4} RCOOH+CO_2+H_2O$$

反应后高锰酸钾溶液的颜色褪去，生成棕色的 MnO_2 沉淀。因此，这个反应可用于定性鉴别。

二取代乙炔在缓和条件下氧化，可以制备1,2-二酮。

$$CH_3(CH_2)_7C\equiv C(CH_2)_7COOH \xrightarrow[pH=7.5,H_2O]{KMnO_4} CH_3(CH_2)_7\overset{O}{\underset{\|}{C}}-\overset{O}{\underset{\|}{C}}(CH_2)_7COOH$$

如用 O_3 氧化，可发生 C—C 的断裂，生成羧酸。

$$CH_3CH_2CH_2CH_2CH_2C\equiv CH \xrightarrow[(2)H_2O]{(1)O_3} CH_3CH_2CH_2CH_2CH_2COOH+HCOOH$$

这与烯烃臭氧化产物不同（烯烃得到醛或酮），和烯烃的氧化一样，可由所得产物的结构推测原炔烃的结构。

5.4.5 炔烃的还原反应

（1）催化加氢

炔烃在铂、钯、镍等金属催化剂存在下与氢加成，首先生成烯烃，最后被还原为烷烃。

$$R-C\equiv C-R'+H_2 \xrightarrow{Pd或Pt} \underset{H}{\overset{R}{C}}=\underset{H}{\overset{R'}{C}} \xrightarrow[Pd或Pt]{H_2} RCH_2CH_2R'$$

烯烃加氢非常快，以至于使用一般的催化剂时，反应很难停留在生成烯烃的阶段。但采用一些活性减弱的特殊催化剂如林德拉（Lindlar）催化剂，则能使反应停留在烯烃阶段，且产率较高。林德拉催化剂是将金属钯的细粉沉积在碳酸钙上，再用醋酸铅或少量喹啉使之部分毒化从而降低催化能力。使用这种催化剂，不仅能使反应停留在烯烃阶段，还可以控制产物的构型，得到顺式烯烃。

$$Ph-C\equiv C-Ph+H_2 \xrightarrow[喹啉]{Pd-CaCO_3} \underset{H}{\overset{Ph}{C}}=\underset{H}{\overset{Ph}{C}}$$

炔烃的催化氢化活性大于烯烃，即炔烃比烯烃易于加氢。

$$RC\equiv C-CH_2-CH=CH_2 \xrightarrow{H_2}{Pd\text{或}Pt} RHC=CH-CH_2-CH=CH_2$$

（2）化学还原

在液氨中用钠或锂还原炔烃主要得到反式烯烃。

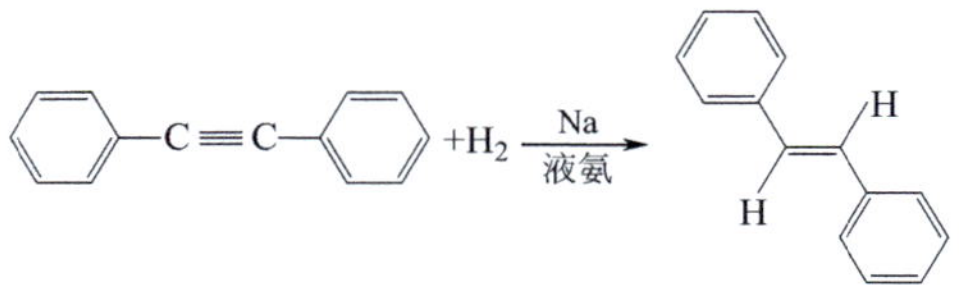

综上所述，在不同的反应条件下，可以控制炔烃部分还原，生成具有一定立体构型的烯烃。

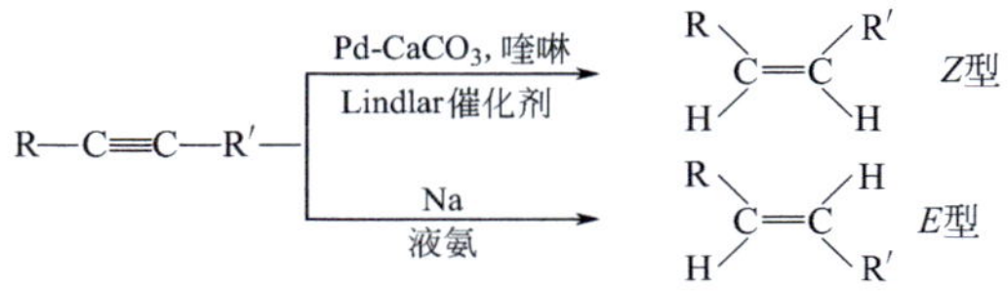

5.4.6 炔烃的聚合反应

炔烃也能发生聚合反应，但与烯烃不同，一般只能生成低级聚合物。在不同的条件下发生不同的聚合

例如：

$$HC\equiv CH \xrightarrow[NH_4Cl]{Cu_2Cl_2} H_2C=CH-C\equiv CH$$

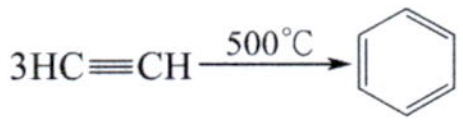

$$3HC\equiv CH \xrightarrow{500\,^{\circ}C} \bigcirc$$

5.5 烯烃和炔烃的制备

5.5.1 烯烃的制备

分子中的卤素、羟基等官能团与β位碳原子上的氢消除生成烯烃，这类反应称为β-消除反应。这是最早的合成烯烃的方法。

（1）卤代烷脱卤化氢

从卤代烷中消除一分子卤化氢，即生成一分子的酸，因此反应需在强碱条件下进行。在卤代烷中加入氢氧化钠的醇溶液加热，反应消除卤素及β位上的氢即得烯烃。

【问题5.8】

以乙炔为原料合成下列化合物。

（1）1-戊炔
（2）己炔
（3）1,2-二氯乙烷
（4）顺-2-丁烯
（5）反-2-丁烯
（6）2-丁醇
（7）1-溴丁烷
（8）丙酮

$$\underset{\underset{X}{|}}{\overset{\underset{|}{R}}{\underset{\beta}{C}}}-\underset{\underset{R}{|}}{\overset{\underset{|}{R}}{\underset{\alpha}{C}}}-R \xrightarrow[\text{醇, }\triangle]{NaOH} \underset{R}{\overset{R}{C}}=\underset{R}{\overset{R}{C}} + HX$$

如果在卤代烷分子中含有两种 β-氢原子，则生成两种烯烃的混合物。例如：

$$H_3C-\underset{\underset{H}{|}}{\overset{\underset{|}{\beta}}{C}H}-\underset{\underset{Br}{|}}{\overset{\underset{|}{\alpha}}{C}H}-\underset{\underset{H}{|}}{\overset{\underset{|}{\beta}}{C}H_2} \xrightarrow[\text{醇, }\triangle]{NaOH} H_3C-CH=CH-CH_2 + H_3C-CH_2-CH=CH_2$$

$$\text{2-丁烯 (81\%)} \qquad \text{1-丁烯 (19\%)}$$

实验结果表明，卤代烷脱卤化氢主要生成双键上烷基较多的烯烃，这个规律称为札依采夫（Saytzeff）规则（见第7章卤代烃）。

（2）醇脱水

醇在酸催化下加热脱水生成烯烃，常用硫酸、磷酸等强酸作催化剂。例如：

$$CH_3CH_2OH \xrightarrow[170℃]{浓H_2SO_4} H_2C=CH_2 + H_2O$$

不对称的醇脱水与卤代烷一样，符合札依采夫规则，生成取代基较多的烯烃。例如：

$$\text{(环己基-OH带甲基)} \xrightarrow[170℃]{浓H_2SO_4} \text{(甲基环己烯)}$$

（3）邻二卤代物脱卤

用金属锌或镁把邻二卤代物消除两个卤原子而形成碳碳双键的反应称为还原消除反应。

$$\underset{\underset{X}{|}}{-\overset{\underset{|}{}}{C}}-\underset{\underset{X}{|}}{\overset{\underset{|}{}}{C}}- + Zn \longrightarrow \overset{}{C}=\overset{}{C} + ZnX_2$$

由于邻二卤代物是由烯烃与卤素加成制得的，因此该反应的合成意义不大，不过，这个反应可以用来保护双键。当要使烯烃除了双键外的某一部位发生反应时，可先使双键与卤素加成，随后用锌粉处理使双键再生。

（4）炔烃还原

在炔烃性质中已讨论。

5.5.2 炔烃的制备

（1）邻二卤代物脱卤化氢

$$\underset{\underset{X}{|}}{-\overset{\underset{|}{H}}{C}}-\underset{\underset{X}{|}}{\overset{\underset{|}{H}}{C}}- \xrightarrow[\text{醇}]{KOH} \underset{\underset{X}{|}}{-\overset{\underset{|}{H}}{C}}=\overset{\underset{|}{H}}{C}- \xrightarrow{NaNH_2} -C\equiv C-$$

$$\text{乙烯型卤}$$

邻二卤代物在强碱的醇溶液中脱去第一个卤化氢分子是比较容易的，得到不饱和卤代烃，这样得到的卤代烃中的卤原子直接连在双键的碳原子上，称为乙烯型卤，是很不活泼的。因此在温和条件下邻二卤代物脱卤化氢可以停留在乙烯型卤的阶段。要进一步消除常需使用热的氢氧化钾（或氢氧化钠）醇溶液或用 NaNH$_2$ 才能形成炔烃。

（2）伯卤代烷与炔钠的反应

炔钠可以与伯卤代烷发生取代反应，在炔烃分子中引入烷基，使低级炔烃转变成高级炔烃。

从乙炔出发，可以得到一取代乙炔，也可以得到二取代乙炔。

$$HC\equiv CH + NaNH_2 \xrightarrow{液氨} HC\equiv CNa \xrightarrow{n\text{-}C_4H_9Br} HC\equiv CCH_2CH_2CH_2CH_3$$
$$\text{1-己炔}(89\%)$$

$$HC\equiv CH + 2NaNH_2 \xrightarrow{液氨} NaC\equiv CNa \xrightarrow{2n\text{-}C_3H_7Br} H_3CH_2CH_2CC\equiv CCH_2CH_2CH_3$$
$$\text{4-辛炔}(60\% \sim 66\%)$$

$$HC\equiv CH \xrightarrow[(2)CH_3CH_2Br]{(1)NaNH_2} HC\equiv CCH_2CH_3 \xrightarrow[(2)CH_3Br]{(1)NaNH_2} H_3CC\equiv CCH_2CH_3$$
$$\text{2-戊炔}$$

反应中采用伯卤代烷是因为叔卤代烷或仲卤代烷在碱性条件下容易发生消除反应。

习题

1. 按系统命名法命名下列化合物。

(1) H$_3$CH$_2$C—C=CCl / H—Cl   (2) Cl—C=C—H / H—CH$_2$CH$_2$CHCH$_3$ / OH   (3) 甲基环己烯

(4) (H$_3$C)$_2$C=CCH(CH$_3$)$_2$ / CH$_3$ (5) H$_2$C=CHCHCHClCH=CHCH(CH$_3$)$_2$ / CH$_2$CH$_3$ / CH$_3$

(6) H$_3$CH$_2$C—CH=CH$_2$ / CH$_3$ / H   (7) H$_3$C—C—C≡CH / CH$_3$ / OH   (8) H$_3$C—C=C—C≡CH / H / H

(9) H$_3$C—C=C—CH$_3$ / H / H   (10) CH$_3$ 三甲基环己二烯

2. 完成下列反应式。

(1) 环己烯-CH$_3$ $\xrightarrow{HCl}$ (2) PhC≡CH $\xrightarrow{HgSO_4, H_2SO_4, H_2O}$

（3）$(H_3C)_2C=CHCH_3 \xrightarrow[H_2O]{Cl_2}$ （4）[环戊烯]—$CH_3 \xrightarrow[H_2O_2]{HBr}$

（5）[环丁基环丙烷] $\xrightarrow{\text{酸性 } KMnO_4}$ （6）[环丁基环丙烷] $\xrightarrow[(2)Zn/H_2O]{(1)O_3}$

（7）[异丁烯] $+ Cl_2 \xrightarrow{500\ ℃}$ （8）$H_3CH_2CH_2CH_2C\!\!-\!\!\!\equiv\!\!CH \xrightarrow[NH_3 \cdot H_2O]{AgNO_3}$

（9）[戊二烯] $+ Br_2(1\text{mol}) \xrightarrow{\text{低温}}$ （10）[环戊二烯] $+ NBS \xrightarrow[CCl_4]{\text{光照}}$

（11）[苯基]$-C\equiv CH \xrightarrow[NH_3]{NaNH_2} \xrightarrow{CH_3CH_2Br}$ （12）[环己基]$-CH_2CH=CH_2 \xrightarrow{B_2H_6} \xrightarrow{H_2O_2,\ OH^-}$

3. 化合物 A 的分子式为 C_7H_{12}，在 $KMnO_4$-H_2O 中加热回流，在反应液中只有环己酮。A 与 HCl 作用得 B，B 在 C_2H_5ONa-C_2H_5OH 溶液中反应得 C，C 使 Br_2 褪色生成 D，D 用 C_2H_5ONa-C_2H_5OH 处理生成 E，E 在 $KMnO_4$-H_2O 中加热回流得 $HOOCCH_2CH_2COOH$ 和 $CH_3COCOOH$，C 经臭氧化还原水解得 $CH_3COCH_2CH_2CH_2CHO$。试推测 A～E 的构造式。

4. 比较下列各组烯烃的稳定性。

（1）$H_2C=CH_2$ $(H_3C)_2C=CH_2$ $(H_3C)_2C=C(CH_3)_2$

（2）[1-甲基环戊烯] [亚甲基环戊烷] [1-甲基环戊烯]

（3）[十氢萘烯类结构图]

（4）[环丁烯] [环己烯] [环丙烯]

（5）[顺式结构] H_3C、$CH(CH_3)_2$ [顺式结构] $(H_3C)_2HC$、$CH(CH_3)_2$ [反式结构] H_3C、$CH(CH_3)_2$

5. 用化学方法鉴别下列各组化合物，写出反应式并描述出现的现象。

（1）2-戊炔、1-戊炔和正戊烷

（2）丙烷、丙烯、环丙烷与丙炔

（3）环己烷、环己烯、1-丁炔与 1-环丙基丙烷

6. 分子式为 C_5H_8 的化合物 A，能与金属钠反应，产物与 1-溴丙烷反应，生成分子式为 C_8H_{14} 的化合物 B，B 被高锰酸钾溶液氧化，得到两种羧酸 C 和 D，其分子式均为 $C_4H_8O_2$，并且羧酸 C 可以直接通过化合物 A 经高锰酸钾溶液氧化得到。A 在 $HgSO_4$ 和稀 H_2SO_4 存在下，发生水合反应得到五个碳原子的酮 E，E 的分子式为 $C_5H_{10}O$。试推测 A、B、C、D 及 E 的构造式，并写出相互转化的反应式。

7. 某化合物的分子式为 C_6H_{10}，加 2 mol 氢气生成 2-甲基戊烷，在 H_2SO_4-$HgSO_4$ 水溶液中生成羰基化合物，但和 $AgNO_3$ 的氨溶液 $[Ag(NH_3)_2]NO_3$ 不发生反应。试推化合物的构造式。

8. 从指定原料合成指定化合物。

(1) 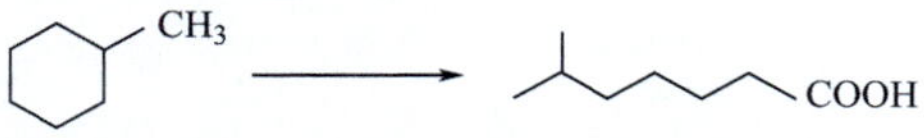 环己基-CH₃ ⟶ (CH₃)₂CH-CH₂CH₂CH₂-COOH

(2) 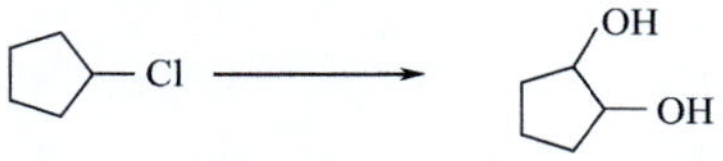 环戊基-Cl ⟶ 环戊烷-1,2-二醇

(3) 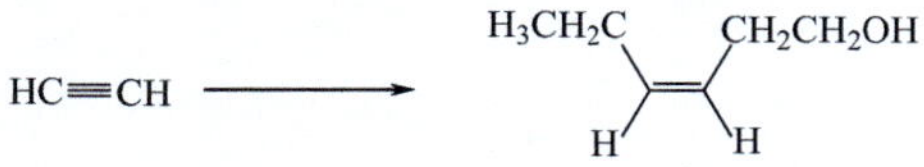 HC≡CH ⟶ (Z)-CH₃CH₂C(H)=C(H)CH₂CH₂OH

(4)  环己基-CH=CHCH₃ (cis) ⟶ 环己基-CH=CHCH₃ (trans)

(5) HC≡CCH₃ ⟶ CH₃CH₂CH₂OH

有 机 化 学

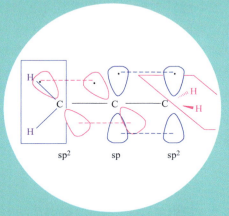

Chapter 6

第 6 章

二烯烃

内容提要

6.1 二烯烃的分类和结构

6.2 二烯烃的命名

6.3 共轭效应

6.4 共轭二烯烃的化学性质

学习目标

掌握：二烯烃的分类；共轭二烯烃的化学性质和结构特点；共轭效应和共振论。

6.1 二烯烃的分类和结构

6.1.1 二烯烃的分类

分子中含有两个双键的烯烃称为二烯烃。二烯烃的通式为 C_nH_{2n-2}。

根据分子中两个双键的相对位置不同，二烯烃分为孤立二烯烃、累积二烯烃和共轭二烯烃。共轭二烯烃除了具有简单烯烃相似的结构和性质外，还有其特殊的稳定性和加成特性，并且在理论研究和工业应用方面有着非常重要的意义。

① 孤立二烯烃　两个双键之间相隔两个或两个以上的单键。例如：

$$CH_2=CH-CH_2-CH=CH_2$$
1,4-戊二烯

由于两个双键相隔较远，孤立二烯烃的结构和性质与单烯烃相似。

② 累积二烯烃　两个双键共用同一个碳原子。例如：

$$CH_2=C=CH_2$$
丙二烯

累积二烯烃的结构一般不稳定，存在数量也不多。

③ 共轭二烯烃　两个双键之间相隔一个单键。例如：

$$CH_2=CH-CH=CH_2$$
1,3-丁二烯　　　　　环戊二烯

6.1.2 二烯烃的结构

（1）累积二烯烃的结构

最简单的累积二烯烃为丙二烯，其他累积二烯烃可看成是丙二烯的衍生物，其结构与丙二烯相似。在丙二烯分子中，1位和3位的碳原子都是 sp^2 杂化，而2位碳原子是 sp 杂化。1位和3位的碳原子分别与2位碳原子和2个氢原子形成3个σ键。1位和3位的碳原子上各有一个 p 轨道与2位碳原子的2个 p 轨道组成了两个相互垂直的 π

轨道。丙二烯分子中三个碳是呈线性的，而整个分子是两个相互垂直的平面组成的非平面分子，如图6-1所示。

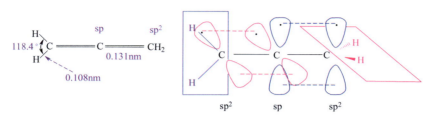

图6-1　丙二烯的结构

（2）共轭二烯烃的结构

最简单的共轭二烯烃是1,3-丁二烯，在此以1,3-丁二烯为例说明共轭二烯烃的结构。近代物理方法测得1,3-丁二烯的结构如图6-2所示。

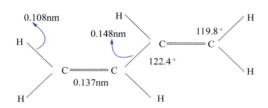

图6-2　1,3-丁二烯的结构

在1,3-丁二烯的分子中，四个碳原子和六个氢原子都处于同一个平面。所有的键角都接近120°。1,3-丁二烯分子中碳碳双键的键长（0.137nm）与单烯烃中的双键的键长（0.134nm）相比要略长一点，而其中碳碳单键的键长（0.148nm）比一般烷烃中的单键（0.154nm）短，即在共轭二烯烃1,3-丁二烯分子中，碳碳单键和双键的键长趋向于部分平均化。

1,3-丁二烯的四个碳原子都是sp²杂化，四个碳原子均以sp²杂化轨道交盖，形成三个碳碳σ键，每个碳原子余下的sp²杂化轨道与氢原子的1s轨道相互交盖，形成六个碳氢σ键。因为sp²杂化碳原子的三个σ键处于同一个平面，三个键之间的夹角都接近120。由于分子中每一个碳的三个键都是共平面，所以所有的碳碳σ键和碳氢σ键都在同一个平面上。每个碳原子还各有一个垂直于分子平面且彼此相互平行的p轨道，1位碳（C1）和2位碳（C2）、3位碳（C3）和4位碳（C4）的p轨道侧面相交形成两个碳碳π键。此外2位碳（C2）和3位碳（C3）之间的p轨道也有一定程度的侧面交盖，因而2位碳（C2）和3位碳（C3）之间也有部分双键的性质，如图6-3所示。

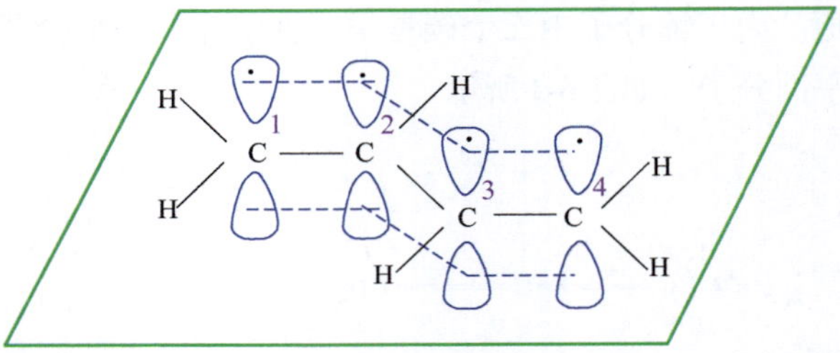

图6-3　1,3-丁二烯的结构

6.2　二烯烃的命名

二烯烃的命名原则与单烯烃相似：选择含有两个碳碳双键的最长碳链作为主链，母体为二烯，并同时依次标出两个碳碳双键的位次。例如：

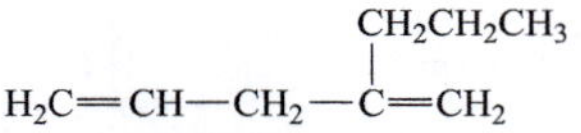

2-丙基-1,4-戊二烯 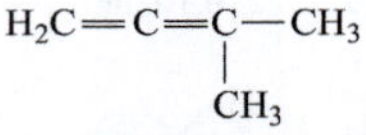　　3-甲基-1,2-丁二烯 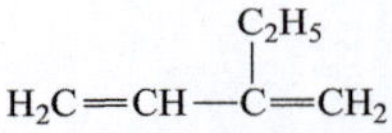　　2-乙基-1,3-丁二烯

二烯烃与单烯烃相似，当双键碳上连接的原子或基团各不相同时，也有顺反异构现象存在。命名时必须逐个标明双键的构型。例如：

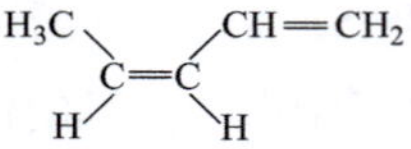

(Z)-1,3-戊二烯　　(2Z,4E)-2,4-己二烯

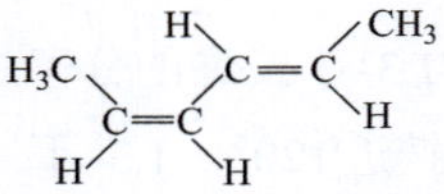

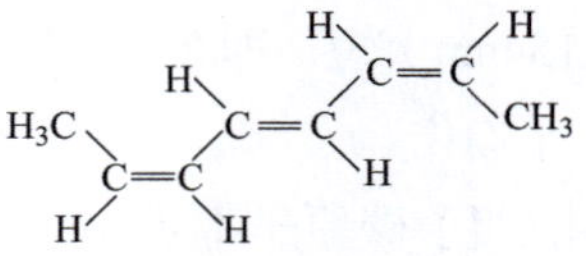

(2Z,4E,6Z)-2,4,6-辛三烯

在共轭二烯烃分子中，两个共轭的双键在碳碳单键两侧可能存在两种不同的空间排布。如果两个碳碳双键处于单键同一侧，称为s-顺式，或表示为s-(cis)；若两个双键分处单键的两侧，称为s-反式，或表示为s-(trans)。例如：

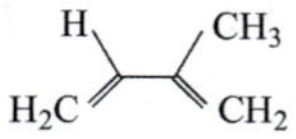

s-顺-2-甲基-1,3-丁二烯　　s-反-2-甲基-1,3-丁二烯
s-(cis)-2-甲基-1,3-丁二烯　　s-(trans)-2-甲基-1,3-丁二烯 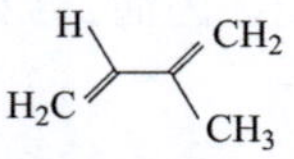

【问题6.1】

下列化合物是否有构型异构？如有写出构型式并命名。
（1）1,3-己二烯
（2）1,3,5-庚三烯

其中 s 是指单键（single bond），这两种结构可通过单键的旋转相互转换，因此是两种不同的构象。

6.3 共轭效应

在含有双键或三键的不饱和有机分子中，π键是由两个相互平行的p轨道侧面相交形成的。乙烯分子中，π键的两个电子的运动只局限在两个碳原子核的周围，这叫作电子的定域运动。而在类似于1,3-丁二烯的共轭烯烃分子中，π电子的运动不再局限于两个原子核周围，而是在整个参与共轭的原子核周围运动，这种现象称为**电子的离域**。

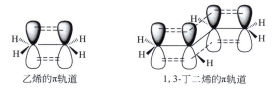

乙烯的π轨道　　　　1,3-丁二烯的π轨道

π电子的离域作用不仅导致了分子内电子出现的概率密度发生变化，也会使分子的结构和性质发生变化。如1,3-丁二烯分子中碳碳单键和碳碳双键的键长趋于平均化；共轭效应使电荷更分散，体系的能量下降，分子更稳定；可发生1,4-加成等特殊的化学性质。共轭体系中任何一个原子上电子出现的概率密度的变化，都会通过共轭体系影响到其余的原子，这种在共轭体系传递的电子效应叫做**共轭效应**。

6.4 共轭二烯烃的化学性质

共轭二烯烃的双键具有一些与单烯烃中双键相似的化学性质，如容易与卤素、卤化氢等亲电试剂发生亲电加成反应。但由于两个双键的共轭作用，所以具有一些特殊的化学性质。

6.4.1 共轭二烯烃的 1,4-加成反应

共轭二烯烃与卤素、卤化氢等发生亲电加成反应时，一般比单烯烃要容易反应，而且通常可产生两种加成产物。例如：

$$H_2C=CH-CH=CH_2 \xrightarrow{Br_2} H_2C-CH-CH=CH_2 + H_2C-CH-CH=CH_2$$
$$\phantom{H_2C=CH-CH=CH_2 \xrightarrow{Br_2}} \underset{Br\ \ Br}{} \underset{BrBr}{}$$
$$\phantom{H_2C=CH-CH=CH_2 \xrightarrow{Br_2}} \text{1,2-加成产物} \text{1,4-加成产物}$$

$$H_2C=CH-CH=CH_2 \xrightarrow{HBr} H_2C-CH-CH=CH_2 + H_2C-CH-CH=CH_2$$
$$\phantom{H_2C=CH-CH=CH_2 \xrightarrow{HBr}} \underset{H\ \ Br}{} \underset{HBr}{}$$
$$\phantom{H_2C=CH-CH=CH_2 \xrightarrow{HBr}} \text{1,2-加成产物} \text{1,4-加成产物}$$

这两种加成产物是由不同的加成方式引起的。1,2-加成产物与单烯烃的加成相

似，是一分子试剂对同一个双键上的两个碳原子的加成。1,4-加成产物则是一分子试剂加到共轭二烯烃的两个端碳原子上（1位碳和4位碳），原来的两个双键（1和2、3和4之间）变成了单键，而原来的2位和3位之间单键变成了双键。

1,4-加成是共轭二烯烃特有的性质，它与分子中的共轭体系有关，又称为共轭加成。

共轭二烯烃有1,4-加成产物，可以用共轭效应来解释。1,3-丁二烯与HBr的反应是分两步进行的。第一步是亲电试剂氢质子（H^+）先加到双键碳原子上，可以加到1位碳或2位碳原子上，分别生成两个不同的碳正离子（Ⅰ）和（Ⅱ）：

$$H_2C=CH-CH=CH_2 + HBr \longrightarrow \begin{matrix} H_2\overset{+}{C}-CH-CH=CH_2 \\ \quad\quad H \quad (Ⅰ) \\ H_2\overset{+}{C}-\overset{+}{C}H-CH=CH_2 \\ \quad\quad H \quad (Ⅱ) \end{matrix}$$

其中碳正离子（Ⅰ）是仲碳正离子，而且碳正离子（Ⅰ）中带正电荷的碳与双键直接相连，是一个烯丙型正离子。碳正离子（Ⅱ）是伯碳正离子，因此碳正离子（Ⅰ）比较稳定。（Ⅰ）中带正电荷的碳原子的p轨道与双键的π轨道可以形成p-π共轭，正电荷可以分散到4位碳原子上形成碳正离子（Ⅲ），所以碳正离子（Ⅰ）比一般的仲碳正离子还要稳定。

$$H_2C-\overset{+}{C}H-CH=CH_2 \longleftrightarrow H_2C-CH=CH-\overset{+}{C}H_2$$
$$\quad H \quad (Ⅰ) \quad\quad\quad\quad\quad\quad H \quad (Ⅲ)$$

所以第二步反应中溴负离子可以加到碳正离子（Ⅰ）中2位碳上，生成1,2-加成产物；也可以加到碳正离子（Ⅲ）中4位碳上，生成1,4-加成产物。

$$H_2C-\overset{+}{C}H-CH=CH_2 \longleftrightarrow H_2C-CH=CH-\overset{+}{C}H_2$$
$$\quad H \quad (Ⅰ) \quad\quad\quad\quad\quad\quad H \quad (Ⅲ)$$
$$\quad\quad \downarrow Br^- \quad\quad\quad\quad\quad\quad\quad\quad \downarrow Br^-$$
$$H_2C-CH-CH=CH_2 \quad\quad H_2C-CH=CH-CH_2$$
$$\quad H \quad Br \quad\quad\quad\quad\quad\quad\quad H \quad\quad\quad\quad Br$$
$$\text{1,2-加成产物} \quad\quad\quad\quad\quad \text{1,4-加成产物}$$

共轭二烯烃发生亲电加成反应时，1,2-加成产物和1,4-加成产物的比例，受二烯烃的结构、反应试剂、溶剂和温度等诸多因素的影响。例如1,3-丁二烯与溴的加成，溶剂极性越小，越有利于1,2-加成产物的生成；若溶剂极性增加，1,4-加成产物的比例明显增加，即**极性溶剂有利于1,4-加成反应**。

$$H_2C=CH-CH=CH_2 \xrightarrow{Br_2} H_2C-CH-CH=CH_2 + H_2C-CH=CH-CH_2$$
$$\quad\quad\quad\quad\quad\quad\quad\quad\quad\quad\quad Br \quad Br \quad\quad\quad\quad\quad\quad Br \quad\quad\quad\quad Br$$

溶剂：
- 正己烷(非极性)　　62%　　　　38%
- 氯仿(极性)　　　　37%　　　　63%

反应温度对加成产物的比例的影响非常明显。一般**温度较低时1,2-加成产物为主；温度较高则1,4-加成产物为主**。

$$H_2C=CH-CH=CH_2 \xrightarrow{HBr} H_2C-CH-CH=CH_2 + H_2C-CH=CH-CH_2$$
$$\phantom{H_2C=CH-CH=CH_2 \xrightarrow{HBr} } HBr HBr$$

反应温度 $\begin{cases} -80\,^\circ\!C & 80\% \quad\quad 20\% \\ 40\,^\circ\!C & 20\% \quad\quad 80\% \end{cases}$

6.4.2 聚合反应

共轭二烯烃在催化剂存在下，发生聚合反应生成分子量较高的高分子化合物。例如1,3-丁二烯在金属钠催化作用下聚合，得到具有伸缩性和弹性的丁钠橡胶。

$$nH_2C=CH-CH=CH_2 \xrightarrow{Na} \text{—}[CH_2-CH=CH-CH_2]_n\text{—}$$

共轭二烯的聚合反应，相当于是二烯烃自身的加成反应，可以是1,2-加成聚合，也可以是1,4-加成聚合。上述反应中的聚合物可以看作是1,3-丁二烯分子间1,4-加成的产物。但在实际的反应中，是各种加成方式聚合的混合产物，除了1,4-加成产物外，还有1,2-加成产物，以及1,2-加成与1,4-加成产物。得到的丁钠橡胶的性能并不理想。

随着对聚合反应的不断研究发现，1,3-丁二烯在齐格勒-纳塔催化剂作用下，基本上都是按照1,4-加成的方式进行顺式加成聚合，生成顺-1,4-聚丁二烯，简称顺丁橡胶（BR）。

$$nH_2C=CH-CH=CH_2 \xrightarrow{\text{齐格勒-纳塔催化剂}} \left[\begin{array}{c} CH_2 CH_2 \\ \diagdown C=C \diagup \\ H H \end{array}\right]_n$$
顺丁橡胶

共轭二烯烃也可以与其他不饱和化合物发生共聚，生成各种品种的合成橡胶。如1,3-丁二烯与苯乙烯共聚得到丁苯橡胶，1,3-丁二烯与丙烯腈共聚得到丁腈橡胶。

$$nH_2C=CH-CH=CH_2 + n\,C_6H_5CH=CH_2 \longrightarrow [CH_2-CH=CH-CH_2-CH-CH_2]_n$$
丁苯橡胶

$$nH_2C=CH-CH=CH_2 + nH_2C=CH(CN) \longrightarrow [CH_2-CH=CH-CH_2-CH-CH_2]_n$$
丁腈橡胶

顺丁橡胶、丁苯橡胶和丁腈橡胶是目前工业上产量较多的三种合成橡胶。顺丁橡胶不仅弹性好，而且特别耐低温，常用于制造特殊的耐寒制品。丁苯橡胶因其优异的耐磨性能而用于制造轮胎。丁腈橡胶因有良好的耐油性而广泛用于制造油管和油箱衬里。

6.4.3 双烯合成（Diels-Alder 反应）

共轭二烯烃与含有活化烯键或炔键（双键或三键碳上连有羰基、硝基等吸电子基团）的化合物反应，生成含有六元环的环己烯衍生物的反应称为双烯合成。例如：

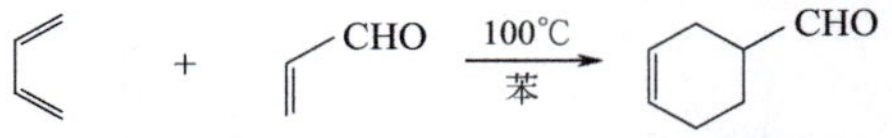

$$\text{1,3-丁二烯} + \text{丙烯醛} \xrightarrow[\text{苯}]{100\text{°C}} \text{3-环己烯甲醛}$$

双烯合成反应中，共轭二烯烃的1位和4位碳原子与丙烯醛中的双键碳原子形成六元环，在原来共轭二烯烃的2,3位碳原子间生成新的双键，产物为含有环己烯结构的环状化合物。这一特殊的环加成反应是由德国化学家狄尔斯（O. Diels）和阿尔德（K. Alder）共同研究发现的，所以又被称为狄尔斯-阿尔德（Diels-Alder）反应。

如用环状的共轭二烯烃或环状的活化烯烃（或炔烃）反应，则得到含双环结构的产物。

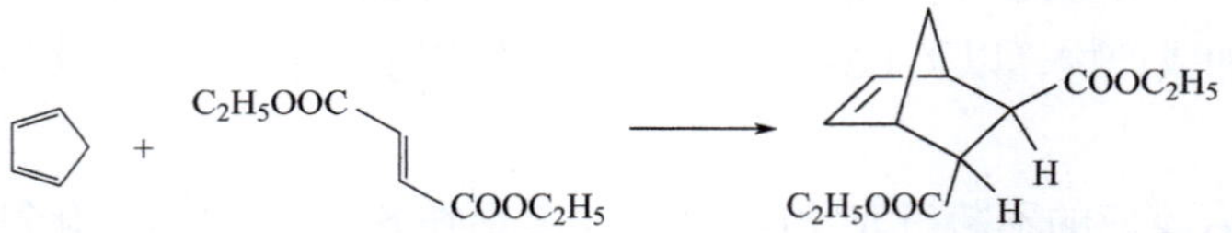

$$\text{1,3-环戊二烯} + (E)\text{-丁烯二酸二乙酯} \longrightarrow \text{二环[2.2.1]-5-庚烯-2,3-二甲酸二乙酯}$$

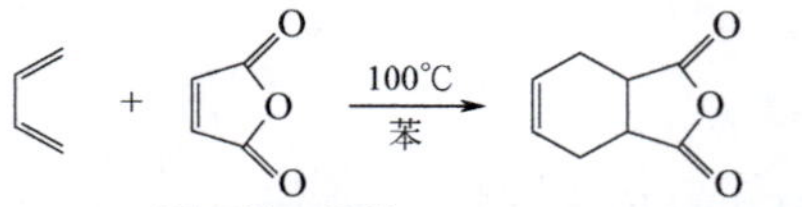

$$\text{1,3-丁二烯} + \text{顺丁烯二酸酐} \xrightarrow[\text{苯}]{100\text{°C}} \text{顺-}\Delta^4\text{-四氢化邻苯二甲酸酐}$$

（用希腊字母Δ标出双肩的位次，Δ^4表示双键位于C4和C5之间）

参与双烯合成反应的共轭二烯烃称为**双烯体**，另一个与共轭二烯烃起环加成反应的化合物称为**亲双烯体**。亲双烯体通常是具有吸电子基团（如—CHO、—COR、—CO$_2$R、—CN、—NO$_2$等）的烯烃或炔烃。实验表明，**双烯体的不饱和碳原子上连有给电子基团、亲双烯体的不饱和碳原子上连有吸电子基团时，反应就比较容易进行。**

下面是一些常见的双烯体和亲双烯体。

双烯体

亲双烯体

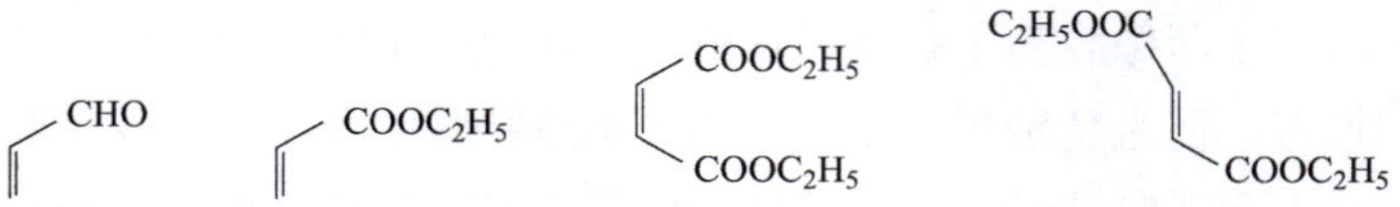

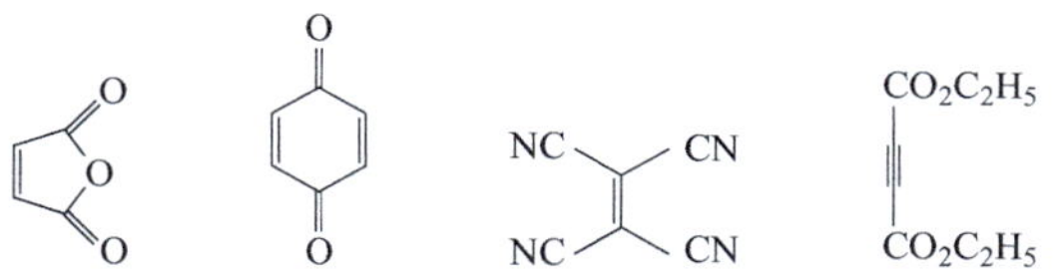

以各种不同结构的双烯体和亲双烯体反应可以得到多种类型的环状化合物。一般产率都比较高,是合成六元环状化合物重要的方法。

狄尔斯-阿尔德反应是顺式加成反应,加成产物保持原来双烯体和亲双烯体的构型。例如:

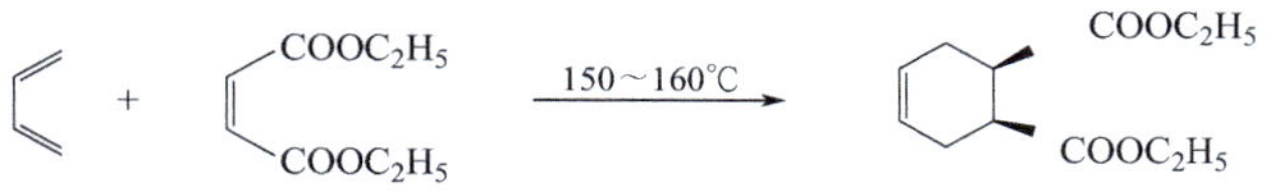

1,3-丁二烯　顺-丁烯二酸二乙酯　　　　　顺-4-环己烯-1,2-二甲酸二乙酯

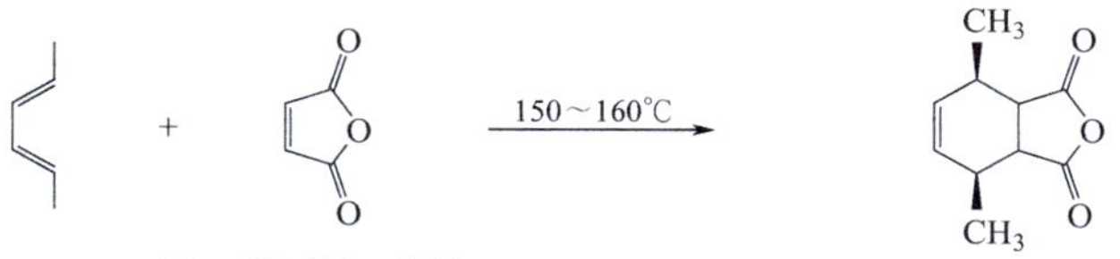

(E,E)-2,4-己二烯　顺丁烯二酸酐　　　　　顺-3,6-二甲基-4-环己烯-1,2-二甲酐

双烯体中的两个双键必须是 s-顺式的构象才能发生反应。如果两个双键不能形成 s-顺式的构象,则不能进行双烯环加成反应。如双键固定在反位的二烯烃,或双键上有大基团存在不能以 s-顺式的构象存在的二烯烃,都不能发生双烯合成反应。例如:

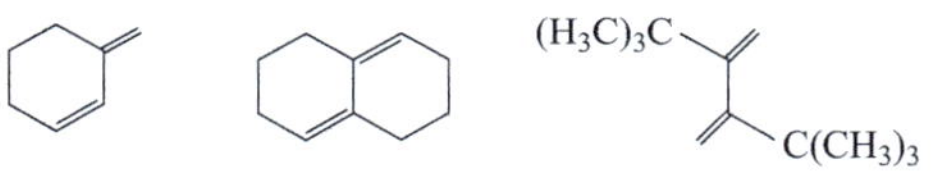

两个双键固定为 s-顺式的共轭二烯烃发生双烯合成的反应活性特别高。如环戊二烯与顺丁烯二酸酐反应的速率是1,3-丁二烯的1000倍。

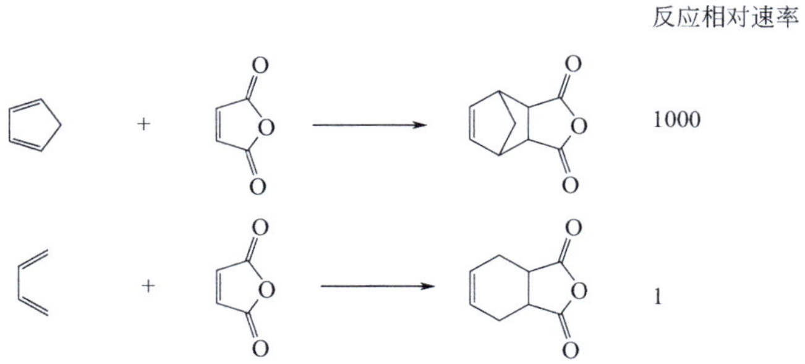

反应相对速率

1000

1

共轭二烯烃与**顺丁烯二酸酐**等反应生成的产物一般为固体,所以可利用此反应来**鉴别共轭二烯烃**。

双烯合成反应是一类不同于离子型和自由基型的反应。反应时旧键的断裂和新键的形成是同时进行的,经过一个环状过渡态,形成产物。反应是一步完成的协同

反应。其反应机理如下：

环状过渡态

【问题6.2】

将下列双烯体按与丙烯醛进行双烯合成反应的活性大小排序。

【问题6.3】

完成下列反应式并说明理由。

【问题6.4】

判断下列化合物能否与亲双烯体发生狄尔斯-阿尔德反应并说明理由。

【问题6.5】

完成下列反应式。

(3)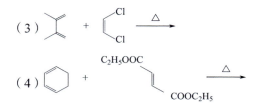

(4)

习题

1. 按系统命名法命名或写出构造式。

(1) 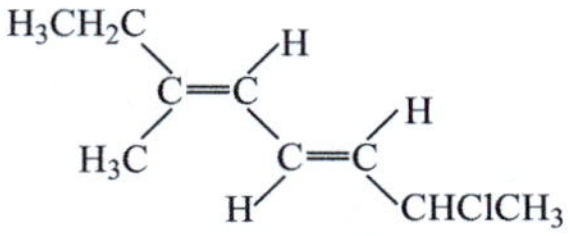 [structure]   (2) [structure]

(3) [structure]   (4) H₃C—CH=C=C(CH₃)CH₂CH₃

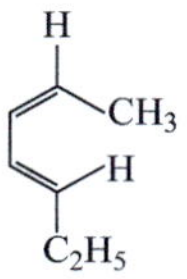

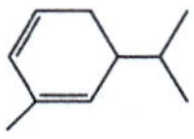

(5) 1-甲基-4-乙基-1,4-环己二烯   (6) (2E,4E)-8-甲基-2,4,7-壬三烯

(7) 2-甲基-2,6-辛二烯-4-炔   (8) 4-乙烯基-2,5-辛二烯-1-炔

2. 完成下列各反应式，并注明立体结构。

(1) 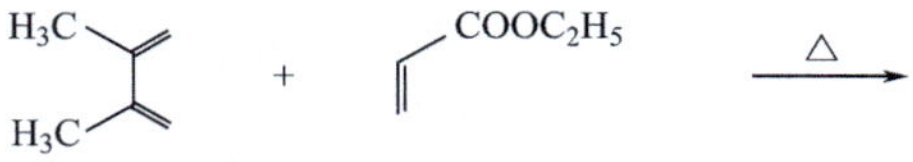 [structure] + [structure] →(Δ)

(2) [structure] + [structure] →(Δ)

(3) [structure] + [structure] →(Δ)

(4) [structure] + [structure] →(Δ)

(5) [structure] + [structure] →(Δ)

(6) [structure] + Br₂ →(−80℃)

(7) [structure] + HBr →(Δ)

(8) [structure] + [structure] →(Δ) →(Br₂)

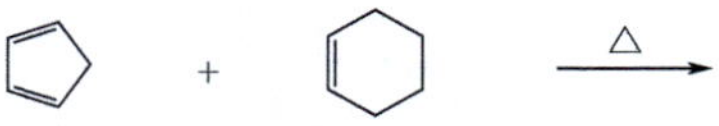

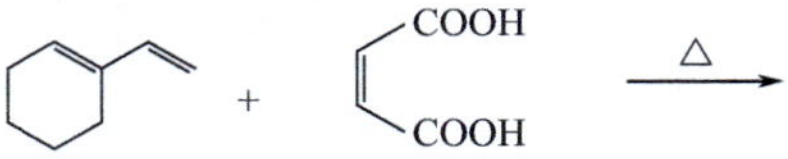

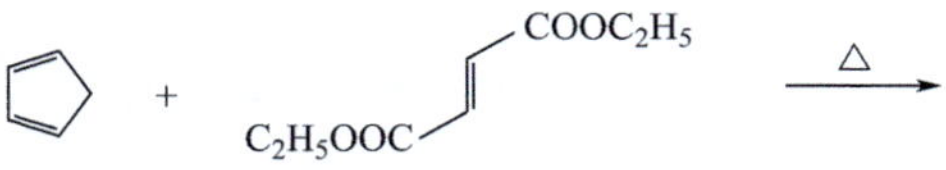

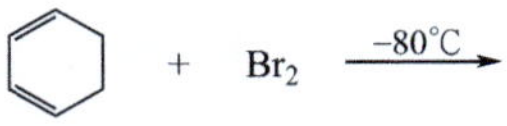

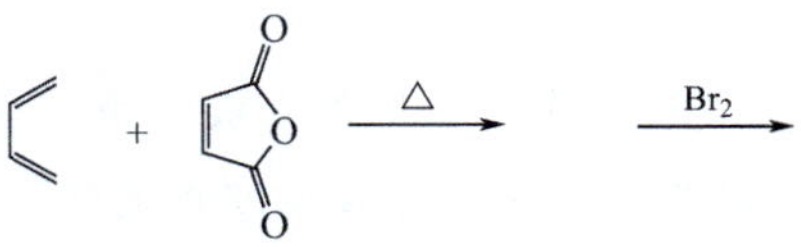

3. 根据题目要求回答下列问题。

(1) 下列结构中各存在哪些共轭效应？

A. 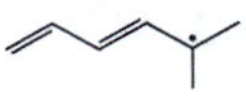 [structure]   B.  [structure]   C. 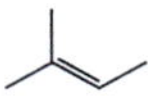 [structure]   D. 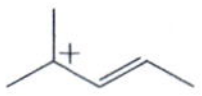 [structure]

127

（2）下列哪些双烯体可以发生 Diels-Alder 反应？

A. 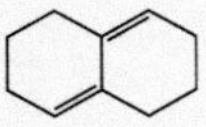 　　B. 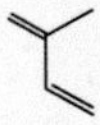 ⌇　　C. 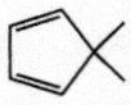 ⌇　　D. 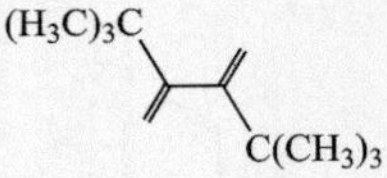 (H₃C)₃C–C(=CH₂)–C(=CH₂)–C(CH₃)₃

（3）写出下列双烯体与丙烯醛发生 Diels-Alder 反应的活性次序。

A. 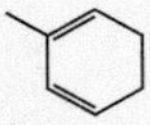　　B. 　　C. 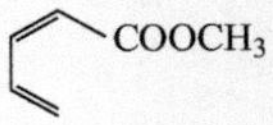 ～COOCH₃　　D.

（4）下列结构哪些互为共振式？

A. $CH_3\overset{+}{C}H-CH=CH_2$　　B. $\overset{+}{H_2}CH_2C-CH=CH_2$

C. $CH_3CH=CH-\overset{+}{C}H_2$　　D. 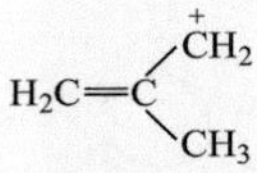 $H_2C=C(CH_3)-\overset{+}{C}H_2$

4. 用简单化学方法鉴别下列化合物。

（1）A. 2,4-庚二烯　　B. 2,5-庚二烯　　C. 1,3-环己二烯

（2）A. 环己烷　　B. 环己烯　　C. 1-己炔　　D. 1,3-环己二烯

（3）A. 苯　　B. 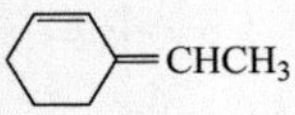 环己基-CHCH₃　　C. 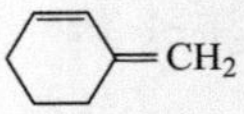 环己基=CH₂

5. 写出下列反应的反应机理。

（1） 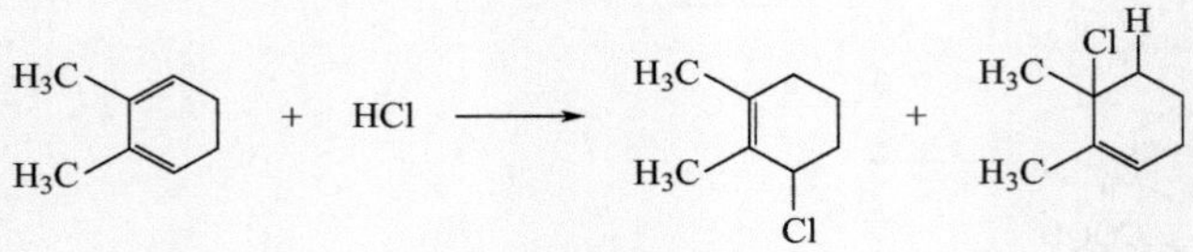 1,2-二甲基环己烯 + HCl ⟶ 产物

（2） 亚甲基环己烷 + Cl₂/hν ⟶ 产物

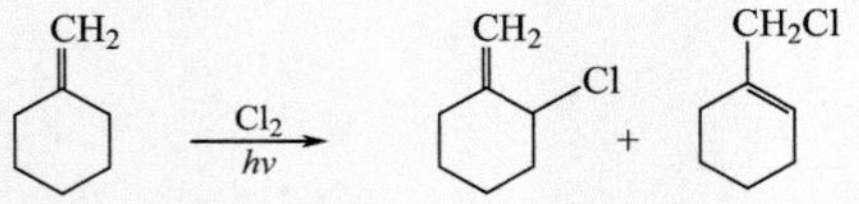

6. 由指定原料合成化合物，无机试剂任选。

（1）以乙炔为原料合成 环己烷-1,2-二甲醛

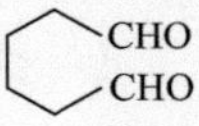

（2）以乙炔为原料合成 4,5-双(溴甲基)环己烯

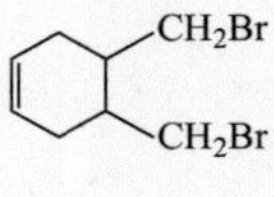

7. 根据题意推测结构。

（1）化合物 A、B 和 C，其分子式均为 C_6H_{10}，经催化氢化都生成 2-甲基戊烷。A 能与银氨溶液反应。B 可与顺丁烯二酸酐反应，B 用高锰酸钾氧化时，得到其中一个产物为 CH_3COCH_3。C 用高锰酸钾氧化时，生成 CH_3COCH_2COOH 和 CO_2。试写出 A、B 和 C 的构造式。

（2）化合物 A 和 B，其分子式均为 C_6H_8，A 和 B 都可与顺丁烯二酸酐反应。A

发生臭氧化反应生成乙二醛（OHC-CHO）和丁二醛（OHC-CH$_2$CH$_2$-CHO），B 发生臭氧化反应的产物是乙二醛和2-甲基丙二醛[OHC-CH（CH$_3$）-CHO]。试写出A和B的构造式。

有 机 化 学

Chapter 7

第 7 章

卤代烃

内容提要

7.1 卤代烃的结构及分类

7.2 卤代烃的物理性质

7.3 卤代烃的化学性质

7.4 卤代烃的制备

掌握： 卤代烃的物理性质；卤代烃参与的化学反应；卤代烃亲核取代和消除反应的机理和应用；卤代烃的制备。

烃分子中一个或多个氢被卤素取代后所生成的化合物叫作卤代烃。卤代烃中卤族元素主要包括氟、氯、溴、碘，形成相应的氟代烃、氯代烃、溴代烃、碘代烃。卤代烃可表示为 R—X（X═F、Cl、Br、I）。由于氟代烃的性质、制备比较特殊，一般意义上的卤代烃，主要指氯代烃、溴代烃、碘代烃。其中卤原子就是卤代烃的官能团。卤代烃在自然界存在很少（极少数海洋生物中），主要是人工合成产物。卤代烃可用作有机溶剂、麻醉剂、制冷剂、阻燃剂等。

7.1 卤代烃的结构及分类

7.1.1 卤代烃的结构

卤代烃的官能团是卤原子，碳卤键是其特征结构。

（1）饱和卤代烃

在卤代烷 R—X 分子中，由于卤原子的电负性大于碳原子，C—X 键的电子云偏向卤原子，因此，C—X 键是极性共价键。

当与极性试剂作用时，C—X 键在试剂电场的诱导下极化，由于 C—X 键的键能（除 C—F 键外）都小于 C—H 键。因此，C—X 键比 C—H 键容易异裂而发生各种化学反应。

$$-\overset{|}{\underset{|}{C}}-X \longrightarrow -\overset{|}{\underset{|}{C}}^{+} + X^{-}$$

像这样，C—X 键断裂，共用电子对完全被一方获得的情况我们称为键的异裂。（另外一种，如 Cl—Cl $\xrightarrow{h\nu}$ 2Cl·，共用电子对拆开两个原子各得一个电子的情况称为键的均裂。）

（2）不饱和卤代烃

在 CH_2═CH—X（乙烯型卤代烃）中，卤原子上未共用的电子对所占据的 p 轨道与双键或芳环发生 p-π 共轭，使 C—X 键的电子云偏离卤原子，致使 C—X 键的偶极矩较小，不易发生反应。但是，在 CH_2═CH—CH_2—X 烯丙型卤代烃中，由于烯丙基正离子特殊的稳定性，卤原子更易离去，表现出烯丙型卤代烃较活泼的化学性质。

7.1.2 卤代烃的分类

（1）根据卤代烃中烃基结构的不同而分类

当卤原子分别与脂肪烃、芳香烃相连时，可分为脂肪族卤代烃（饱和或不饱和）和芳香族卤代烃，不饱和卤代烃又分为卤代烯烃、卤代炔烃和卤代芳烃。

① 饱和脂肪族卤代烃　例如：

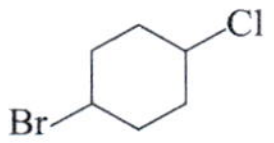

② 芳香族卤代烃（也称卤代芳烃）　芳烃分子中的一个或几个氢原子被卤原子取代后的化合物，称作卤代芳烃或芳卤化合物。卤素可以取代芳环上的氢原子或芳环侧链上的氢原子。例如：

③ 不饱和脂肪族卤代烃——卤代烯烃　烯烃分子中的一个或几个氢原子被卤原子取代后的化合物，称作卤代烯烃。按分子中卤原子与碳碳双键的相对位置，卤代烯烃可分为乙烯型卤代烃或苯基型卤代烃、烯丙型卤代烃或苄基型卤代烃和隔离型（也称孤立型）卤代烯烃三类。

乙烯型卤代烃或苯基型卤代烃 RCH═CH—X，例如：

H_2C═CHCl
乙烯基氯或氯乙烯

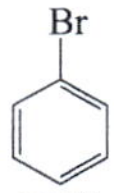

溴苯

烯丙型卤代烃或苄基型卤代烃 RCH═CHCH$_2$X，例如：

H_2C═CH—CH$_2$Cl
烯丙基氯或3-氯-1-丙烯

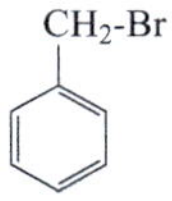

苄基溴或溴化苄

孤立型卤代烯烃 RCH═CH(CH$_2$)$_n$X，$n \geq 2$，例如：

6-氯-2-己烯

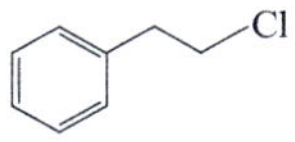

1-苯基-2-氯乙烷或氯乙基苯

（2）根据和卤原子直接相连的碳原子不同而分类

当卤原子分别与伯、仲或叔碳原子相连时，又可分为一级卤代烃、二级卤代烃和三级卤代烃。表示为 R-CH$_2$X，一级卤代烃（伯卤代烃）；R$_2$CHX，二级卤代烃

（仲卤代烃）；R_3C-X，三级卤代烃（叔卤代烃）。

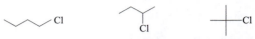

伯卤代烷(1°RX)　　仲卤代烷(2°RX)　　叔卤代烷(3°RX)

此外，还可根据相连卤原子数量的不同分类。当卤原子数分别为一个、二个、三个及以上时，又可分为一卤代烃、二卤代烃、三卤代烃和多卤代烃。

7.2　卤代烃的物理性质

卤代烃中，一般除C_4以下的氯甲烷、氯乙烷、氯乙烯、溴甲烷、溴乙烯是气体外，大多数卤代烃是液体，高级卤代烃是固体。除溴代烷与碘代烷长期放置会分解出游离溴与碘而带颜色外，一般均为无色液体。图7-1所示为二氯甲烷。一卤代烷的蒸气有毒。

卤代烷的沸点随着分子中碳原子数的增加而升高，因C—X键的极性高于C—H键的极性，故卤代烷的沸点较相应烷烃的沸点高。同碳数的异构体中，有1° RX>2° RX >3° RX，即直链异构体沸点最高，支链越多沸点越低。烃基相同时，由于卤元素的差异，卤代烷的沸点有RI>RBr>RCl>RF的规律。

卤代烷的相对密度随着分子中碳原子数的增加而升高，也大于相同碳原子的烷烃。一元卤代烃中的RCl、RF相对密度小于1；RI、RBr相对密度大于1；有两个及以上卤原子的多卤代烃或芳卤代烃的相对密度一般大于1，并按一卤代烃、二卤代烃、三卤代烃的次序，密度升高，熔点、沸点升高；碳原子数相同时，按氯代烷、溴代烷、碘代烷的次序密度升高，熔点、沸点升高。对同系列，即卤元素相同时，其相对密度随着分子中碳原子数的增加而减小。

卤代烃均不溶于水，可溶于弱极性或非极性乙醚、苯、烃等有机溶剂。二氯甲烷、三氯甲烷（氯仿）和四氯化碳等是常见的有机溶剂，可用作从动物组织中提取脂肪类物质的萃取剂。

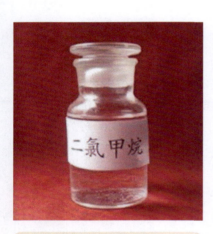

图7-1　二氯甲烷

7.3 卤代烃的化学性质

卤代烃分子中C—X键的键能（C—F键除外）都比C—H键小。

故C—X键比C—H键容易断裂而发生各种化学反应。卤代烃的化学性质活泼，且主要发生在C—X键上。因为C—X键为极性共价键，碳携带部分正电荷 $\overset{\delta+}{C}$，易受带负电荷或未共用电子对试剂的进攻而发生亲核取代反应（即由亲核试剂进攻α-C 的 $\overset{\delta+}{C}$ 而进行的取代反应）。

$$R—X + :Nu^- \longrightarrow R—Nu + X^-$$
$$R—X + HNu \longrightarrow R—Nu + H—X$$

卤代烃不仅容易进行取代反应，而且也易发生消除反应。卤原子的吸电子诱导效应可通过α-C传递给β-C，从而影响至β-H，致使在强碱的作用下，β-H表现出一定的酸性，使卤代烃中的卤原子与β-H通过消除一个小分子（HX）而生成烯烃，完成消除反应。卤代烃脱去HX得到烯烃，是制备烯烃的方法之一。

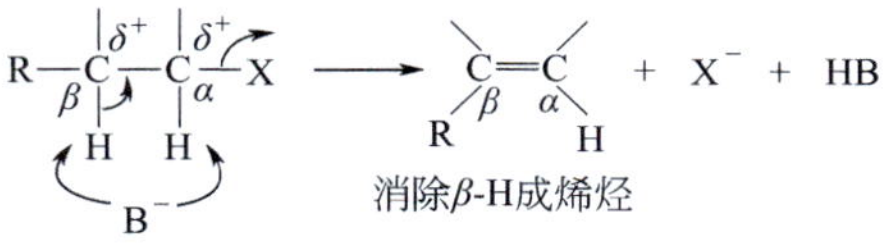

消除β-H成烯烃

7.3.1 取代反应

在卤代烷的取代反应中，RX的典型反应是由亲核试剂（nucleophilie，一般用Nu：或Nu⁻表示）进攻α-C而引起的取代反应，称为亲核取代反应（nucleophilic substitution，用S_N表示）。常用的亲核试剂主要有负离子（如HO⁻、RO⁻、NO⁻等）及带有未共用电子对的分子（如H_2O、NH_3等）。亲核试剂具有亲近带正电荷原子的特性，也叫作亲核性。亲核取代反应可用下列通式表示：

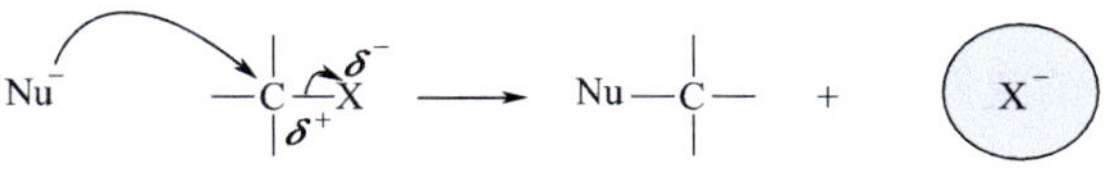

其中 $—\overset{\delta+}{\underset{|}{C}}—X^{\delta-}$（即R—X）称为反应物，又称为**底物**（substrate）；Nu：称为亲核试剂；X⁻称为离去基团（leaving group，也用L表示）。

（1）水解反应

卤代烷与水作用，可发生羟基取代卤原子生成醇的反应，称为卤代烷的水解反应（hydrolysis reaction）。这是一个可逆反应。

$$RX + H_2O \rightleftharpoons ROH + HX$$

因而，利用HO⁻的亲核性比水更强的性质，常常在强碱KOH、NaOH的水溶液条件下水解，可加快反应速率，提高醇的产量。

$$RX + H_2O \xrightarrow{NaOH} ROH + NaX$$

工业上将石油中氯戊烷的各种异构体混合物通过碱性水解制得相应戊醇的各种异构体混合物（也称杂油醇），作为工业用溶剂。

$$C_5H_{11}Cl + H_2O \xrightarrow{NaOH} C_5H_{11}OH + NaCl$$

由于卤代烃主要为人工合成，一般不以卤代烃制备醇，而是由醇制备卤代烃。当卤代烃原料易得，或制备结构特殊、复杂的醇时，可借助先卤化再水解的方法，间接合成醇。例如：

$$CH_2=CHCH_3 \xrightarrow[\text{高温}]{Cl_2} CH_2=CHCH_2Cl \xrightarrow[H_2O]{NaOH} CH_2=CHCH_2OH$$

（2）醇解反应

卤代烷与醇作用，可发生烷氧基取代卤原子生成醚的反应，称为卤代烷的醇解反应，也是一个可逆反应。

$$RX + R'OH \rightleftharpoons ROR' + HX$$

利用烷氧负离子RO^-的亲核性比水更强的性质，常常在强碱醇钠（RONa）、醇钾（ROK）的醇溶液条件下醇解，可加快反应速率，提高醚的产量。

$$RX + R'ONa \longrightarrow ROR' + NaX$$

上述反应中，当R和R′相同时，所得醚称作单醚；若R和R′不相同，则所得醚称为混醚。例如：

$$CH_3CH_2CH_2CH_2O^-Na^+ + CH_3CH_2I \xrightarrow{\triangle} CH_3CH_2CH_2CH_2OCH_2CH_3 + NaI$$

这种合成混醚的反应称作威廉姆逊（Williamson）合成法。由于是强碱条件，所用卤代烃一般为伯卤代烃，若用叔卤代烃，主要产物为烯烃。对于不同的卤代烷，卤原子被烷氧基取代的顺序是：RI>RBr>RCl>RF。

（3）与氰化钠及硝酸银的反应

卤代烷与氰化钠或氰化钾作用，可发生氰基（—CN）取代卤原子生成腈（R—CN）的反应。

$$CH_3CH_2CH_2Cl + NaCN \xrightarrow[\triangle]{\text{乙醇}} CH_3CH_2CH_2CN + NaCl$$

通过上述反应，一方面将卤代烷转变为腈，分子中增加了一个碳原子，是有机合成中常用的增长碳链的方法之一；另一方面，通过氰基，可将官能团转化为羧基（—COOH）、酯（—COOR）或酰胺（—CONH$_2$）等，合成相应的化合物。需要注意的是，氰化钾或氰化钠有剧毒！

卤代烷与硝酸银的醇溶液作用，可发生硝基取代卤原子，生成硝酸酯和卤化银沉淀的反应。

$$RX + AgNO_3 \xrightarrow{\text{醇}} RONO_2 + AgX\downarrow$$

卤代烷与硝酸银反应的活性与卤素及烃基结构有关。烷基相同时，活性顺序为 RI>RBr>RCl>RF。卤素相同时，叔卤代烷室温下即与硝酸银的醇溶液反应生成卤化银沉淀，伯、仲卤代烷加热才能与硝酸银的醇溶液反应生成卤化银沉淀，即活性顺序为：3°RX>2°RX>1°RX。为此，可据此反应分析卤代烷的种类及其烷基结构。

7.3.2 消除反应（札依采夫规则）

卤代烷在碱性水溶液中进行水解，发生亲核取代反应得到醇，如果在碱的醇溶液中加热，则发生脱HX的反应。使卤素x和其β-碳原子上的β-H同时消去，生成烯烃，称为β-消除反应（β-elimination reaction）。反应通式为

$$\underset{H}{-\overset{|}{\underset{|}{C}}}-\overset{|}{\underset{|}{C}}-X \xrightarrow[\triangle]{-HX} -\overset{|}{C}=\overset{|}{C}-$$

例如：卤代烃与NaOH（KOH）的醇溶液作用脱去卤原子与β-碳原子上的氢原子而生成烯烃。

$$R-\underset{H}{\overset{|}{CH}}-\underset{X}{\overset{|}{CH_2}} \xrightarrow{NaOH}_{醇} R-CH=CH_2$$

从上述反应可以发现，当卤代烃发生消除反应时，如果有不止一个β-碳原子的氢可供消除时，主要从含氢较少的β-碳上消去氢，得到的产物是取代基较多的烯烃，这是个经验规律，称为札依采夫（Saytzeff）规则。如

若是邻二卤代烃（或偕二卤代烃），则可消除卤化氢生成乙烯型的卤代烃或者是炔。

$$Cl-CH_2-CH_2-Cl \xrightarrow[C_2H_5OH]{KOH} H_2C=CH-Cl$$

$$CH_3-\underset{Br}{\overset{|}{CH}}-CH_2-Br \xrightarrow[\triangle]{KOH/C_2H_5OH} CH_3-C\equiv CH$$

$$R-\underset{H}{\overset{|}{CH}}-\underset{X}{\overset{|}{CH}}-\underset{X}{\overset{|}{CH}}-\underset{H}{\overset{|}{CH}}-R \xrightarrow[C_2H_5OH]{KOH} R-CH=CH-CH=CH-R+2KX+2H_2O$$

此外，邻二卤代烃（或偕二卤代烃），在锌粉（或镍粉）与乙酸及乙醇中，或是碘化钠的丙酮液中反应，则可消除卤素，生成烯烃。据此，脱卤素反应可用于碳碳

双键的保护，或分离与提纯烯烃。

$$-\underset{X}{\overset{|}{C}}-\underset{X}{\overset{|}{C}}- \xrightarrow[\triangle]{Zn, 乙醇} -\overset{|}{C}=\overset{|}{C}- + ZnX_2$$

$$-\overset{|}{C}=\overset{|}{C}- \xrightarrow{Br_2} -\underset{Br}{\overset{|}{C}}-\underset{Br}{\overset{|}{C}}- \xrightarrow[\triangle]{Zn, 乙醇} -\overset{|}{C}=\overset{|}{C}- + ZnBr_2$$

7.3.3 与金属的反应

（1）金属有机化合物的概念

卤代烃能与某些金属反应生成金属有机化合物（金属原子直接与碳原子相连接的一类化合物，用 R—M 表示，M 表示金属）。

$$R-X + M \longrightarrow R-X-M \quad (M = Li, Na, K, Mg, Zn, Cd, Al, Hg)$$

金属有机化合物分子中的 C—M 键大多为极性共价键（金属原子的电负性小于碳原子）。金属原子带部分正电荷，碳原子带部分负电荷，即 $\overset{\delta-}{C}-\overset{\delta+}{M}$，因而，C—M 键易于断裂，表现为金属有机化合物中的烃基碳原子具有较强亲核性与碱性，且金属越活泼，生成的 C—M 键极性越强，碳原子上所带负电荷越多，反应活泼性就越大，因而在有机合成领域应用较广泛。

（2）格利雅试剂

卤代烃与金属镁在绝对乙醚（无水，无醇）条件下反应，生成有机镁化合物——烃基卤化镁，也称为格利雅（Grignard）试剂（或简称格氏试剂）。

$$R-X + Mg \xrightarrow{无水乙醚} R-Mg-X \quad (X = Cl, Br, I)$$

格氏试剂的结构复杂，常用 RMgX 表示。目前对其形成机制尚不很清楚。一般认为是由 R_2Mg、MgX、$(RMgX)_n$ 多种组分形成的平衡体系混合物。较为认可的一种说法是：在乙醚的作用下，乙醚的氧原子与格氏试剂的镁原子通过配位键，形成了稳定的溶剂化合物，产物不需分离即可直接用于有机合成反应。

由于乙醚沸点较低，也可用四氢呋喃（THF）、苯和其他醚类作为溶剂。

格式试剂的性质非常活泼，能与多种含活泼氢的化合物作用，生成烷烃。

$$RMgX + \begin{cases} H_2O \longrightarrow RH + MgXOH \\ ROH \longrightarrow RH + Mg{\overset{X}{\underset{OR}{\diagdown}}} \\ HX \longrightarrow RH + MgX_2 \\ R'C\equiv CH \longrightarrow RH + Mg{\overset{X}{\underset{C\equiv CR'}{\diagdown}}} \\ NH_3 \longrightarrow RH + MgXNH_2 \end{cases}$$

在有机分析中，依据甲基碘化镁（CH_3MgI）与含活泼氢的化合物的定量作用，计算生成甲烷的体积从而得出活性氢的数量。

由于格氏试剂遇水就水解，所以，在制备格氏试剂时，必须用无水试剂和干燥的反应器。此外，还应采取隔绝空气，通过氮气气氛保护等措施，避免空气中的氧慢慢将格氏试剂氧化，再在湿气的作用下分解为醇。用镁条制作的格氏试剂如图7-2所示。

图7-2　用镁条制作的格氏试剂

制备格氏试剂的卤代烷活性为：RI>RBr>RCl。

格氏试剂性质活泼，可与众多底物反应，如图7-3所示。

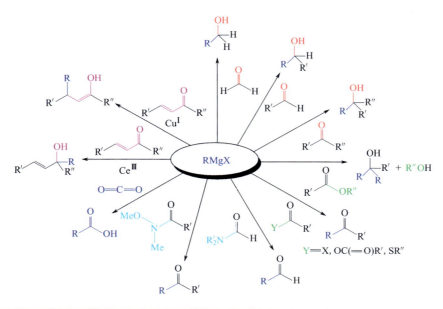

图7-3　格氏试剂应用举例

（3）伍尔兹反应

卤代烷能与金属钠反应生成有机钠化合物（RNa），也称烷基钠。

$$RX + 2Na \longrightarrow RNa + NaX$$

生成的烷基钠又会立即与另一分子R—X反应，生成高级烷烃，这个反应叫作伍尔兹（Wurtz）反应。例如：

$$2RX + 2Na \longrightarrow R-R + 2NaX$$

此反应可从卤代烷合成偶数碳原子、结构对称的烷烃，且适用于卤代烃的反应。因反应产率较低，较少使用。但用于制备芳烃则产率较高。

$$\text{C}_6\text{H}_5\text{Br} + \text{CH}_3(\text{CH}_2)_3\text{CH}_2\text{Br} \xrightarrow[\text{醚,低温}]{\text{Na}} \text{C}_6\text{H}_5\text{CH}_2\text{CH}_2\text{CH}_2\text{CH}_2\text{CH}_3$$

7.3.4 还原反应

卤代烷中的卤原子可被多种试剂还原，生成烷烃。用氢化铝锂（$LiAlH_4$）还原时，反应只能在醚或四氢呋喃中进行。$LiAlH_4$遇水立即反应，放出氢气。因此，反应只能在无水介质中进行。

$$R-Br \xrightarrow{LiAlH_4} R-H$$

其他还原剂如Zn + HCl，HI，H_2/Pd，Na（液氨）等也可使用。

7.4 卤代烃的制备

7.4.1 由烃制备

（1）烃的卤化

在光照或高温条件下，烷烃可直接与卤素发生卤化反应，生成卤代烃。但此法主要用于氯代烷的制备。

$$R-H + X_2 \longrightarrow R-X + HX$$

$$CH_4(\text{过量}) + Cl_2 \longrightarrow CH_3Cl + HCl$$

对于烯丙基溴，常用N-溴代丁二亚酰胺（N-bromosuccinimide，NBS）与烯烃的α-H的卤化反应制

【问题7.1】

用下列化合物能否制备格氏试剂？为什么？

（1）$HOCH_2CH_2Br$

（2）$HC\equiv CCH_2CH_2Br$

（3）CH_3COCH_2Br

（4）$CH_3CH_2CH(OCH_3)CH_2Br$

备。例如：

$$\underset{\text{NBS}}{\text{—C=C—}} + \underset{\text{NBS}}{\text{（丁二酰亚胺）N—Br}} + \text{Ph—C(=O)—O—O—C(=O)—Ph} \xrightarrow[\text{CCl}_4, \text{沸腾}]{} \underset{\text{Br}}{\text{—C=C—}} + \underset{\text{（丁二酰亚胺）N—H}}{}$$

环己烯 $\xrightarrow[\text{CCl}_4, \text{沸腾}]{\text{NBS}}$ 3-溴环己烯 (85%)

$H_3C—CH=CH_2 \xrightarrow{\text{NBS} \atop (\text{PhCOO})_2} H_2C—CH=CH_2$
$\qquad\qquad\qquad\qquad\qquad\quad |$
$\qquad\qquad\qquad\qquad\qquad\; Br$

（2）不饱和烃的加成

不饱和烃与卤素、卤化氢加成，可生成多种卤代烃，例如：

$$RHC=CHR' + X_2 \longrightarrow RHC—CHR'$$
$$\qquad\qquad\qquad\qquad\qquad |\ \ |$$
$$\qquad\qquad\qquad\qquad\;\; X\ X$$

$$RHC=CH_2 + HX \longrightarrow RHC—CH_2$$
$$\qquad\qquad\qquad\qquad\qquad |\ \ |$$
$$\qquad\qquad\qquad\qquad\;\; X\ H$$

$$RC\equiv CH + X_2 \xrightarrow{Hg^{2+}} RC=CH \xrightarrow{Hg^{2+}} RC—CH$$
$$\qquad\qquad\qquad\qquad\quad |\ \ |\qquad\qquad |\ \ |$$
$$\qquad\qquad\qquad\qquad\; X\ X\qquad\quad X\ X$$
上式中间体两侧为 X, X; 产物两侧亦为 X, X

$$H_3C—CH=CH_2 + HBr \xrightarrow{FeCl_3} H_3C—\underset{Br}{\overset{H}{C}}—\underset{H}{\overset{}{CH_2}}$$

$$H_3C—CH=CH_2 + Br_2 \longrightarrow H_3C—\underset{Br}{\overset{H}{C}}—\underset{Br}{\overset{H}{CH_2}}$$

（3）氯甲基化反应

在无水氯化锌存在下，芳烃与甲醛和氯化氢作用，芳环上的氢可被氯甲基（—CH_2Cl）取代，称作氯甲基化反应。

苯 + HCHO + HCl $\xrightarrow[60℃]{ZnCl_2}$ 苄基氯（$C_6H_5CH_2Cl$） + 对二氯甲基苯（$ClH_2C-C_6H_4-CH_2Cl$） + H_2O

萘 + HCHO + HCl $\xrightarrow[56\%]{\text{冰 HOAc, } H_3PO_4}$ 1-氯甲基萘

若苯环上有给电子取代基时，氯甲基化容易进行；有吸电子取代基或卤素时，则反应难于进行。

氯甲基化（—CH_2Cl）反应可用于 —CH_3、—CH_2OH、—CH_2CN、—CH_2COOH、—$CH_2N(CH_3)_2$ 等基团的引入。

7.4.2 由醇制备

醇一般较易合成，且在自然界中的存在也较为广泛。因此，醇与卤化物发生取代反应而得到相应的卤代烷，是实验室及工业生产较为常见的方法。常用的试剂是氢卤酸、亚硫酰氯（二氯亚砜，$SOCl_2$）或卤化磷等。

（1）醇与氢卤酸反应

$$ROH + HX \rightleftharpoons RX + H_2O$$

醇与氢卤酸的反应为可逆反应，可通过增加反应物浓度并及时除去生成的水，提高生成物的产率。例如：

环己醇 + HBr $\xrightarrow{\text{回流6h}}$ 环己基溴 + H_2O

同时，该方法也常常伴随发生重排反应，可通过控制反应条件得到预期的产物。例如：

异丁醇 + HBr $\xrightarrow{H_2SO_4}$ 异丁基溴 / 叔丁基溴

（2）醇与亚硫酰氯反应

$$ROH + SOCl_2 \xrightarrow{\text{吡啶}} RCl + SO_2\uparrow + HCl\uparrow$$

醇与亚硫酰氯的反应，不但反应速率快，且产生的副产物（二氧化硫、氯化氢）均为气体，易于分离，反应物产量高（产率一般可达90%），纯度也高。

溴化亚砜不稳定，一般难以制得，故该反应主要应用于氯代烷的实验室或工业制备。

（3）醇与卤化磷反应

$$3ROH + PX_3 \longrightarrow 3RX + P(OH)_3$$

醇与卤化磷的反应，是制备溴代烷与碘代烷的常用方法。其中的 PX_3 主要通过卤素与红磷作用生成。

$$2P + 3I_2 \longrightarrow 2PI_3$$
$$3C_2H_5OH + PI_3 \longrightarrow 3C_2H_5I + P(OH)_3$$

由于伯醇与三氯化磷因生成亚磷酸酯，降低了氯代烷产率，故由伯醇制备氯代烷时可以用五氯化磷为试剂。

$$3ROH + PCl_3 \longrightarrow P(OR)_3 + 3HCl$$
$$ROH + PCl_5 \longrightarrow RCl + HCl + POCl_3$$

7.4.3 卤代物的卤素互换

以丙酮或丁酮为溶剂，氯代烷或溴代烷与碘化钠反应，生成碘代烷、氯化钠或溴化钠，因氯化钠或溴化钠不溶于丙酮或丁酮，使反应得以向右进行，最终得到碘代烷。

$$RCl + NaI \xrightarrow{丙酮} RI + NaCl$$
$$RBr + NaI \xrightarrow{丙酮} RI + NaBr$$

此反应中，卤代烷的活性次序为：1° RX>2° RX>3° RX。由于叔、仲卤代烷反应速率太慢，一般仅适用于伯氯代烷与碘化钠互换制备碘代烷。

【问题7.2】

由指定原料实现下列合成。

（1）由乙炔合成1,2,3,4-四氯丁烷

（2）由苯及甲烷合成对甲基苄醇

（3）由2-溴丙烷合成1-溴丙烷

（4）由甲苯合成苄基碘

 习题

1. 用普通命名法命名下列各化合物，并指出它们属于伯、仲、叔卤代烷中的哪一种。

（1）$(CH_3)_3CCH_2Cl$ （2）$CH_3CH_2CHFCH_3$

（3）$CH_2\!=\!CHCH_2Br$

2. 用系统命名法命名下列各化合物，或写出结构式。

（1）$CH_3CHCH_2CHCH_3$ （2）$CH_3CHCH_2\!-\!CCHCH_3$
　　　$\quad\ \ |\qquad\ \ |$　　　　　　　$\ \ \ |\quad\ \ |\ \ \ |$
　　　$\ \ CH_3\ \ \ CH_3\ \ Cl$　　　$\ \ Cl\quad Cl\ \ CH_3$

（3）$BrCH_2CHCH_2CH_2CH_3$ （4）$CH_3CH_2CHCH_3$
　　　　　　　$|$　　　　　　　　　　$\quad\ \ |$
　　　　　　C_2H_5　　　　　　　　　CH_2Cl

（5）环戊基-CH₂CH₂Cl （6）环己基(Cl)(CH₃)

（7）1,2-二甲基环戊基-CH₂Cl （8）环己基-Cl

（9）异戊基溴 （10）（R）-2-溴戊烷

3. 写出异丁基溴和溴代环己烷分别与下列试剂反应时的主要产物。

试剂	异丁基溴	溴代环己烷
KOH/H₂O		
NaOH/乙醇		
AgNO₃/乙醇		
NaCN/水-乙醇		
NaOCH₃		
NaSCH₃		
NaI/丙酮		

4. 写出下列反应的主要产物。

(1) CH$_3$CH$_2$CH(CH$_3$)—CHBrCH$_2$CH$_3$ $\xrightarrow{\text{KOH}/\text{乙醇},\Delta}$

(2) BrCH$_2$CH$_2$CH(CH$_3$)CH$_3$ $\xrightarrow{\text{KOH}/\text{乙醇},\Delta}$

(3) 2-溴-1-甲基环己烷 $\xrightarrow{\text{KOH}/\text{乙醇},\Delta}$

(4) CH$_3$CHBrCH$_2$CHBrCH$_3$ + 2NaOH $\xrightarrow{\text{乙醇}}$

(5) CH$_3$CCl$_2$CH$_2$CH$_3$ + 2NaOH $\xrightarrow{\text{乙醇}}$

(6) CH$_2$=CHCH$_2$CHBrCH(CH$_3$)$_2$ $\xrightarrow{\text{NaOH}/\text{C}_2\text{H}_5\text{OH}}$

(7) CH$_3$CH$_2$CH=CH$_2$ $\xrightarrow{\text{Cl}_2/500^\circ\text{C}}$ $\xrightarrow{\text{浓 C}_2\text{H}_5\text{ONa}/\text{C}_2\text{H}_5\text{OH}}$

(8) (CH$_3$)$_3$CCl + Mg $\xrightarrow{\text{纯醚}/\text{回流}}$

(9) CH$_3$CH$_2$MgI + CH$_3$OH →

(10) Cl—C$_6$H$_4$—CH$_2$Cl $\xrightarrow{\text{NaOH}/\text{H}_2\text{O}}$

(11) ClCH=CHCH$_2$Cl $\xrightarrow{\text{CH}_3\text{COO}^-}$

(12) 1-碘-2-溴-3-甲基苯 $\xrightarrow{\text{Cl}_2/h\nu}$ $\xrightarrow{\text{HC}\equiv\text{CNa}}$ $\xrightarrow{\text{HgSO}_4/\text{H}_2\text{SO}_4}$

(13) 对氯乙苯 $\xrightarrow{\text{Br}_2/h\nu}$ $\xrightarrow{\text{NaOH}/\text{C}_2\text{H}_5\text{OH}}$
    $\xrightarrow{\text{HBr}/\text{过氧化物}}$ $\xrightarrow{\text{NaCN}}$

5. 合成题。

（1）由1-溴丙烷制备下列化合物：
异丙醇，1,1,2,2-四溴丙烷，2-溴丙烯，2-己炔，2-溴-2-碘丙烷

（2）由乙炔合成3-戊烯酸

（3）由三个碳及以下的有机原料合成环己基乙酸

（4）由乙炔合成己二腈

6. 推断题。

（1）化合物A的分子式为C$_7$H$_{12}$，与HCl反应可得化合物B（C$_7$H$_{13}$Cl），B与NaOH/C$_2$H$_5$OH溶液作用又生成A和少量C，C的分子式也是C$_7$H$_{12}$，C与臭氧作用后，在锌粉存在下水解则生成环己酮和甲醛。试推测A、B、C的构造和所有涉及的反应。

（2）分子式为C$_6$H$_{13}$Br的化合物A与硝酸银的乙醇溶液作用，加热生成沉淀；与氢氧化钾的醇溶液作用得到分子式为C$_6$H$_{12}$的化合物B，B经臭氧化后在锌粉存在下水解得到2-丁酮和乙醛；B与HBr作用得到A的异构体C，C与硝酸银作用立即生成沉淀。试写出A、B、C的结构式和所有涉及的反应。

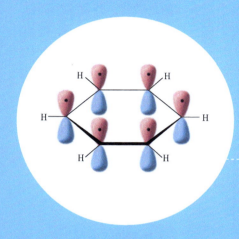

Chapter 8

第 8 章

芳烃化合物

内容提要

8.1 芳烃介绍

8.2 苯的结构

8.3 单环芳烃的性质

8.4 苯环上亲电取代反应的定位规律

8.5 二元取代苯的定位规律

8.6 定位规律在有机合成上的应用

8.7 多环芳烃

掌握：苯的结构；芳烃亲电取代反应包括卤化、硝化、磺化、傅-克反应；亲电取代反应定位规律；苯的加成反应和氧化反应；萘的性质与定位规律；Hückel 规则。

8.1 芳烃介绍

芳香烃简称"芳烃"，通常指分子中含有苯环结构的碳氢化合物。芳香族化合物在历史上指的是一类从植物胶里取得的具有芳香气味的物质，但目前已知的芳香族化合物中，大多数是没有香味的，因此，芳香这个词已经失去了原有的意义，只是由于习惯而沿用至今。例如苯、萘等。苯的同系物的通式是 C_nH_{2n-6}（$n \geqslant 6$）。根据结构的不同芳香烃可分为：

芳烃
- 单环芳烃
- 多环芳烃
  - 联苯 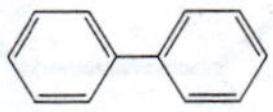
  - 多苯代脂烃 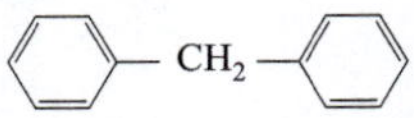
  - 稠环芳烃

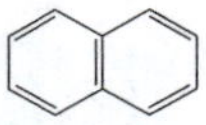

芳烃在有机化学工业里是最基本的原料。主要来源于石油和煤焦油。现代用的药物、炸药和染料，绝大多数是由芳烃合成的。燃料、塑料、橡胶也以芳烃为原料。

多环芳烃（polycyclic aromatic hydrocarbons, PAH），分子中含有两个或两个以上苯环结构的化合物，是最早被认识的化学致癌物。早在1775年，英国外科医生 Pott 就发现打扫烟囱的童工，成年后多发阴囊癌，就是燃煤烟尘颗粒穿过衣服渗入阴囊皮肤所致，实际上就是煤炱中的多环芳烃所致。多环芳烃也是最早在动物实验中得到证实的化学致癌物。在自然界，它主要存在于煤、石油、焦油和沥青中，也可以由含碳氢元素的化合物不完全燃烧产生。汽车、飞机及各种机动车辆所排出的废气和香烟的烟雾中均含有多种致癌性多环芳烃。露天焚烧（失火、烧荒）可以产生多种多环芳烃致癌物。烟熏、烘烤及焙焦的食品均可受到多环芳烃的污染。

8.2 苯的结构

自从1825年英国的法拉第（Faraday）首先发现苯之

后，有机化学家就对它的结构和性质做了大量的研究工作，直到今日还有人把它作为主要研究课题之一。在此期间也有不少人提出过各种苯的构造式的表示方法，但都不能圆满地表达苯的结构。目前一般仍采用凯库勒式，但在使用时不能把它误作为单双键之分。也有用一个带有圆圈的正六角形来表示苯环，六角形的每个角都表示每个碳连有一个氢原子，直线表示σ键，圆圈表示大π键。苯的表示式见图8-1。苯的分子式为C_6H_6，碳氢数目比为1∶1。

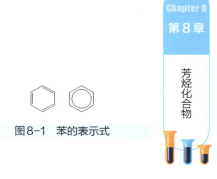

图8-1 苯的表示式

现代价键理论认为，苯分子中的碳原子均为sp^2杂化，每个碳原子的三个sp^2杂化轨道分别与相邻的两个碳原子的sp^2杂化轨道和氢原子的s轨道重叠形成三个σ键。由于三个sp^2杂化轨道都处在同一平面内，所以苯分子中的所有碳原子和氢原子必然都在同一平面内，六个碳原子形成一个正六边形，所有键角均为120°。另外，每个碳原子上还有一个未参加杂化的p轨道，这些p轨道的对称轴互相平行，且垂直于苯环所在的平面。p轨道之间彼此重叠形成一个闭合共轭的大π键，对称分布在苯环平面的上方和下方，如图8-2所示。

由于六个碳原子完全等同，所以大π键电子云在六个碳原子之间均匀分布，即电子云分布完全平均化，因此碳-碳键长完全相等，不存在单双键之分。苯环共轭大π键的高度离域，使分子能量大大降低，因此苯环具有高度的稳定性。

苯分子的稳定性可用氢化热来证明。例如，环己烯的氢化热为119.5kJ·mol^{-1}。

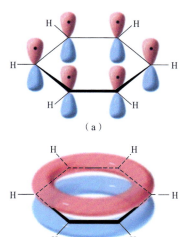

图8-2 苯分子中的p轨道及p轨道重叠形成的闭合共轭大π键示意图

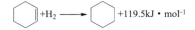

如果把苯的结构看成是凯库勒式所表示的环己三烯，它的氢化热应是环己烯的三倍，即为358.5kJ·mol^{-1}，而实际测得苯的氢化热仅为208kJ·mol^{-1}，比358.5kJ·mol^{-1}低150.5kJ·mol^{-1}。这充分说明苯分子不是环己三烯的结构，即分子中不存在三个典型的碳-碳双键。把苯和环己三烯氢化热的差值150.5kJ·mol^{-1}称为苯的离域能或共轭能。正是由于苯具有离域能，所以苯比环己三烯稳定得多。事实上，环己三烯的结构是根本不可能稳定存在的。

【问题8.1】

写出单环芳烃C_9H_{12}的同分异构体的构造式并命名。

8.3 单环芳烃的性质

8.3.1 单环芳烃的物理性质

单环芳烃一般为无色有芳香味的液体，不溶于水，相对密度在 0.86～0.93，是良好的溶剂，有较大的毒性。单环芳烃的有关物理常数见表 8-1。

表 8-1 单环芳烃的物理常数

名称	分子式	熔点/℃	沸点/℃	相对密度（d_4^{20}）
苯	C_6H_6	5.5	80.1	0.87865
甲苯	$C_6H_5CH_3$	−94.99	110.6	0.8669
乙苯	$C_6H_5C_2H_5$	−94.97	136.3	0.8670
邻二甲苯	$C_6H_4(CH_3)_2$	−25.18	144.4	0.8802
间二甲苯	$C_6H_4(CH_3)_2$	−47.87	139.1	0.8642
对二甲苯	$C_6H_4(CH_3)_2$	13.26	138.35	0.8611
正丙苯	$C_6H_5C_3H_7$	−99.5	159.3	0.8620
异丙苯	$C_6H_5C_3H_7$	−96.00	152.4	0.8618
1,2,3-三甲苯	$C_6H_3(CH_3)_3$	−25.37	176.1	0.8944
1,2,4-三甲苯	$C_6H_3(CH_3)_3$	−43.80	169.35	0.8758
1,3,5-三甲苯	$C_6H_3(CH_3)_3$	−44.7	164.7	0.8652
苯乙烯	$C_6H_5CH=CH_2$	−30.63	145.2	0.9060

8.3.2 单环芳烃的化学性质

苯环上闭合大 π 键电子云的高度离域，使得苯环非常稳定，在一般条件下大 π 键难以断裂进行加成和氧化反应，但是，苯环上大 π 键电子云分布在苯环平面的两侧，流动性大，易引起亲电试剂的进攻发生取代反应。

苯环虽难以被氧化，但苯环上的烃基侧链由于受苯环上大 π 键的影响，α-氢原子变得很活泼，易发生氧化反应。同时，α-氢原子也易发生卤化反应。

苯环上的闭合共轭大 π 键虽然很稳定，但它仍然具有一定的不饱和性。因此，在强烈的条件下，也可发生某些加成反应。

（1）亲电取代反应

亲电试剂 E^+ 进攻苯环，与苯环的 π 电子作用生成 π 络合物，紧接着 E^+ 从苯环 π 体系中获得两个电子，与苯环的一个碳原子形成 σ 键，生成 σ 络合物，σ 络合物内能高不稳定，sp^3 杂化的碳原子失去一个质子，恢复芳香结构，形成取代产物。

① 卤化反应　苯与氯、溴在铁或三卤化铁等催化剂存在下，苯环上的氢原子被氯、溴取代，生成氯苯和溴苯。

$$\text{C}_6\text{H}_6 + \text{Br}_2 \xrightarrow[55\sim60^\circ\text{C}]{\text{Fe 或 FeBr}_3} \text{C}_6\text{H}_5\text{Br（溴苯）} + \text{HBr}$$

芳烃的卤化仅限于氯化和溴化，卤素的反应活性为：$Cl_2 > Br_2$。

卤化反应历程大致可分为三步，现以溴化反应为例说明。

第一步：溴分子和三溴化铁作用，生成溴正离子 Br^+ 和四溴化铁配离子 $[FeBr_4]^-$。

$$2Fe + 3Br_2 \longrightarrow 2FeBr_3$$
$$Br-Br + FeBr_3 \rightleftharpoons Br^+ + [FeBr_4]^-$$

第二步：Br^+ 作为亲电试剂，进攻富电子的苯环，生成一个不稳定的芳基正离子中间体（或σ络合物）。

$$\text{C}_6\text{H}_6 + Br^+ \underset{}{\overset{\text{慢}}{\rightleftharpoons}} \left[\text{σ络合物}\right]$$

这步反应很慢，是决定整个反应速度的步骤。在芳基正离子中间体中，原来苯环上的两个π电子与 Br^+ 生成了 C—Br 键，余下的四个π电子分布在五个碳原子组成的缺电子共轭体系中。

第三步：σ络合物非常不稳定，在四溴化铁配离子的作用下，迅速脱去一个质子生成溴苯，恢复到稳定的苯环结构。

$$[\sigma\text{络合物}] + [FeBr_4]^- \xrightarrow{\text{快}} \text{C}_6\text{H}_5\text{Br} + FeBr_3 + HBr$$

上述反应是由亲电试剂（Br^+）进攻富电子的苯环发生的，因此苯环上的取代反应属于亲电取代反应。

在没有催化剂存在时，氯气通入沸腾的甲苯中，反应如下：

$$\text{C}_6\text{H}_5\text{CH}_3 \xrightarrow[h\nu\text{ 或 }\triangle]{Cl_2} \text{C}_6\text{H}_5\text{CH}_2\text{Cl} \xrightarrow[h\nu\text{ 或 }\triangle]{Cl_2} \text{C}_6\text{H}_5\text{CHCl}_2 \xrightarrow[h\nu\text{ 或 }\triangle]{Cl_2} \text{C}_6\text{H}_5\text{CCl}_3$$

为什么氯原子不去夺取苯环上的H呢？这是因为甲苯的甲基H就如同烯丙基的H，而苯环上的H就如乙烯的H，后者由于增加了s成分（$C_{sp^2}-H_{1s}$），增加了键能，故不容易夺取苯环上的H。可见，反应条件不同，产物也就不同。

$$\text{C}_6\text{H}_5\text{CH}_3 + Cl_2 \begin{cases} \xrightarrow{Fe} \text{邻-氯甲苯} + \text{对-氯甲苯} \\ \xrightarrow{h\nu} \text{C}_6\text{H}_5\text{CH}_2\text{Cl} \end{cases}$$

② 硝化反应　苯与浓硝酸和浓硫酸的混酸共热，苯环上的氢原子被硝基（—NO_2）取代生成硝基苯。硝基苯为浅黄色油状液体，有苦杏仁味，其蒸气有毒。

$$\text{C}_6\text{H}_6 + HNO_3 \xrightarrow[50\sim 60^\circ C]{\text{浓}H_2SO_4} \text{C}_6\text{H}_5\text{—}NO_2 \text{（硝基苯）} + H_2O$$

硫酸的作用：在硝化反应中，浓硫酸不仅是脱水剂，而且它与硝酸作用产生硝基正离子（NO_2^+）。

$$H_2SO_4 + HONO_2 \xrightleftharpoons{\text{快}} H_2O^+NO_2 + HSO_4^-$$
$$H_2O^+NO_2 \xrightleftharpoons{\text{慢}} NO_2^+ + H_2O$$
$$H_2O + H_2SO_4 \rightleftharpoons H_3O^+ + HSO_4^-$$
$$\overline{2H_2SO_4 + HONO_2 \rightleftharpoons NO_2^+ + 2HSO_4^- + H_3O^+}$$

硝基正离子作为亲电试剂，进攻苯环发生亲电取代反应。硝化反应历程如下：

① $HONO_2 + 2H_2SO_4 \rightleftharpoons NO_2^+ + H_3O^+ + 2HSO_4^-$

② 苯 + NO_2^+ $\xrightleftharpoons{\text{慢}}$ [σ-配合物 H, NO_2]

③ [σ-配合物 H, NO_2] + HSO_4^- $\xrightarrow{\text{快}}$ 硝基苯 + H_2SO_4

③ 磺化反应　苯与98%的浓硫酸共热，或与发烟硫酸在室温下作用，苯环上的氢原子被磺酸基（—SO_3H）取代生成苯磺酸。苯磺酸是一种强酸，易溶于水难溶于有机溶剂。有机化合物分子中引入磺酸基后可增加其水溶性，此性质在合成染料、药物或洗涤剂时经常应用。

$$\text{C}_6\text{H}_6 + H_2SO_4 \rightleftharpoons \text{C}_6\text{H}_5\text{—}SO_3H \text{（苯磺酸）} + H_2O$$

磺化反应是一可逆反应，它在过热水蒸气作用下与稀硫酸或稀盐酸共热时可水解脱下磺酸基。

$$\text{C}_6\text{H}_5\text{—}SO_3H + H_2O \xrightarrow{180^\circ C} \text{C}_6\text{H}_6 + H_2SO_4$$

故磺化反应在有机合成中应用较广，可作占位基团，反应完成后，再脱去磺酸基。例如：

甲苯 $\xrightarrow{H_2SO_4}$ (磺酸基占位) 对甲苯磺酸 $\xrightarrow{Cl_2, Fe}$ 3-氯-4-甲基苯磺酸 $\xrightarrow[H_2O, 150^\circ C]{H^+}$ (去磺酸基) 邻氯甲苯

用磺酸基占据甲基的对位，避免了甲苯直接氯化生成对氯甲苯。

磺化反应温度不同，产物比例不同，高温主要得到对位产物。

磺酸基除容易被H^+从苯环上取代，也能被卤素和硝基从强烈活化的位置取代，即羟基（—OH）、氨基（—NH_2）邻对位的磺酸基容易被取代。例如：

$$\underset{SO_3H}{\underset{|}{C_6H_3}}(OH)(SO_3H) \xrightarrow{3HNO_3} O_2N-C_6H_2(OH)(NO_2)_2 + 2SO_3$$

磺化反应历程一般认为是由三氧化硫中带部分正电荷的硫原子进攻苯环而发生的亲电取代反应。反应历程如下：

$$2H_2SO_4 \rightleftharpoons H_3O^+ + HSO_4^- + SO_3$$

④ 傅瑞德尔-克拉夫茨（Friedel-Crafts）反应 1877年C. Friedel和J.M.Crafts发现了制备烷基苯和芳酮的反应，通称为傅-克反应，包括烷基化和酰基化反应。

a. 烷基化反应 凡在有机化合物分子中引入烷基的反应，叫作烷基化反应。常用的催化剂是无水$AlCl_3$，此外，有时还用$ZnCl_2$、$SnCl_4$、BF_3、无水HF、H_2SO_4（95%）、P_2O_5、H_3PO_4等。常用的烷基化试剂为RX，有时也用ROH、ROR、$RCH=CH_2$等。

$$C_6H_6 + RX \xrightarrow{催化剂} C_6H_5R + HX$$

傅-克烷基化反应是无水$AlCl_3$等路易斯酸与卤代烷作用生成烷基正离子，然后烷基正离子作为亲电试剂进攻苯环发生亲电取代反应。其历程如下：

$$R-Cl + AlCl_3 \longrightarrow R^+ + [AlCl_4]^-$$

$$C_6H_6 + R^+ \longrightarrow [C_6H_6R]^+[AlCl_4]^- \longrightarrow C_6H_5R + AlCl_3 + HCl$$

三个碳以上的卤代烷进行烷基化反应时，常伴有异构化（重排）现象发生。例如：

$$\text{C}_6\text{H}_6 + \text{CH}_3\text{CH}_2\text{CH}_2\text{Cl} \xrightarrow{\text{无水AlCl}_3} \text{C}_6\text{H}_5\text{CH(CH}_3\text{)}_2 + \text{C}_6\text{H}_5\text{CH}_2\text{CH}_2\text{CH}_3$$

异丙苯(65%~69%)　　正丙苯(31%~35%)

这是因为在进攻苯环之前，最初产生的正丙基碳正离子迅速重排为更稳定的异丙基碳正离子。

$$\text{CH}_3\text{CH}_2\text{CH}_2\text{Cl} + \text{AlCl}_3 \longrightarrow \text{CH}_3\text{CH}_2\overset{+}{\text{CH}}_2 + \text{AlCl}_4^-$$
不稳定

$$\text{CH}_3-\overset{H}{\underset{H}{\overset{|}{\text{C}}}}-\overset{+}{\text{CH}}_2 \xrightarrow{\text{重排}} \text{CH}_3\overset{+}{\text{C}}\text{HCH}_3$$
稳定

傅-克烷基化反应通常难以停留在一元取代阶段。要想得到一元烷基苯，必须使用过量的芳烃。例如：

$$\text{C}_6\text{H}_6(\text{过量}) + \text{C}_2\text{H}_5\text{Br} \xrightarrow{\text{AlCl}_3} \text{C}_6\text{H}_5\text{C}_2\text{H}_5 + \text{HBr}$$
一元取代物

烷基化反应的难易取决于烷基的结构，如活泼顺序为：三级卤代烷 > 二级卤代烷 > 一级卤代烷。若烷基相同时，活泼顺序为：RF > RCl > RBr > RI。

b. 酰基化反应　常用的酰基化试剂为酰氯或酸酐。酰基化反应是制备芳酮的重要方法之一。

$$\text{C}_6\text{H}_6 + \text{RCOCl} \xrightarrow{\text{路易斯酸}} \text{C}_6\text{H}_5\text{COR} + \text{HCl}$$

当一个酰基取代苯环后，苯环的活性就降低了，反应即行停止，不会生成多元取代物的混合物，这是和烷基化反应的主要区别。产物一般是一取代物。当苯环上连有强吸电子基团如硝基、羰基时，苯环上的电子云密度大大降低，不发生酰基化反应。反应机理如下：

$$\text{RCOCl} + \text{AlCl}_3 \longrightarrow \text{R}\overset{+}{\text{C}}\text{O} + \text{AlCl}_4^-$$

$$\underset{\text{AlCl}_4^-}{\text{RC}^+} + \text{C}_6\text{H}_6 \longrightarrow \underset{\text{AlCl}_4^-}{\overset{\text{O}}{\underset{H}{\text{RC}}}\text{-C}_6\text{H}_5^+} \longrightarrow \text{C}_6\text{H}_5\text{COR} + \text{HCl} + \text{AlCl}_3$$

反应后生成的酮与 $AlCl_3$ 络合，需再加稀酸处理，才能得到游离的酮。因此，傅-克酰基化反应与烷基化反应不同，$AlCl_3$ 的用量必须过量。

（2）加成反应

苯环虽然比较稳定，但在催化剂、高温、高压或光照条件下，也可发生某些加成反应，表现出一定的不饱和性。但苯环的加成不会停留在环己二烯或环己烯的阶段，因为苯比环己二烯和环己烯都稳定。

① 催化氢化

$$\text{C}_6\text{H}_6 + 3\text{H}_2 \xrightarrow[180\sim250℃]{\text{Ni, 加压}} \text{环己烷}$$

② 加氯

$$\text{C}_6\text{H}_6 + 3\text{Cl}_2 \xrightarrow{\text{光或紫外线}} \text{六氯环己烷}$$

六氯环己烷也称为六氯化苯，通常称为六六六。它是二十世纪七十年代以前应用最广泛的一种杀虫剂，但因毒性大，残存期长，目前已很少使用。苯环上加氢、加卤素属于自由基型的加成反应。

（3）氧化反应

① 苯环侧链的氧化　苯不易被氧化，而苯环上的侧链却容易被氧化。常用的氧化剂有高锰酸钾或重铬酸钾的酸性或碱性溶液或稀硝酸。不论侧链长短，氧化反应总是发生在 α- 碳原子上，最后都变为羧基。如果与苯环直接相连的碳上没有氢时，不被氧化。例如：

甲苯 $\xrightarrow[\text{OH}^-]{\text{KMnO}_4}$ 苯甲酸根

乙苯 $\xrightarrow[\text{H}^+]{\text{热 KMnO}_4}$ 苯甲酸

叔丁基苯 $\xrightarrow{\text{热 KMnO}_4}$ 不反应

② 苯环的氧化　在剧烈的条件下，苯环可被氧化生成顺丁烯二酸酐。

$$\text{C}_6\text{H}_6 + \text{O}_2 \xrightarrow[450\sim500℃]{\text{V}_2\text{O}_5} \text{顺丁烯二酸酐} + \text{CO}_2 + \text{H}_2\text{O}$$

第8章 芳烃化合物

【问题 8.2】

完成下列反应。

(1)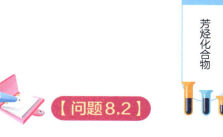

(2)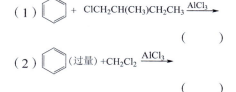

【问题 8.3】

以甲苯为原料合成邻硝基甲苯（无机试剂可任选）。

【问题 8.4】

推测并写出下列反应物的构造式。

(1) C_8H_{10}

(2) C_9H_{12}

8.4 苯环上亲电取代反应的定位规律

8.4.1 定位基的概念

在进行亲电取代反应时，苯环上原有取代基，不仅影响着苯环的取代反应活性，同时决定着第二个取代基进入苯环的位置，即决定取代反应的位置。我们就将原有取代基称为定位基。

8.4.2 两类定位基

第一类定位基（也称为邻、对位定位基）：这类定位基能使苯环活化，即第二个取代基的进入比苯容易（卤素除外），第二个取代基主要进入它的邻位和对位。常见的邻、对位定位基的定位能力由强到弱排列的顺序为：—O^-，—$N(CH_3)_2$，—NH_2，—OH，—OCH_3，—$NHCOCH_3$，—$OCOCH_3$，—F，—Cl，—Br，—I，—R，—C_6H_5 等。第一类定位基与苯环直接相连的原子上只有单键，且多数有孤对电子或负离子。

例如：

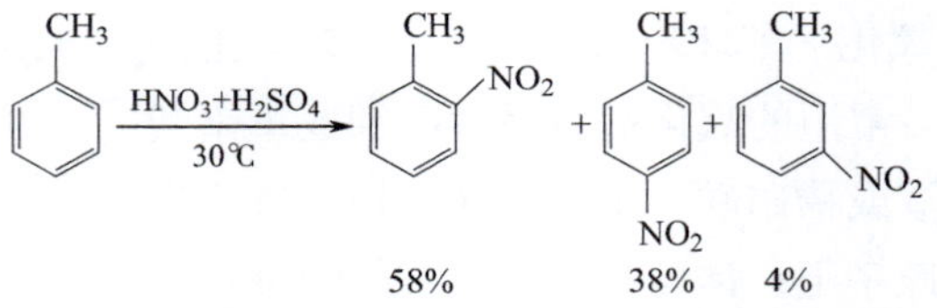

$$\text{甲苯} \xrightarrow{HNO_3+H_2SO_4}_{30℃} \text{邻硝基甲苯}(58\%) + \text{对硝基甲苯}(38\%) + \text{间硝基甲苯}(4\%)$$

第二类定位基（也称为间位定位基）：这类定位基能使苯环钝化，即第二个取代基的进入比苯困难，同时使第二个取代基主要进入它的间位。常见的间位定位基的定位能力由强到弱排列的顺序为：—$N^+(CH_3)_3$，—NO_2，—CN，—SO_3H，—CHO，—$COCH_3$，—COOH，—$COOCH_3$，—$CONH_2$，—N^+H_3等。第二类定位基与苯环直接相连的原子上有重键，且重键的另一端是电负性大的元素或带正电荷。

例如：

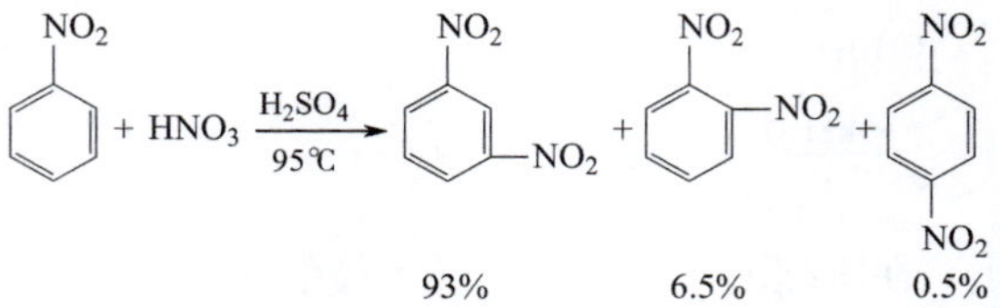

$$\text{硝基苯} + HNO_3 \xrightarrow{H_2SO_4}_{95℃} \text{间二硝基苯}(93\%) + \text{邻二硝基苯}(6.5\%) + \text{对二硝基苯}(0.5\%)$$

8.4.3 定位基的解释

在苯分子中，苯环闭合大 π 键电子云是均匀分布的，即六个碳原子上电子云密度等同。当苯环上有一个取代基后，取代基可以通过诱导效应或共轭效应使苯环上电子云密度升高或降低，同时影响到苯环上电子云密度的分布，使各碳原子上电子云密度发生变化。因此，进行亲电取代反应的难易以及取代基进入苯环的主要位置，会随原有取代基的不同而不同。下面以几个典型的定位基为例作简要解释。

（1）X= —OCOR，—NHCOR，—OR，—OH，—NH_2，—NR_2 等

这些定位基的氧原子或氮原子都直接与苯环连接。

从诱导效应来看，氧和氮的电负性强于碳，是吸电子的，但是由于这些基团中的氧或氮原子上具有孤对电子，与苯环形成了 p-π 共轭，使得氧或氮上的电子向苯环转移。这样，诱导效应和共轭效应发生了矛盾，在反应时，动态共轭效应占主导，总的结果，使电子云向苯环移动，邻、对位增加较多，使亲电取代反应比苯容易进行，反应产物主要是邻、对位异构体。

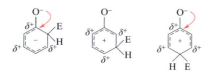

（2）X=F、Cl、Br、I

卤素对苯环具有吸电子诱导效应（−I）和给电子的 p-π 共轭效应（+C），由于 −I 强于 +C，总的结果使苯环电子云密度降低，所以卤素对苯环上亲电取代反应有致钝作用，为钝化基团，亲电取代比苯困难。但当亲电试剂攻击苯环时，动态共轭效应起主导作用，给电子的共轭效应（+C）又使卤素的邻位和对位电子云密度高于间位，因此邻、对位产物为主要产物。例如氯苯的电荷分布：

$$\text{Cl}^{+0.067}$$
$$-0.017$$
$$+0.001$$
$$-0.015$$

（3）X=—R

例如：在甲苯中，甲基的碳为 sp^3 杂化，苯环碳为 sp^2 杂化，sp^2 杂化碳的电负性比 sp^3 杂化碳的大，因此，甲基表现出给电子的诱导效应。另外，甲基 C—H σ键的轨道与苯环的 π 轨道形成 σ-π 超共轭体系。给电诱导效应和超共轭效应的结果，使苯环上电子云密度增加，尤其邻、对位增加得更多。因此，甲苯进行亲电取代反应比苯容易，而且主要发生在邻、对位上。量子化学计算结果中甲苯各碳原子上的电荷分布如下所示：

$$CH_3$$
$$-0.017$$
$$+0.001$$
$$-0.011$$

（4）X=—NO_2、—SO_3H、—CN、—CHO、—COOH、—CCl_3、—NR_3 等

这类定位基与苯环直接连接的原子都具有一定的正电荷，吸引苯环上的电子，

使苯环上的电子云密度降低，使亲电取代反应较难进行。以硝基为例：

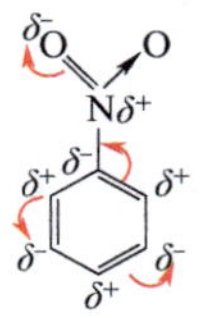

硝基的π轨道和苯环构成π-π共轭体系，由于氧、氮的电负性强于碳，使共轭体系的电子云移向硝基。诱导效应和共轭效应协同作用的结果，降低了苯环的电子云密度，其中以邻、对位为甚，而间位相对来说降低得少一些。量子化学计算结果如下：

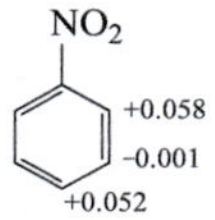

当硝基苯硝化时，可能生成下列三种σ络合物：

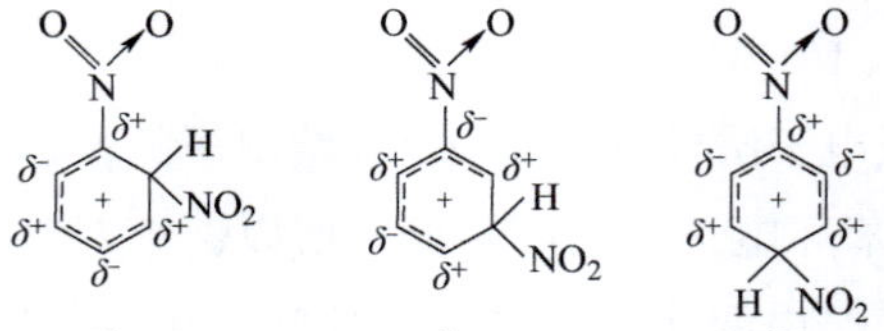

(1) 不稳定　　(2) 稳定　　(3) 不稳定

电荷越分散越稳定。硝基与带负电荷的碳相连，分散负电荷，σ络合物稳定。硝基与带正电荷的碳相连，正电荷更集中，σ络合物不稳定。因此（1）和（3）不如（2）稳定。正离子进攻邻、对位所需要的能量较间位的高，故主要产物主要是间位的。这类定位基钝化苯环，从而使亲电取代反应的速度减慢。

8.5　二元取代苯的定位规律

当苯环上有两个取代基时，第三个取代基进入苯环的位置，主要由原来的两个取代基的性质决定。大体上有三种定位情况。

① 苯环上原有两个取代基对引入第三个取代基的定位作用一致，第三个取代基进入苯环的位置就由它们共同定位。例如，下列化合物引入第三个取代基时，第三个取代基主要进入箭头所示的位置：

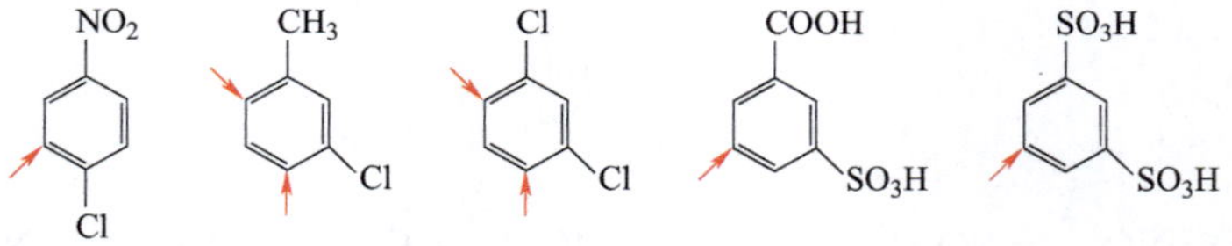

② 苯环上原有两个取代基，对进入第三个取代基的定位作用不一致，两个取

代基属同一类定位基，这时第三个取代基进入苯环的位置主要由定位作用强的取代基所决定。如果两个取代基定位作用强度较小时，得到两个定位基定位作用的混合物：

③ 苯环上原有两个取代基对引入第三个取代基的定位作用不一致，两个取代基是不同类定位基时，这时第三个取代基进入苯环的位置主要由第一类定位基定位：

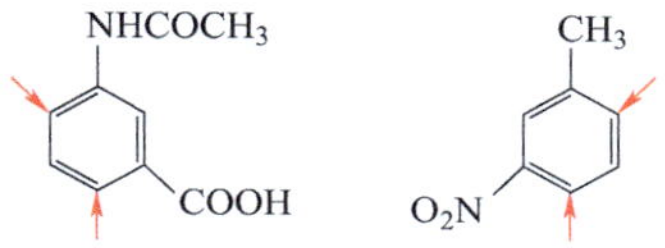

在考虑第三个取代基进入苯环的位置时，除考虑原有两个取代基的定位作用外，还应该考虑空间位阻，如 3-乙酰氨基苯甲酸的 2 位取代产物很少。

8.6 定位规律在有机合成上的应用

根据定位规律不仅能够预测反应的主要产物，而且可以选择较优的合成路线。例如：

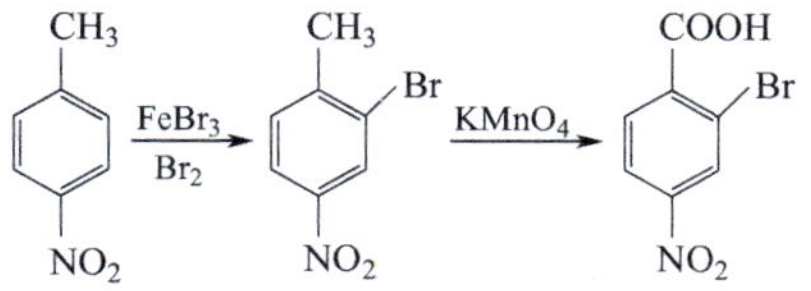

若先氧化后溴化，—CH_3 转化成钝化基团—COOH，不利于溴化反应的进行。

【问题 8.5】

将下列化合物进行一次硝化，试用箭头表示硝基进入的位置（指主要产物）。

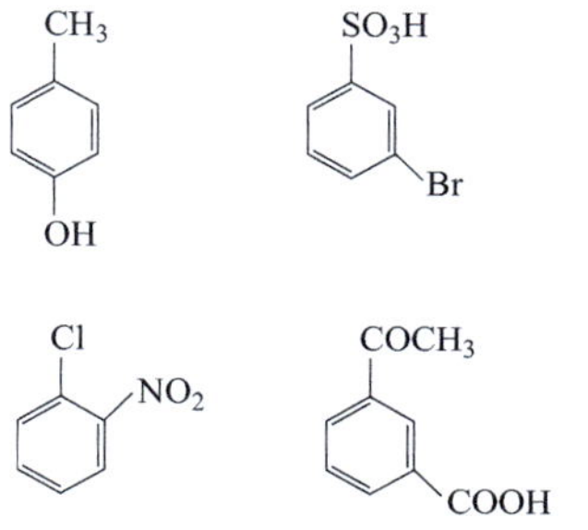

【问题 8.6】

以甲苯为原料合成下列各化合物。请提供合理的合成路线。

（1）

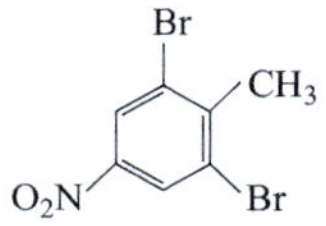

（2）间氯苯甲酸

8.7 多环芳烃

8.7.1 萘

（1）萘的结构

萘是最简单的稠环芳烃，分子式$C_{10}H_8$，是煤焦油中含量最多的一种化合物，熔点80.6℃，沸点218℃，有特殊的气味，容易升华，是主要的化工原料，常常用作防蛀剂。萘分子与苯相似也具有平面结构。每个碳原子都是sp^2杂化，每个碳原子上都剩下一个没有参加杂化的p轨道，这些p轨道可以从侧面交盖组成一个闭合的共轭体系，形成大π键，π电子是离域的。但与苯分子结构所不同的是萘分子中C—C键长不完全相等。萘的结构可表示如下：

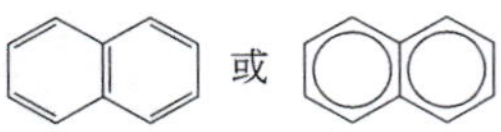
或

在萘分子中，1、4、5、8四个碳原子位置是等同的，称α位；2、3、6、7四个碳原子位置是等同的，叫β位。

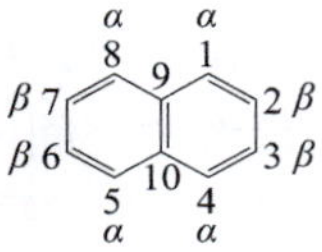
α α
8 9 1
β 7 2 β
β 6 3 β
5 10 4
α α

（2）萘的反应

萘的性质与苯相似，可发生取代、加成、氧化等反应，这些反应都比苯容易进行。

萘α位活性比β位大，发生取代时主要得到α-取代产物。例如：

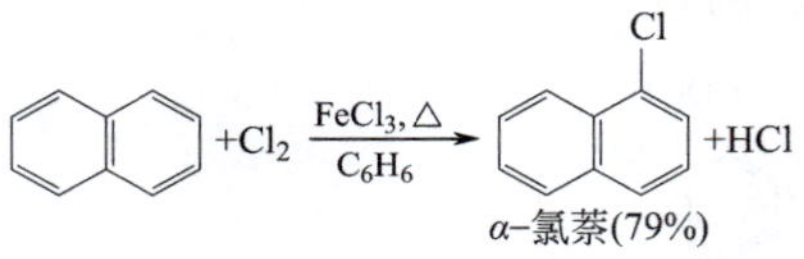
Cl
+Cl2
FeCl3,△
C6H6
+HCl
α-氯萘(79%)

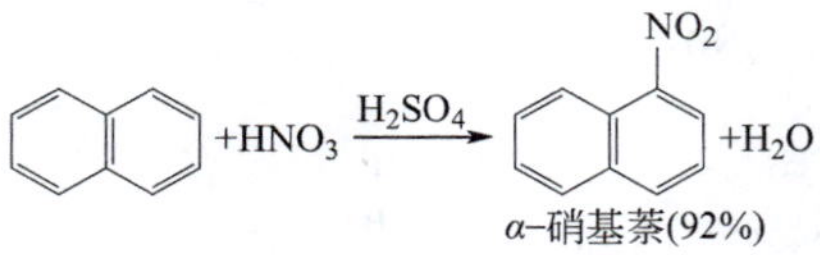
NO2
+HNO3
H2SO4
+H2O
α-硝基萘(92%)

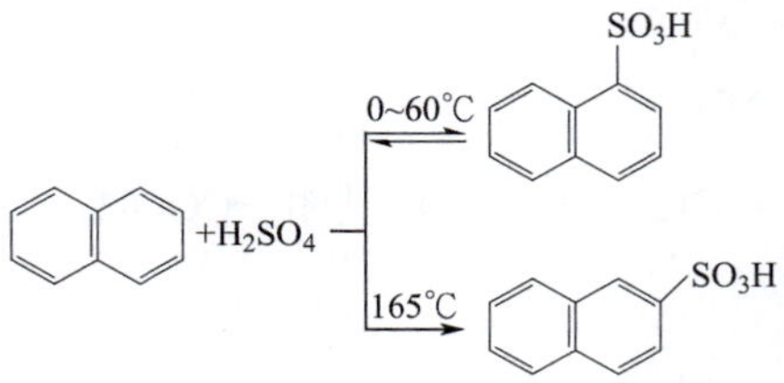
+H2SO4
0~60℃
SO3H
165℃
SO3H

萘与浓硫酸在较低温度下反应，主要产物是α-萘磺酸，在160℃以上，主要

生成 β-萘磺酸。这是因为萘 α 位比 β 位活泼，反应所需的活化能较小，反应速度快，所以低温时主要得到 α-萘磺酸，反应受动力学（速度）控制。高温时主要得到 β-萘磺酸是因为磺化反应可逆，并且 β-萘磺酸比 α-萘磺酸稳定（α-萘磺酸中由于磺酸基与8位上的氢相距较近，有一定的排斥），生成 β-萘磺酸的平衡常数也就较大。所以在高温下达到平衡时主要得到 β-萘磺酸，反应受热力学（平衡）控制。

萘的傅-克反应得到的混合物很难分离，在合成上意义不大。萘环上取代反应的一般定位规律如下：

a. 环上无取代基时，主要进入 α 位。

b. α 位上有邻、对位定位基时，新进入基团一般进入同环的另一 α 位。

c. β 位上有邻、对位定位基时，新进入基团一般进入同环的相邻的 α 位。

d. 原有取代基是间位定位基时，无论原取代基在萘环的 α 位还是 β 位，新进入基团一般进入异环的 α 位（5位或8位）。

8.7.2 联苯

联苯为无色晶体，熔点 69～70℃，沸点为 254.9℃，不溶于水而溶于有机溶剂，对热很稳定。当它与二苯醚以 26.5 : 73.5 的比例混合时，受热到 400℃ 也不分解，因此在工业上广泛用作高温传热流体。联苯是苯的苯基取代物，苯环上的一个 H 原子被苯基取代，故性质与苯相似，可发生取代反应。例如：

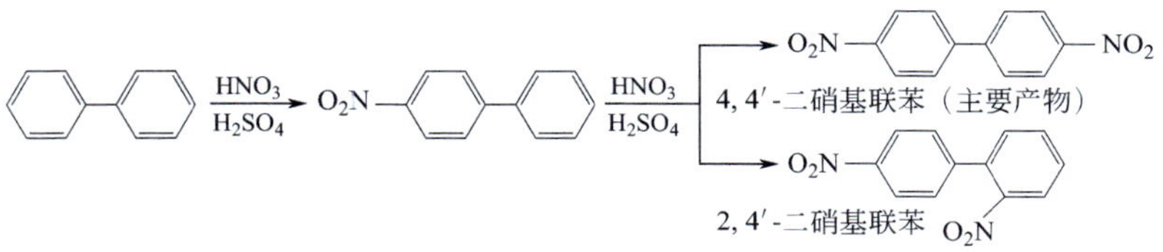

8.7.3 蒽

蒽存在于煤焦油中，分子式为 $C_{14}H_{14}$。蒽为无色晶体，熔点 216.2～216.4℃，沸点 340℃，在紫外线照射下发出强烈蓝色荧光。蒽的结构表示如下：

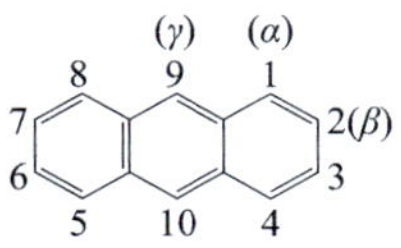

其中 1、4、5、8 四个碳地位相同称为 α 位，2、3、6、7 四个碳地位也相同称为 β 位，9、10 位等同叫 γ 位。因此蒽的一元取代物有三种异构体。γ 位比 α、β 位活泼，反应主要发生在 γ 位上。

8.7.4 菲

菲也存在于煤焦油中，分子式为$C_{14}H_{10}$，是蒽的同分异构体。菲为无色片状晶体，熔点101℃，沸点340℃，易溶于苯和乙醚，溶液发蓝色荧光。菲的结构表示如下：

一元取代物有五种异构体，反应主要发生在9、10位。

8.7.5 其他稠环芳烃

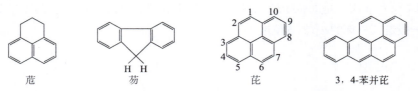

苊　　　芴　　　芘　　　3，4-苯并芘

这些物质都可以从煤焦油中提取得到。苊可看作是萘的衍生物，1、8位被亚乙基取代。芴分子中亚甲基上的H原子受到2个苯环的影响非常活泼，可被碱金属取代，具有一定的酸性。3、4-苯并芘是一种致癌物，含纤维素的物质、烃类等热解可产生3、4-苯并芘。因此，汽车尾气、汽油机、柴油机产生的废气，木材燃烧产生的烟雾中都含3、4-苯并芘，烧焦的食物中也含有它，在大气污染中致癌物主要就是3、4-苯并芘。

习题

1. 写出下列化合物的构造式。
（1）3，5-二溴-2-硝基甲苯　　（2）2，6-二硝基-3-甲氧基甲苯
（3）2-硝基对甲苯磺酸　　　　（4）三苯甲烷
（5）反二苯基乙烯　　　　　　（6）环己基苯

2. 选择或填空题。
（1）判断下列化合物苯环上亲电取代反应活性的大小顺序（　　）
A.苯　B.溴苯　C.硝基苯　D.乙苯
（2）下列苯环的亲电反应中，能可逆进行的是（　　）
A.苯的溴化　B.苯的硝化　C.傅-克酰基化　D.苯的磺化
（3）苯环亲电取代历程中生成的中间体称为（　　）

A. 自由基　　B. σ 络合物　　C. C⁻ 络合物　　D. C⁻ 中间体

（4）下列化合物中，较难进行傅-克酰基化反应的是（　　）

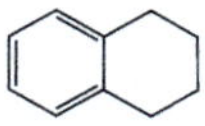

3. 完成反应。

（1） $\xrightarrow{Cl_2}{hv}$ (　　) $\xrightarrow{KOH}{C_2H_5OH}$ (　　)

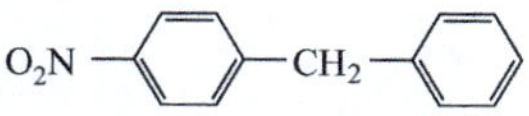

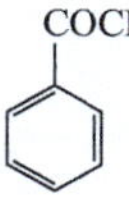

（2）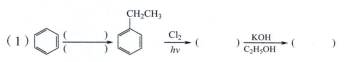

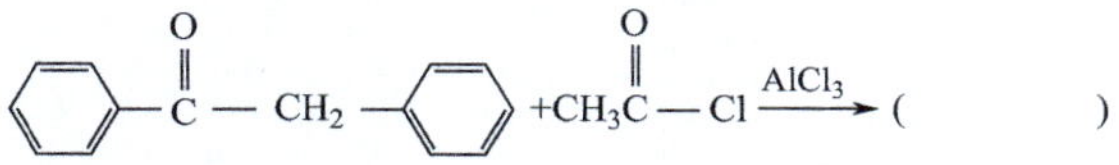

（3）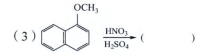

（4） 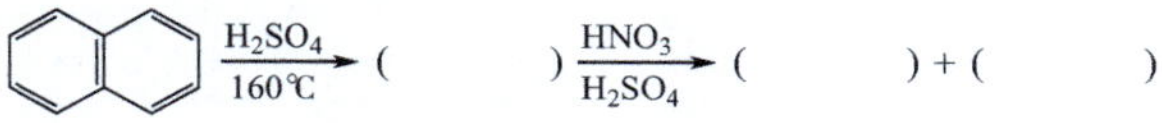 萘 $\xrightarrow{H_2SO_4}{160℃}$ (　　) $\xrightarrow{HNO_3}{H_2SO_4}$ (　　) + (　　)

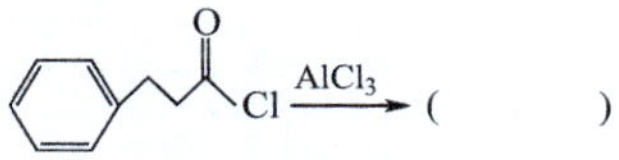

（5） PhCH₂CH₂COCl $\xrightarrow{AlCl_3}$ (　　)

（6） 萘 $\xrightarrow{2H_2}{Pt}$ (　　) $\xrightarrow{CH_3COCl}{AlCl_3}$ (　　)

4. 用简单的化学方法鉴别下面一组化合物：环己烷, 环己烯, 环己二烯, 苯。

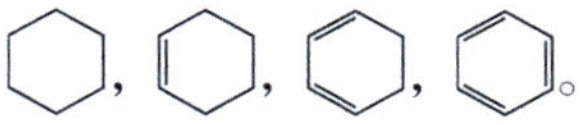

5. 推测结构。

（1）分子式为 $C_{10}H_{14}$ 的芳烃 A，有三种可能的一溴取代物 $C_{10}H_{13}Br$。A 经氧化得酸性化合物 C_8H_6O（B）。B 经一硝化只得一种硝化产物 $C_8H_5O_4NO_2$（C）。试推出 A、B、C 的结构。

（2）某芳烃的分子式为 $C_{16}H_{16}$，臭氧化分解产物为 $C_6H_5CH_2CHO$，强烈氧化得到苯甲酸。试推断该芳烃的结构。

6. 用苯或甲苯以及不超过三个碳原子有机物为原料合成下面的化合物（无机试剂可任选）。

（1）间溴苯乙酮　（2）邻硝基苯甲酸　（3）1,1-二苯基乙烷

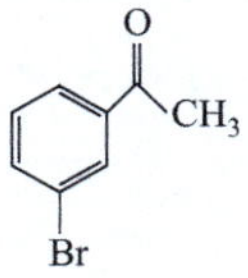

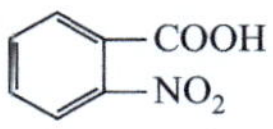

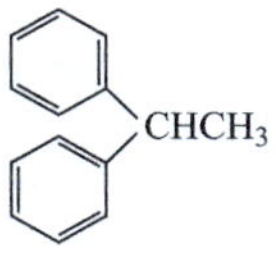

有 机 化 学

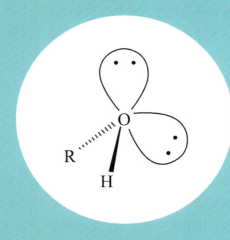

第 9 章

醇、酚、醚

内容提要

9.1 醇
9.2 酚
9.3 醚

掌握：醇、酚、醚的基本结构；醇和酚由氢键造成的性质变化；醇羟基的取代反应、酯化反应、脱水反应及氧化反应；酚的酸性及其应用、酚的显色反应、酚芳环上的亲电取代反应及酚的氧化反应；醚键的稳定性、醚的成盐与过氧化。

醇、酚、醚都是烃的含氧衍生物。脂肪烃、脂环烃或芳烃侧链上的氢原子被羟基（—OH）取代的化合物称为醇，结构通式为 R-OH，—OH 为醇的官能团。芳香环上的氢原子被羟基取代而成的化合物称为酚，结构通式为 Ar-OH，—OH 为酚的官能团。醇或酚的分子中羟基上的氢原子被烃基取代而成的化合物称为醚，结构通式为（Ar）R-O-R′（Ar′），C—O—C 为醚键，是醚的官能团。

9.1 醇

9.1.1 醇的介绍

醇可看作是由烃基和官能团（—OH）两部分组成的，羟基中的氧原子为 sp^3 不等性杂化。其中两个 sp^3 杂化轨道被两个未共用电子对占据，另外两个 sp^3 杂化轨道分别与氢原子和碳原子形成 O—H 和 O—C 两个 σ 键。醇的结构如图 9-1 所示。

图 9-1 醇的结构示意图

根据醇分子中烃基结构的不同，可以分为脂肪醇、脂环醇和芳香醇。按照烃基中是否含有重键可将其再分为饱和醇和不饱和醇；根据分子中羟基所连碳原子级数的不同分为伯醇、仲醇和叔醇；根据醇分子中所含羟基的数目可分为一元醇、二元醇、三元醇等。二元和二元以上的醇统称为多元醇。

$$
醇\begin{cases}脂肪醇、脂环醇\begin{cases}不饱和醇\begin{cases}CH_2=CH-CH_2OH\ 烯丙醇\\ CH_2=CHOH\ 乙烯醇\end{cases}\\ 饱和醇\begin{cases}一元醇\quad CH_3CH_2OH\ 乙醇\\ 多元醇\quad \underset{OH\ \ OH\ \ OH}{CH_2-CH-CH_2}\ 丙三醇\end{cases}\end{cases}\\ 芳香醇\quad C_6H_5-CH_2OH\quad 苄醇\end{cases}
$$

重要的醇有甲醇、乙醇和丙三醇。甲醇（CH_3OH），有毒，饮用 10 毫升就能使眼睛失明，再多就有使人死亡的危险。乙醇（又名酒精，CH_3CH_2OH），是中药有效成分提取的溶剂，75% 的溶液为消毒酒精；丙三醇也叫甘油，有润肤作用，临床上用甘油栓，或50％甘油溶液灌肠，以治疗便秘。

9.1.2 醇的性质

（1）醇的物理性质

$C_1 \sim C_4$的醇为具有酒味的流动液体，$C_5 \sim C_{11}$的醇为具有不愉快气味的油状液体，C_{12}以上的醇则是无臭无味的蜡状固体。醇的沸点比含同数碳原子的烷烃、卤代烷高。这是因为液态时醇分子和水分子一样，在它们的分子间有缔合现象存在。氢键缔合，使它具有较高的沸点。若分子量相近，含羟基越多沸点越高。醇分子间的缔合如图9-2所示。

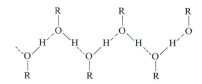

图9-2 醇分子间的缔合示意图

低级的醇能溶于水，分子量增加溶解度就降低。含有三个以下碳原子的一元醇，可以和水混溶。正丁醇在水中的溶解度很低，只有8%，正戊醇在水中的溶解度只有2%。高级醇和烷烃一样，几乎不溶于水。低级醇之所以能溶于水主要是由于低级醇分子中的羟基和水分子之间形成氢键，所以促使醇分子易溶于水。醇和水分子间形成氢键，如图9-3所示。

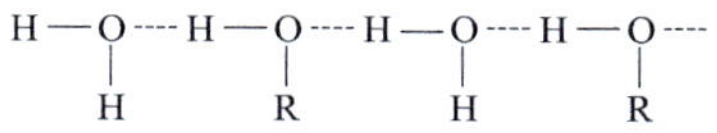

图9-3 醇和水分子间形成氢键示意图

当醇的碳链增长时，醇分子中的烃基相应增大，对羟基形成氢键的空间阻碍也相应增大，因此，使其在水中的溶解度降低，以至于不溶于水。相反，当醇中的羟基增多时，分子中能和水分子形成氢键的部位也增加了，因此二元醇的水溶性要比一元醇大。甘油富有吸湿性，故纯甘油（图9-4）不能直接用来滋润皮肤，一定要掺一些水，否则，它要从皮肤中吸取水分，使人感到刺痛。

低级醇能和一些无机盐类（如$MgCl_2$、$CaCl_2$、$CuSO_4$等）形成结晶状的分子化合物，称为结晶醇，例如$MgCl_2 \cdot 6CH_3OH$、$CaCl_2 \cdot 4C_2H_5OH$等。结晶醇不溶于有机溶剂而溶于水。利用这一性质可使醇与其他有机物分开或从反应物中除去醇类。如：加入$CaCl_2$便可除去乙醚中的少量乙醇。表9-1列出了一些醇的物理常数。

图9-4 甘油

表 9-1　一些醇的物理常数

名称	熔点/℃	沸点/℃	溶解度/(g/100g水)	相对密度(20℃)	折射率
甲醇	−97.8	64.7	∞	0.792	1.3288
乙醇	−114	78.3	∞	0.789	1.3611
正丙醇	−126.3	97.2	∞	0.804	1.3850
异丙醇	−88	82.3	∞	0.786	1.3766
正丁醇	−89.8	117.7	7.9	0.810	1.3993
异丁醇	−108	108.0	10.0	0.802	1.3959
叔丁醇	25.5	82.5	∞	0.789	1.3878
正戊醇	−78.5	138.0	2.4	0.817	1.4101
正己醇	−52	156.5	0.6	0.819	1.4162
烯丙醇	−129	97	∞	0.855	1.4135
环己醇	24	161.5	3.6	0.962	1.465
苯甲醇	−15	205	4	1.046	1.5396
乙二醇	−16	197.9	∞	1.113	1.430
丙三醇	18	290	∞	1.261	1.475

【问题9.1】

下列化合物沸点最高的是（　　）。

（2）醇的化学性质

醇的化学性质主要与官能团—OH有关，同时也受到烃基的影响。醇分子中的C—O键和H—O键都是极性键，易受到亲电试剂进攻而发生取代、氧化等反应。醇能发生反应的主要部位如虚线所示：

$$R-\overset{|}{\underset{|}{C}}\vdots O\vdots H$$

① 与活泼金属的反应　与水相似，醇也有一定的酸性，但醇的酸性较水弱，与金属钠的反应也不像水那样剧烈，比较缓慢，放出的热量也不足以使产生的氢气燃烧。因此，可以利用这个反应来处理残余的金属钠。

$$HOH + Na \longrightarrow NaOH + \frac{1}{2}H_2\uparrow$$

$$ROH + Na \longrightarrow RONa + \frac{1}{2}H_2\uparrow$$

与氢比较，R是给电子基团，这样在ROH中氧的电子云密度升高，致使O—H键断裂较水困难；另外，ROH失去H$^+$后的剩余部分RO$^-$，由于R的给电子诱导效应RO$^-$的负电荷更加集中，因而RO$^-$比OH$^-$更不稳定，也就是说，ROH中的H⁺解离较水困难，所以醇的酸性较水弱。

醇与其他活泼金属如K、Mg、Al等也能发生反应，生成相应的醇金属，并放出氢气。这个反应随着醇分子中烃基的增大而反应速率减慢。这是因为羟基上的氢原子的活性大小取决于O—H键断裂的难易。例如叔醇羟基上的氧受到3个给电子基团（R）的影响，致使氧原子上的电子云密度较高，氢与氧的结合较牢，难以被取代。而伯醇羟基上的氧原子只受到一个给电子基团（R）的影响，致使氧原子上的电子云密度较低，O—H上受到的束缚较小，容易被取代。因此，醇与活泼金属的反应活性是：

$$CH_3OH > RCH_2—OH > R—CH—OH > R—C—OH$$
$$\qquad\qquad\qquad\qquad\quad | \qquad\qquad |$$
$$\qquad\qquad\qquad\qquad\quad R \qquad\qquad R$$

醇的酸性比水弱，故醇钠遇到水即分解成原来的醇和氢氧化钠。

$$RONa + H_2O \rightleftharpoons ROH + NaOH$$

这是一个可逆反应，平衡有利于醇钠的水解。工业上制备乙醇钠是通过乙醇和固体NaOH作用，并常在反应中加苯进行共沸蒸馏除去水，使反应向生成醇钠的方向移动。

醇钠和醇钾在有机合成中常用作碱性试剂或用作引入烷氧基的试剂，异丙醇铝是常用的还原剂。

② 与氢卤酸的反应

$$R—OH + HX \rightleftharpoons R—X + H_2O$$

醇与氢卤酸反应生成卤代烃和水，这是卤代烃水解的逆反应。为了有利于卤代烷的生成，通常可使一种反应物过量，或从生成物中移去一种产物。反应速率与HX的性质和醇的结构有关。

HX的活性顺序为：HI > HBr > HCl。

醇的反应活性顺序为：苄醇、烯丙醇 > 叔醇 > 仲醇 > 伯醇。

当伯醇与氢碘酸（47%）一起加热就可生成碘代烃。

$$RCH_2OH + HI \xrightarrow{\triangle} RCH_2I + H_2O$$

与氢溴酸（48%）作用是必须在H₂SO₄存在下加热才能生成溴代烃。

$$RCH_2OH + HBr \xrightarrow[\triangle]{H_2SO_4} RCH_2Br + H_2O$$

与浓盐酸作用必须有氯化锌存在并加热才能生成氯代烃。

$$RCH_2OH + HCl \xrightarrow[\triangle]{ZnCl_2} RCH_2Cl + H_2O$$

烯丙型醇（$CH_2=CHCH_2OH$ 或 $C_6H_5CH_2OH$）和叔醇在室温下和浓盐酸一起振荡就有氯代烃生成。

$$\text{CH}_2=\text{CHCH}_2\text{CH}_2\text{OH} \xrightarrow[\text{室温}]{\text{浓HCl}} \text{CH}_2=\text{CHCH}_2\text{CH}_2\text{Cl}$$

$$(\text{CH}_3)_3\text{C-OH} \xrightarrow[\text{室温}]{\text{浓HCl}} (\text{CH}_3)_3\text{C-Cl}$$

无水氯化锌的浓盐酸溶液称为卢卡斯（Lucas）试剂，该试剂与伯、仲、叔醇在常温下作用，叔醇最快，仲醇次之，伯醇最慢。由于反应中生成的卤代烷不溶于水而出现浑浊或分层现象，观察反应物分层或浑浊的快慢，就可区别伯、仲、叔醇。

叔醇 ⎫
仲醇 ⎬ HCl+ZnCl$_2$
伯醇 ⎭

- 叔醇：立即浑浊，分层（1分钟内）
- 仲醇：较慢，静置片刻才变浑浊、分层（几分钟后）
- 伯醇：常温下不发生作用（加热后反应）

如果用亚硫酰氯（二氯亚砜）或三卤化磷与醇作用来制备卤代烃，反应不发生重排。例如：

$$\text{CH}_3\text{CH}_2\text{CH}_2\text{CH}_2\text{OH} + \text{SOCl}_2 \longrightarrow \text{CH}_3\text{CH}_2\text{CH}_2\text{CH}_2\text{Cl} + \text{SO}_2\uparrow + \text{HCl}\uparrow$$

注意：反应用溶剂不同，产物的构型也不一样。例如：

$$\text{R-OH} + \text{SOCl}_2 \xrightarrow{\text{吡啶}} \text{RCl} + \text{SO}_2\uparrow + \text{HCl}\uparrow$$
主要是构型翻转产物

$$\text{R-OH} + \text{SOCl}_2 \xrightarrow{\text{乙醚}} \text{RCl} + \text{SO}_2\uparrow + \text{HCl}\uparrow$$
主要是构型保持产物

副产物 SO_2 和 HCl 均为气体，易于分离，并且生成的氯代烷的产率较高，这是制备氯代烷的重要方法。

也可以用三溴化磷或五溴化磷与醇反应，如：

$$3(\text{CH}_3)_3\text{C-CH}_2\text{OH} + \text{PBr}_3 \longrightarrow 3(\text{CH}_3)_3\text{C-CH}_2\text{Br} + \text{P(OH)}_3$$

实际操作中往往是用红磷和溴或碘代替 PBr_3 或 PI_3。因为红磷和溴或碘能很快作用生成 PBr_3、PI_3。

③ 与含氧无机酸的反应　醇与含氧无机酸作用，失去一分子水，生成的产物统称为无机酸酯。主要介绍醇与 H_2SO_4、HNO_3 的反应。

a. 与 H_2SO_4 的反应

$$\text{CH}_3\text{OH} + \text{H}_2\text{SO}_4 \rightleftharpoons \underset{\text{硫酸氢甲酯}}{\text{CH}_3\text{-O-SO}_3\text{H}} + \text{H}_2\text{O} \xrightarrow[\triangle]{\text{减压蒸馏}} \underset{\text{硫酸二甲酯}}{(\text{CH}_3\text{O})_2\text{SO}_2} + \text{H}_2\text{SO}_4$$

硫酸二甲酯是很好的烷基化试剂，但硫酸二甲酯有剧毒，对呼吸器官和皮肤都有强烈的刺激作用。

高级醇的硫酸酯钠盐可用作表面活性剂，如十二烷基硫酸钠是一种合成洗涤剂的主要成分。

b. 与HNO_3的反应　醇与硝酸作用生成硝酸酯。多元醇的硝酸酯受热分解可引起爆炸，因此，常用来制造烈性炸药。例如，丙三醇与硝酸作用生成丙三醇三硝酸酯（俗称硝化甘油）。

$$\begin{matrix} CH_2-OH \\ | \\ CH-OH \\ | \\ CH_2-OH \end{matrix} + 3HNO_3 \xrightarrow[-3H_2O]{H_2SO_4} \begin{matrix} CH_2-ONO_2 \\ | \\ CH-ONO_2 \\ | \\ CH_2-ONO_2 \end{matrix}$$

甘油　　　　　　　　　　甘油三硝酸酯（俗称硝化甘油）

硝化甘油还能用于血管舒张，治疗心绞痛和胆绞痛。

④ 脱水反应　在质子酸（如H_2SO_4、H_3PO_4等）或路易斯酸（如Al_2O_3）的催化下，加热可发生醇分子内脱水或分子间脱水，催化剂可加速脱水反应的进行。例如：

$$2CH_3CH_2OH \xrightarrow[\text{或}Al_2O_3, 240℃]{\text{浓}H_2SO_4, 140℃} CH_3CH_2OCH_2CH_3 + H_2O$$

$$(CH_3)_3COH \xrightarrow[87℃]{46\%H_2SO_4} (CH_3)_2C=CH_2 + H_2O$$

但究竟按何种方式进行脱水，主要取决于醇的结构和反应条件。过量的酸和高温有利于烯烃的生成，过量的醇和较低的温度有利于醚的生成。叔醇脱水只生成烯烃。不同结构的醇脱水的难易顺序为：叔醇＞仲醇＞伯醇。仲醇、叔醇分子内脱水，若有两种不同的取向时，遵守札依采夫规则，即生成的主要产物是含取代烃基最多的烯烃。

⑤ 氧化和脱氢反应　广义地讲，在有机化合物的分子中加入氧或脱去氢的反应都叫作氧化反应。由于羟基的影响，醇分子的α-H比较活泼容易被氧化剂氧化或在催化剂存在下脱氢。伯醇氧化先生成醛，醛继续氧化生成羧酸。例如：

$$CH_3CH_2OH \xrightarrow{K_2Cr_2O_7/H_2SO_4} CH_3-\overset{O}{\underset{\|}{C}}-H \uparrow \text{（乙醛）蒸出，脱离反应体系}$$
$$\downarrow [O] \text{ 若继续反应}$$
$$CH_3COOH$$

如果要得到醛，必须在反应过程中把生成的醛蒸馏出去，以防止进一步氧化成羧酸。由于醛的沸点比相应的醇低，因此这一过程可以实现。如果选用特殊的氧化剂，如氧化铬吡啶络合物，产物也可停留在醛这一步。例如：

$$\begin{matrix} Et_2C-CH_2OH \\ | \\ CH_3 \end{matrix} \xrightarrow[CH_2Cl_2, 25℃]{CrO_3 \cdot 2C_5H_5N} \begin{matrix} Et_2C-CHO \\ | \\ CH_3 \end{matrix} + H_2O$$

2-甲基-2-乙基丁醛

仲醇氧化则生成酮。例如：

【问题9.2】

用简单的化学方法区别下面一组化合物：2-丁醇，1-丁醇，2-甲基-2-丙醇。

【问题9.3】

不对称的仲醇和叔醇进行分子内脱水时，消除的取向应遵循（　　）。
A. 马氏规则　B. 次序规则
C. 札依采夫规则　D. 醇的活性次序

【问题9.4】

写出下列醇在硫酸存在下脱水活性从大到小的顺序，并解释之。

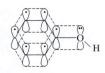

图9-5　苯酚的p-π共轭示意图

硝酸与重铬酸钾的混合溶液在常温时能氧化大多数伯、仲醇，使溶液变绿。叔醇不能发生氧化反应，因此可用这个方法区别叔醇与伯、仲醇。例如，检查司机是否酒后驾车的呼吸分析仪就是应用酒中所含乙醇被氧化后溶液颜色要变化的原理设计的。当然，检查司机是否酒后驾车的呼吸分析仪种类还有很多。

醇的脱氢反应是指在催化剂的作用下，醇羟基上的氢原子和α-H的脱除反应。伯醇和仲醇脱氢后生成的产物分别是醛和酮。例如：

$$CH_3CH_2OH \xrightleftharpoons[250\sim350℃]{Cu} CH_3CHO+H_2$$

$$CH_3CHCH_3 \xrightleftharpoons[400\sim500℃]{Cu} CH_3-\overset{O}{\underset{\|}{C}}-CH_3+H_2$$
| |
OH

一般醇的催化脱氢反应是可逆的，为了使反应完全，往往通入一些空气使消除下来的氢转变成水。现在工厂中由甲醇制甲醛，由乙醇制乙醛都是采用这个方法。

9.2　酚

9.2.1　酚的介绍

最简单的酚为苯酚，现以苯酚为例来讨论酚的结构。苯酚的羟基直接与芳环上的sp²杂化碳原子相连，羟基中氧原子的未杂化的未共用电子对所在的p轨道与芳环上的大π键平行重叠，构成p-π共轭体系。如图9-5所示。

酚的毒性一般较大，杀菌和防腐作用是酚类化合物的重要特性之一，消毒用的"来苏水"即甲酚（甲基苯酚各异构体的混合物）与肥皂溶液的混合液。

9.2.2　酚的性质

（1）酚的物理性质

常温下，除少数烷基酚（如间甲基苯酚）为高沸点的液体外，大多数酚为结晶固体。纯净的酚是无色的，由于酚容易氧化往往带有红色至褐色。低级酚都有特殊的刺激性气味，尤其对眼睛、呼吸道黏膜、皮肤等有强烈的刺激和腐蚀作用。由于酚中的羟基也可以形成分子间氢键，因此，酚类化合物的熔点和沸点比分子量相近的芳烃、芳卤要高，而且多元酚的熔点和沸点更高。酚的相对密度都大于1。在酚类化合物中，由于芳基的存在，一般的一元酚在水中的溶解度都较小，而多元酚的溶解度则较大（对苯二酚除外）。常见的酚类化合物在乙醇、乙醚、苯及卤代烃等有机溶剂中都有良好的溶解性。常见酚的物理常数见表9-2。

表9-2 常见酚的物理常数

名称	熔点/℃	沸点/℃	溶解度/(g/100g水)	K_a（25℃）
苯酚	43	182	6.7	1.28×10^{-10}
邻甲苯酚	30	191	3.1	6.3×10^{-11}
间甲苯酚	11	201	2.4	9.8×10^{-11}
对甲苯酚	35.5	201	2.4	6.7×10^{-11}
邻苯二酚	105	245	45	4×10^{-11}
间苯二酚	110	281	123	4×10^{-10}
对苯二酚	170	286	8	1×10^{-10}
连苯三酚	133	309	62.5	1×10^{-7}
偏苯三酚	140	—	易溶	—
均苯三酚	219	—	1.13	1×10^{-7}
α-萘酚	94	280	不溶	—
β-萘酚	122	286	0.07	—

在一取代苯酚中，邻位异构体可以形成分子内氢键，这种作用导致邻位取代苯酚的蒸气压比对位取代苯酚的要高，这就是为什么邻硝基苯酚可以用水蒸气蒸馏法与它的两个异构体分离的原因。

对硝基苯酚分子因硝基与羟基相距较远不能形成分子内氢键，但它能与水分子形成分子间氢键，所以对硝基苯酚在水中的溶解度比邻硝基苯酚的大。

间位和对位硝基苯酚能形成分子间氢键而使物质的

邻硝基苯酚分子内氢键

对硝基苯酚与水形成氢键

对硝基苯酚分子间氢键

熔点和沸点较邻硝基苯酚要高。

一些取代酚的物理常数如表9-3所示。

表9-3 一些取代酚的物理常数

化合物	OH	HO—〇—Cl			HO—〇—NO₂			HO—〇—OH		
		$o-$	$m-$	$p-$	$o-$	$m-$	$p-$	$o-$	$m-$	$p-$
熔点/℃	41	9	33	43	45	96	114	104	110	173
沸点/℃	182	173	214	220	217	194（9333Pa）	279（分解）	246	281	286
溶解度/(g/100g水)	9.3	2.8	2.6	2.7	0.2	1.4	1.7	45	123	8

【问题9.5】

在下列化合物中，哪些可以形成分子内氢键，哪些可以形成分子间氢键？

A. 对硝基苯酚
B. 邻硝基苯酚
C. 邻甲苯酚
D. 邻氟苯酚

（2）酚的化学性质

酚分子中的羟基与芳环直接相连，受到苯环的共轭影响，因此在性质上与醇羟基有明显的不同。

① 酚的酸性　苯酚具有弱酸性（大多数酚的pK_a=10），其酸性比水和醇强，但比碳酸弱（pK_a=6.38）。酚羟基上的氢可以被活泼金属取代放出氢气，还能与强碱溶液作用生成易溶于水的盐。而在苯酚钠溶液中通入二氧化碳气体，苯酚即游离出来。

$$\text{C}_6\text{H}_5\text{—OH} + \text{NaOH} \longrightarrow \text{C}_6\text{H}_5\text{—ONa} + \text{H}_2\text{O}$$

$$\text{C}_6\text{H}_5\text{—ONa} + \text{CO}_2 + \text{H}_2\text{O} \longrightarrow \text{C}_6\text{H}_5\text{—OH} + \text{NaHCO}_3$$

溶于水　　　　　　　　　　不溶于水

可根据这一特性将酚与羧酸进行区别及用于酚的提纯。

化合物酸性的强弱，主要取决于该化合物电离的难易程度及电离产物的稳定性。在苯酚中，氧原子是采用sp²杂化的，氧原子上的未共用电子对所在的轨道与苯环形成p-π共轭体系，共轭使氧原子上未共用电子对所带来的电荷分散，引起了正负电荷的分离，使体系的能量增加，稳定性相应降低，O—H键被削弱，因此，苯酚电离较容易。苯酚电离后生成的苯氧负离子（共轭碱），由于氧上所带的负电荷分散到共轭体系中，其能量降低，稳定性增大，有利于苯酚的电离。

$$\underset{\text{酸}}{C_6H_5\ddot{O}-H} \longrightarrow \underset{\text{共轭碱}}{C_6H_5O^-} + H^+$$

如果苯环上连有吸电子基团，可使酚的酸性增强。如果连有给电子基团，可使酚的酸性减弱。例如：

邻甲苯酚 < 苯酚 < 邻氯苯酚 < 邻硝基苯酚 < 2,4-二硝基苯酚 < 2,4,6-三硝基苯酚

pK_a　　10.20　　　9.95　　　8.11　　　7.71　　　4.09　　　0.38

② 生成酚醚和酯　酚在碱性条件下，可与伯卤烷反应生成醚，这一反应也称为威廉姆逊（Williamson）制醚法。

$$C_6H_5OH \xrightarrow{-OH} \underset{\text{亲核试剂}}{C_6H_5O^-} \xrightarrow{RX} C_6H_5-O-R + X^-$$

该反应以苯氧负离子作为亲核试剂，与伯卤烷进行双分子亲核取代，如果使用叔卤代烷，则主要得到消除产物烯烃，如果使用仲卤代烷，则有部分发生消除得到烯烃。

苯甲醚或苯乙醚也可以硫酸二甲酯或硫酸二乙酯作为烷基化试剂来制备。

$$C_6H_5OH \xrightarrow{-OH} \underset{\text{亲核试剂}}{C_6H_5O^-} \xrightarrow{(CH_3)_2SO_4} \underset{\text{苯甲醚}}{C_6H_5-O-CH_3} + CH_3OSO_3^-$$

酚醚在碱性及氧化剂环境中是稳定的，在强酸条件下会分解得到原来的酚，利用这一特性，可将易被氧化的酚羟基转化成醚进行保护，待反应结束后，再用强酸将其分解得到原来的酚。这在有机合成中有重要的用途。

在酸的催化下，酚与羧酸作用也能生成酯，但要比醇困难得多，且产率不高。这是因为酚与醇不同，它与有机羧酸直接酯化生成酯的平衡常数非常小，所以酚通常要在碱性条件下与酰氯反应或在浓H_2SO_4条件下与酸酐等反应才能生成酯。例如：

$$C_6H_5OH + (CH_3CO)_2O \xrightarrow[80\sim90℃]{\text{浓}H_2SO_4} C_6H_5-OCOCH_3 + CH_3COOH$$

$$p-CH_3C_6H_4OH + CH_3COCl \xrightarrow{NaOH} p-CH_3C_6H_4-OCOCH_3 + CH_3COOH$$

③ 与 $FeCl_3$ 的显色反应　苯酚遇 $FeCl_3$ 显紫色。

$$6C_6H_5OH + FeCl_3 \longrightarrow H_3[Fe(OC_6H_5)_6] + 3HCl$$
　　苯酚　　　　　　　　　紫色（络离子）

不同的酚遇 $FeCl_3$ 显示不同的颜色（见表 9-4），常用于区别酚类化合物。

表 9-4　不同的酚与 $FeCl_3$ 反应产生的颜色

化合物	产生的颜色	化合物	产生的颜色
苯酚	蓝紫	对苯二酚	暗绿色结晶
邻甲苯酚	蓝	1,2,3-苯三酚	浅棕红
间甲苯酚	蓝	1,3,5-苯三酚	紫
对甲苯酚	蓝	α-萘酚	紫
邻苯二酚	深绿	β-萘酚	绿
间苯二酚	紫	水杨酸	紫红

除酚类化合物外，凡具有稳定的烯醇式 $\begin{matrix} \\ \end{matrix}$C=C—OH 结构的化合物与三氯化铁都能发生颜色反应。

④ 酚芳环上的亲电取代反应　羟基是很强的邻、对位定位基，可使苯环活化，因此酚的亲电取代反应比苯容易进行，且主要发生在羟基的邻位和对位，可以发生苯环上的卤化、硝化、磺化、傅-克烷基化反应，产生邻、对位取代物，还可产生多元取代物。

　　a. 卤化反应

$$\underset{}{\text{C}_6\text{H}_5\text{OH}} + 3Br_2 \xrightarrow{H_2O} \underset{\text{(白色)}}{2,4,6\text{-}Br_3C_6H_2OH} \downarrow + 3HBr$$

如果继续向三溴苯酚中加入溴水，则进一步反应生成黄色的四溴化物沉淀，后者可看作是醌的溴化物，它可还原为三溴苯酚。

$$\underset{}{2,4,6\text{-}Br_3C_6H_2OH} + Br_2 \xrightleftharpoons[NaHSO_3]{H_2O} \underset{\text{(黄色)}}{\text{四溴化物}} \downarrow + HBr$$

这个反应很灵敏，极稀的苯酚溶液（10μg/g）也能与溴水生成沉淀，此反应常可用作苯酚的鉴别和定量测定。如检验废水中酚的含量就用此反应。

如需制备一溴代苯酚，则反应要在低温，CS_2、CCl_4 等非极性溶剂的条件下进行，且以对位产物为主。

$$2 \underset{}{\text{C}_6\text{H}_5\text{OH}} + 2\text{Br}_2 \xrightarrow[\text{CS}_2]{0\,^\circ\text{C}} \text{4-BrC}_6\text{H}_4\text{OH} + \text{2-BrC}_6\text{H}_4\text{OH} + 2\text{HBr}$$

b. 硝化反应

$$\text{C}_6\text{H}_5\text{OH} \xrightarrow[\text{室温}]{\text{稀HNO}_3} \text{2-O}_2\text{NC}_6\text{H}_4\text{OH} + \text{4-O}_2\text{NC}_6\text{H}_4\text{OH}$$

邻、对位硝化产物的分离，可用水蒸气蒸馏法。

$$\text{C}_6\text{H}_5\text{OH} \xrightarrow{\text{浓HNO}_3} \text{2,4,6-(O}_2\text{N)}_3\text{C}_6\text{H}_2\text{OH} + \text{H}_2\text{O}$$

2,4,6-三硝基苯酚（苦味酸）

苦味酸为黄色结晶，熔点123℃，是一种有毒的有机强酸（pK_a=0.38），也是一种烈性炸药。

c. 磺化反应　酚的磺化产物中各组分的比例与温度有关，室温下反应的主要产物为邻羟基苯磺酸；反应在100℃下进行时，主要产物为对羟基苯磺酸。将邻羟基苯磺酸与硫酸在100℃下共热，也可以得到对羟基苯磺酸。

$$\text{C}_6\text{H}_5\text{OH} \xrightarrow[\text{H}_2\text{SO}_4]{25\,^\circ\text{C}} \text{2-HO}_3\text{SC}_6\text{H}_4\text{OH} \xrightarrow[100\,^\circ\text{C}]{\text{H}_2\text{SO}_4} \text{4-HO}_3\text{SC}_6\text{H}_4\text{OH}$$

$$\text{C}_6\text{H}_5\text{OH} \xrightarrow{100\,^\circ\text{C}} \text{4-HO}_3\text{SC}_6\text{H}_4\text{OH}$$

酚的磺化反应也是可逆的，在稀硫酸中回流又可除去磺酸基。

d. 傅-克烷基化反应　酚容易进行傅-克烷基化反应，一般以对位产物为主，当对位已有取代基时，则进入邻位。例如：

$$\text{C}_6\text{H}_5\text{OH} + (\text{CH}_3)_3\text{CCl} \xrightarrow{\text{HF}} \text{4-(CH}_3)_3\text{CC}_6\text{H}_4\text{OH}$$

$$\text{4-CH}_3\text{C}_6\text{H}_4\text{OH} + 2(\text{CH}_3)_2\text{C}=\text{CH}_2 \xrightarrow{\text{H}_2\text{SO}_4} \text{2,6-((CH}_3)_3\text{C)}_2\text{-4-CH}_3\text{C}_6\text{H}_2\text{OH}$$

2,6-二叔丁基-4-甲基苯酚（简称二四六）

【问题9.6】

用简单的化学方法分离苯和苯酚。

【问题9.7】

比较下列各化合物的酸性强弱，并解释之。

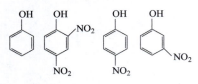

【问题9.8】

以 ⌬ 为原料，无机试剂任选，合成 邻溴苯酚。

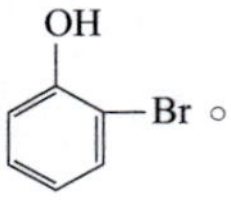

2,6-二叔丁基-4-甲基苯酚可用作有机物的抗氧化剂，白色结晶固体，熔点70℃。

⑤ 酚的氧化反应　酚很容易被氧化，苯酚长期与空气接触，随氧化反应的进行，颜色逐渐变深。与重铬酸钾的硫酸溶液作用，则氧化成对苯醌。

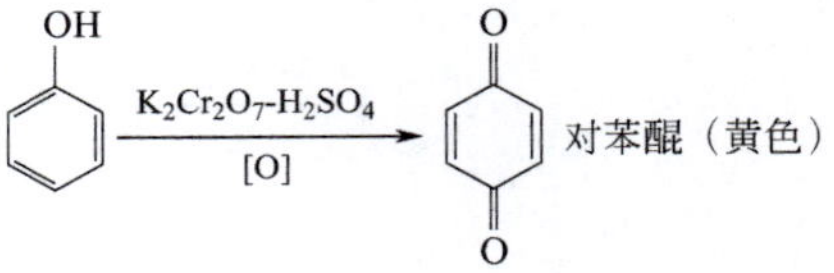

$$\text{苯酚} \xrightarrow[\text{[O]}]{K_2Cr_2O_7\text{-}H_2SO_4} \text{对苯醌（黄色）}$$

多元酚在碱性溶液中更容易氧化。例如茶叶、新鲜蔬菜、去皮的水果、荔枝等放置后变褐的现象，也是其中所含的多元酚被空气氧化的结果。利用此性质，对苯二酚可作为显影剂，将感光后的溴化银还原为金属银。

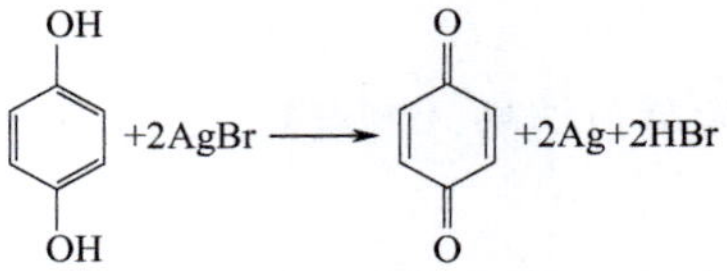

$$\text{对苯二酚} + 2AgBr \longrightarrow \text{对苯醌} + 2Ag + 2HBr$$

对苯二酚也是一种阻聚剂。如苯乙烯易聚合，因此储藏时，常加入对苯二酚作阻聚剂。

⑥ 酚的还原反应

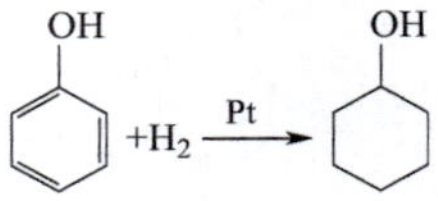

$$\text{苯酚} + H_2 \xrightarrow{Pt} \text{环己醇}$$

9.3 醚

9.3.1 醚的介绍

醚也可以看作是水分子中的两个氢原子被烃基取代后所得到的化合物。C—O—C 键是醚类化合物的结构特征，在脂肪族醚中氧原子是以 sp^3 杂化状态分别与两个烃基的碳原子形成两个 σ 单键，氧原子上两对未共用电子对占据两个 sp^3 轨道。脂肪族醚的 ∠COC 键角大约为 110°；最简单的二甲醚 ∠COC 键角为 111.7°，比水和甲醇的略大。醚的几何构型为 V 型，而不是直线型的，它有一个小的偶极矩，所以醚是一个弱极性分子。

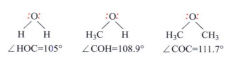

乙醚是易挥发的无色液体，沸点34.5℃。乙醚蒸气与空气混合达到一定比例遇火即爆炸，爆炸极限为1.85%～36.5%。甲醚、环氧乙烷、四氢呋喃、1,4-二氧六环等可以与水混溶。醚是良好的溶剂，如乙醚是常用的有机溶剂和萃取剂，在医药上还可用作麻醉剂。

9.3.2 醚的性质

（1）醚的物理性质

常温下除甲醚、甲乙醚为气体外，大多数醚为无色、有香味、易挥发、易燃烧的液体。醚分子中由于没有同氧原子相连的氢，分子间不能形成氢键缔合，因此其沸点比相应的醇、酚低得多，与分子量相当的烷烃接近。因为醚分子中氧原子仍能与水分子中的氢原子形成氢键，因此醚同相同碳原子数的醇在水中的溶解度相近。常见醚的物理常数见表9-5。

表9-5 常见醚的物理常数

名称	熔点/℃	沸点/℃	相对密度	折射率
甲醚	−138.5	−23	0.661	—
甲乙醚	—	10.8	0.725	1.3420
乙醚	−116	35.4	0.7140	1.3526
乙丙醚	−79	63.6	—	—
丙醚	−122	91	0.736	1.3809
异丙醚	−86.4	68	0.735	1.3679
甲正丙醚	—	39	0.733	—
正丁醚	−95	142	0.768	1.3992
环氧乙烷	−113.3	10.7	0.8969	1.3597
四氢呋喃	−108.56	67	0.8892	1.4050
1,4-二氧六环	11.8	101	1.0337	1.4224
苯甲醚	−37.5	155	0.9961	1.5179
苯乙醚	−29.5	170	0.966	1.5076

（2）醚的化学性质

醚键（C—O—C）比较稳定，所以醚对碱、氧化剂、还原剂都很稳定，在常温下醚也不与金属钠作用。但在一定条件下，醚也能发生某些化学反应。

① 𨦡盐的生成　醚的氧原子上有未共用的电子对，是一个路易斯碱，可以与强酸作用，接受质子形成𨦡盐。醚由于生成𨦡盐而溶解于浓强酸中。𨦡盐是一种强

酸弱碱盐，只有在浓酸中才能稳定，遇水即分解，又析出醚。利用这一性质，可以分离醚与卤代烃或烷烃的混合物。

$$R\text{—}\ddot{O}\text{—}R + HCl \longrightarrow [R\text{—}\overset{H}{\underset{|}{O}}\text{—}R]^+Cl^-$$

$$[R\text{—}\overset{H}{\underset{|}{O}}\text{—}R]^+Cl^- \xrightarrow{H_2O} R\text{—}O\text{—}R + H_3O^+ + Cl^-$$

② 醚键的断裂　在常温下醚与浓氢碘酸或氢溴酸作用（氢碘酸最有效），醚键可以断裂，生成卤代烷和醇。如果氢卤酸过量时，生成的醇进一步反应生成卤代烷。例如：

$$CH_3CH_2OCH_2CH_3 + HI \longrightarrow CH_3CH_2OH + CH_3CH_2I$$
$$\xrightarrow{HI} CH_3CH_2I + H_2O$$

混醚与氢碘酸作用时，一般是较小的烃基生成碘代烷，较大的烃基生成醇或酚。例如：

$$C_6H_5\text{—}O\text{—}CH_3 + HI \longrightarrow C_6H_5\text{—}OH + CH_3I$$

$$(CH_3)_2CH\text{—}O\text{—}CH_3 + HI \longrightarrow (CH_3)_2CHOH + CH_3I$$

当2个烃基都是芳基的醚，如二苯醚时，其醚键非常稳定，不易断裂。所以，二苯醚可作为热载体。

③ 过氧化物的生成　醚对氧化剂较稳定，但长期与空气接触可被空气中的氧氧化为有机过氧化物。

$$CH_3CH_2\text{—}O\text{—}CH_2CH_3 \xrightarrow{O_2} CH_3CH_2\text{—}O\text{—}\underset{\underset{OOH}{|}}{C}HCH_3$$

图9-6　淀粉碘化钾试纸

氧化过程比较复杂。过氧化物不稳定，遇热容易分解，发生强烈爆炸。久置的乙醚在使用前应用碘化钾淀粉试纸（见图9-6）检测是否已有过氧化物存在。在蒸馏醚时注意不要蒸干，以免发生爆炸事故。

检验醚中是否有过氧化物的方法：用湿润的碘化钾淀粉试纸检测，若试纸变蓝，就表明有过氧化物存在；或用硫酸亚铁和硫氰化钾（KCNS）混合物与醚振荡，如有过氧化物存在，会显红色。

$$\text{过氧化物} + Fe^{2+} \longrightarrow Fe^{3+} \xrightarrow{SCN^-} \underset{\text{红色}}{Fe(SCN)_6^{3-}}$$

除去过氧化物的方法：醚中有过氧化物可用 $FeSO_4$ 或 Na_2SO_3 等还原剂除去。储存时，在醚中加入微量的对苯二酚或少许金属钠或铁屑，以免过氧化物的生成。为了防止过氧化物的形成，市售绝对乙醚中需加入抗氧化剂。

【问题9.9】

正戊烷和乙醚几乎具有相同的沸点，请用简单的化学方法将其分离。

【问题9.10】

请用简单的化学方法区分对甲苯酚、对甲苯甲醚和对甲苄醇。

习题

1. 系统命名下列结构。

（1）$(CH_3)_2COHCH_3$

（2）CH_2=$CHCH_2OH$

（3）$CH_3CH\underset{OH}{\overset{OCH_3}{CHCH_3}}$

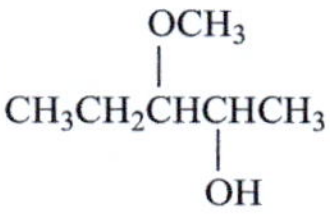

（4）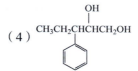$CH_3CH_2CHCH_2OH$ (with phenyl and OH)

（5）

（6）3,5-二甲基苯酚结构

（7）2,4,6-三硝基苯酚结构

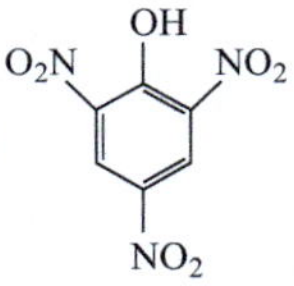

（8）$(CH_3)_3CCH_2OH$

（9）2-萘酚

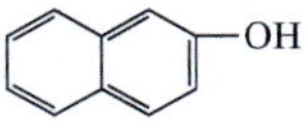

（10）$CH_3OC(CH_3)_3$

（11）CH_3OCH=CH_2

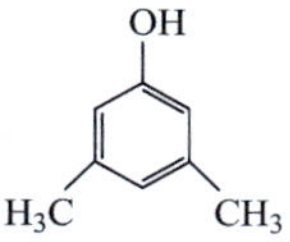

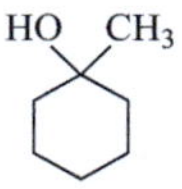

（12）苯-OCH_3

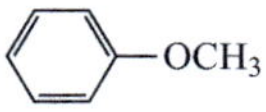

（13）$C_6H_5CH_2CHOHCH_3$

（14）Br-苯-OC_2H_5

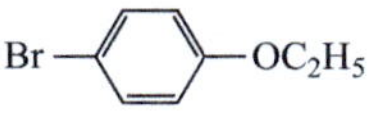

（15）Cl-苯-CH_2CH_2OH

（16）2,6-二溴-4-异丙基苯酚结构

（17）苯-CH_2OH

（18）$\underset{H}{\overset{H_3C}{C}}$=$C\underset{CH_3}{\overset{OH}{CHCH_3}}$

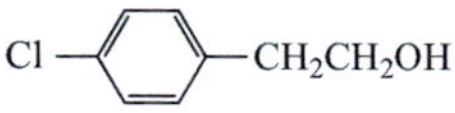

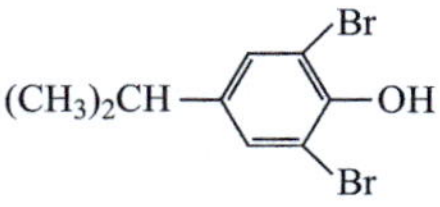

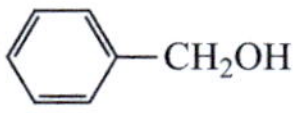

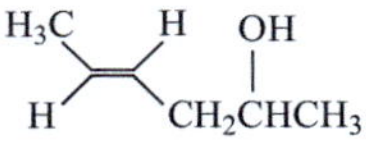

2. 写出下列化合物的构造式。
(1)（E）-2-丁烯-1-醇　　　（2）烯丙基正丁基醚
(3)对硝基苯乙醚　　　　　（4）1,2-二苯基乙醇
(5) 2,3-二甲氧基丁烷　　　（6）1,2-环氧丁烷
(7)新戊醇　　　　　　　　（8）邻甲氧基苯甲醚

3. 比较下列化合物与卢卡斯试剂反应的活性次序。
(1)异丙醇　　（2）2-甲基-2-戊醇　　（3）甲醇

4. 比较下列各化合物在水中的溶解度，并说明理由。
(1) $CH_3CH_2CH_2OH$　　（2）$CH_3CH_2CH_2CH_2OH$
(3) $CH_3CH_2OCH_2CH_3$　（4）$CH_3CH_2CH_3$

5. 用化学方法鉴别下列各组化合物。
(1) $CH_2=CH-CH_2OH$, $CH_3CH_2CH_2OH$, $CH_3CH_2CH_2Cl$
(2) $CH_3CH_2CH(OH)CH_3$, $CH_3CH_2CH_2CH_2OH$, $(CH_3)_3C-OH$
(3) C₆H₅—CH₂OH, C₆H₅—CH₂Cl, C₆H₅—OCH₃
(4) C₆H₅—CH₂OH, H₃C—C₆H₄—OH, C₆H₅—CH₃

6. 完成反应。

(1) C₆H₅—OC₂H₅ $\xrightarrow{HI, \triangle}$

(2) C₆H₅—CH₂ONa + CH₂=CHCH₂Cl ⟶

(3) $CH_3CH_2CH_2CH_2OCH_3$ + HI（1mol）⟶

(4) $\underset{\underset{OH}{|}}{C_6H_5CH_2CHCH(CH_3)_2}$ $\xrightarrow{H^+, \triangle}$

(5) $CH_3CH_2CH_2CHOHCH_3 + SOCl_2$ ⟶

(6) 环己基—$\underset{\underset{OH}{|}}{\overset{\overset{CH_3}{|}}{C}}$CH₂CH₃ + HBr ⟶

(7) (CH₃)₂C=CH—CH=C(CH₃)—CH₂OH + PCl₃ ⟶

(8) 3-甲基-6-异丙基环己醇 $\xrightarrow{浓H_2SO_4, \triangle}$

(9) 邻羟基苄醇 + CH₃COOH $\xrightarrow{\triangle}$

(10) C₆H₅—OH $\xrightarrow{Br_2, H_2O}$

7. 推测结构。

（1）有一化合物 A($C_5H_{11}Br$)，和 NaOH 共热生成 B($C_5H_{12}O$)，B 能和 Na 作用放出 H_2，在室温下易被 $KMnO_4$ 氧化，和浓 H_2SO_4 共热生成 C(C_5H_{10})，C 经 $K_2Cr_2O_7$/H_2SO_4 溶液作用后生成丙酮和乙酸，推测 A、B、C 的结构。

（2）化合物 A($C_6H_{14}O$) 可溶于 H_2SO_4，与 Na 反应放出 H_2，与 H_2SO_4 共热生成 B(C_6H_{12})，B 可使 Br_2/CCl_4 褪色，B 经强氧化生成一种物质 C(C_3H_6O)，试确定 A、B、C 的结构。

（3）一未知物 A($C_9H_{12}O$) 不溶于水、稀酸和 $NaHCO_3$ 溶液，但可溶于 NaOH，与 $FeCl_3$ 溶液作用显色，在常温下不与溴水反应，A 用苯甲酰氯处理生成 B，并放出 HCl，试确定 A、B 的结构。

（4）化合物 A(C_7H_8O) 不与 Na 反应，与浓 HI 反应生成 B 和 C，B 能溶于 NaOH，并与 $FeCl_3$ 显紫色，C 与 $AgNO_3$/乙醇作用，生成 AgI 沉淀，试推测 A、B、C 的结构。

8. 完成下列转变。

（1）3-甲基-2-丁醇 ⟶ 2-甲基-2-丁醇

（2）正丁醇 ⟶ 1-氯-2-丁醇

有 机 化 学

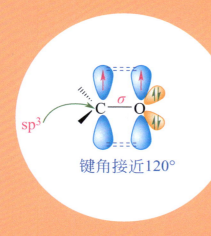

Chapter 10

第 10 章

醛和酮

内容提要

10.1 醛、酮的介绍

10.2 醛、酮的性质

学习目标

掌握：醛、酮的结构特征——羰基赋予醛、酮的性质；羰基亲核加成反应；α-活泼氢引起的反应；自身氧化还原反应；醛、酮的氧化与还原。

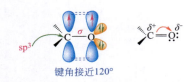

图 10-1　羰基的结构

10.1　醛、酮的介绍

醛、酮分子中的羰基 C=O 键是一种很强的键（醛、酮中的 C=O 键键能分别 736.4 kJ·mol^{-1} 和 748.9 kJ·mol^{-1}），其中一个是 σ 键，另一个是 π 键。成键时，碳原子的一个 sp^2 杂化轨道与氧原子的一个 sp^2 轨道交盖形成一个 σ 键，另外两个 sp^2 杂化轨道分别与氢原子的 1s 轨道（或碳原子的 sp^3 杂化轨道）形成 σ 键，这三个 σ 键处于同一平面上，键角接近于 120°（随基团不同，键角稍有不同）。羰基碳原子上所剩下的一个 2p 轨道和氧原子的另一个 2p 轨道与三个 σ 键所在的平面相垂直，且从侧面交盖形成一个 π 键。氧原子上余下的两对未共用电子对则处于另外两个 sp^2 杂化轨道中。由于氧的电负性（3.5）大于碳的电负性（2.5），并且 π 电子云易于极化，故电子云偏向氧的一边，所以羰基又是一个极性基团，具有很大的活泼性。羰基的结构如图 10-1 所示。

醛、酮都能溶于有机溶剂。丙酮能溶解许多有机化合物，是工业上和实验室中常用的有机溶剂。甲醛易溶于水，有凝固蛋白质的作用，可杀菌防腐，其 35% 至 40%（一般是 37%）的水溶液称为福尔马林。

10.2　醛、酮的性质

10.2.1　醛、酮的物理性质

甲醛为气体，C$_{12}$ 以下的脂肪醛、酮为液体，高级脂肪醛、酮和芳香酮多为固体。醛、酮无缔合作用，故脂肪醛、酮的沸点较相应的醇低。醛、酮易溶于有机溶剂。因羰基有极性，故 C$_4$ 以下的脂肪醛、酮易溶于水。脂肪族醛酮相对密度小于 1，芳香族醛酮相对密度大于 1。一些常见的一元醛、酮的物理常数列于表 10-1 中。

10.2.2　醛、酮的化学性质

醛、酮的化学性质主要与羰基官能团有关，醛和酮分子中都含有活泼的羰基，因此它们具有许多相同的化学性质。醛、酮中的羰基由于 π 键的极化，氧原子上带

表 10-1　一些常见的一元醛、酮的物理常数

名称	构造式	熔点/℃	沸点/℃	相对密度 d_4^{20}	折射率 n_D^{20}
甲醛	HCHO	−92	−21	0.815（−20℃）	—
乙醛	CH_3CHO	−121	21	0.7951（10℃）	1.3316
丙醛	CH_3CH_2CHO	−81	48.8	0.8058	1.3636
丙烯醛	$CH_2\!=\!CHCHO$	−87	52	0.8410	1.4017
丁醛	$CH_3CH_2CH_2CHO$	−99	76	0.8170	1.3843
2-丁烯醛	$CH_3CH\!=\!CHCHO$	−74	104	0.8495	1.4366
苯甲醛	C_6H_5CHO	−26	178.1	1.0415（15℃）	1.5463
丙酮	CH_3COCH_3	−95	56	0.7899	1.3588
丁酮	$CH_3COCH_2CH_3$	−86	80	0.8045	1.3788
环己酮	(环己酮结构)	−45	155	0.9478	1.4507
苯乙酮	$C_6H_5COCH_3$	20.5	202	1.026	—

部分负电荷，碳原子上带部分正电荷。氧原子可以形成比较稳定的氧负离子，它较带正电荷的碳原子要稳定得多，因此反应中心是羰基中带正电荷的碳。所以羰基易与亲核试剂进行亲核加成反应。此外，受羰基的影响，与羰基直接相连的 α-碳原子上的 α-H 较活泼，能发生一系列反应。但是醛的羰基上连有一个烃基和一个氢，而酮的羰基上连有两个烃基，这种结构上的差异，反映在它们的化学性质上也有所区别，醛比酮更活泼，而分子中含有甲基的酮比较活泼。醛、酮的反应与结构关系可描述如下：

（1）羰基的亲核加成反应

① 与氢氰酸的加成反应

$$\!\!>\!\!C\!=\!O + HCN \rightleftharpoons \!\!>\!\!C\!\!<^{OH}_{CN}$$
α-羟基腈

反应范围：醛、脂肪族甲基酮。ArCOR 和 ArCOAr 难反应。

该反应加入碱可大大加快反应速度，加酸则可抑制反应进行。其原因与氢氰酸是一个弱酸有关。与羰基加成的亲核试剂是 CN^-。

$$HCN \underset{H^+}{\overset{OH^-}{\rightleftharpoons}} H^+ + CN^-$$

用无水的液体氢氰酸能得到很好的反应结果，但是它的挥发性大，而且剧毒，因此在实验室中一般是将醛、酮与氰化钾（或氰化钠）溶液混合，再加入无机酸，使氢氰酸生成后立即与醛、酮作用。

该反应是增长碳链的一种方法，α-羟基腈是一类活泼化合物，容易转变成其他化合物。因此该反应在有机合成上很有用处。例如，由丙酮生成的α-羟基腈在不同的条件下反应可以得到不同的产物。

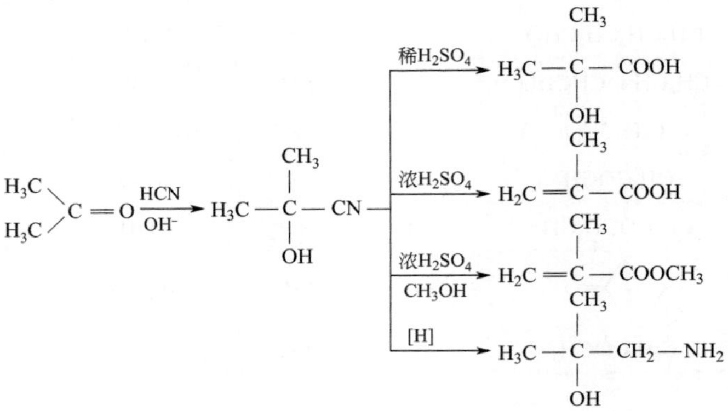

② 与格利雅试剂的加成反应　醛、酮在无水乙醚中与格利雅试剂进行加成反应，加成产物直接水解得到醇。

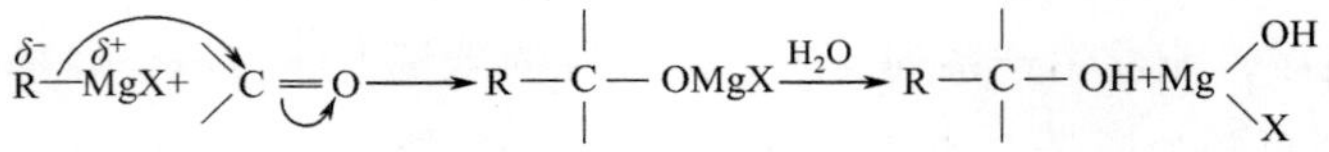

甲醛反应可得到伯醇，其他醛得到仲醇，酮得到叔醇。

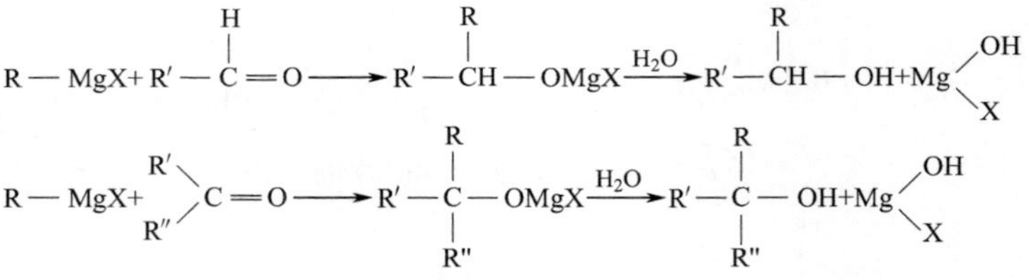

这类反应也可以在分子内进行。例如：

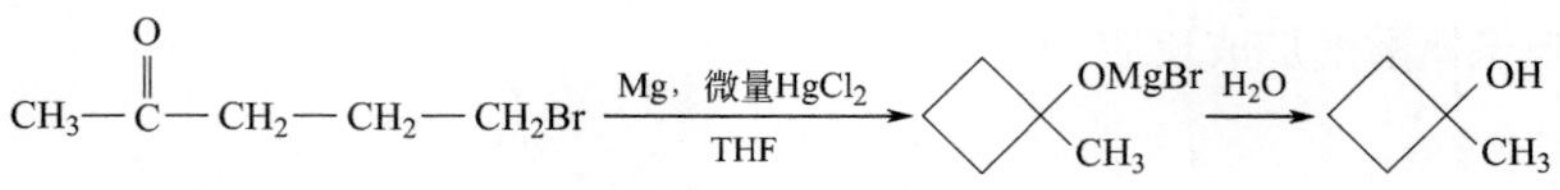

③ 与饱和亚硫酸氢钠（40%）的加成反应

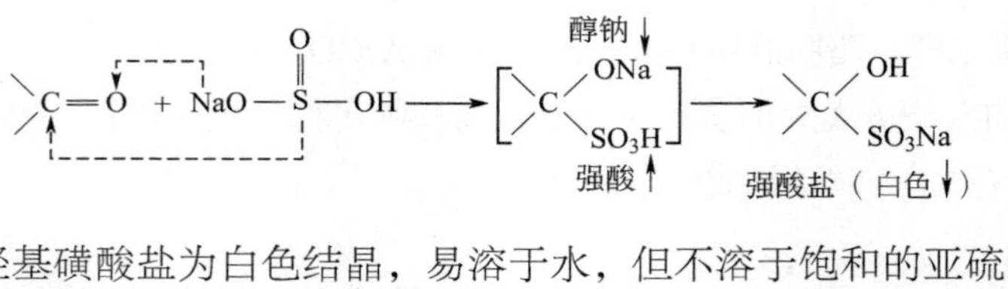

产物α-羟基磺酸盐为白色结晶，易溶于水，但不溶于饱和的亚硫酸氢钠溶液，容易分离出来，与酸或碱共热，又可得原来的醛、酮。因此可以利用这些性质来鉴

定、分离或提纯醛、脂肪族甲基酮和碳原子数小于8的环酮。例如：

$$\underset{H(CH_3)}{\overset{R}{\diagdown}}C=O + NaHSO_3 \rightleftharpoons \underset{H(CH_3)}{\overset{R}{\diagdown}}\underset{SO_3Na}{\overset{OH}{\diagup}}C \begin{array}{c} \xrightarrow[\Delta]{稀 Na_2CO_3} \underset{H(CH_3)}{\overset{R}{\diagdown}}C=O \\ \xrightarrow[\Delta]{稀 HCl} \underset{H(CH_3)}{\overset{R}{\diagdown}}C=O \end{array}$$

④ 与醇的加成反应　在干燥的氯化氢或浓硫酸的催化下，醛与无水醇发生加成反应，生成半缩醛。半缩醛一般不稳定，可继续与另一分子醇反应，失去一分子水而生成稳定的缩醛。

$$\underset{R}{\overset{H}{\diagdown}}C=O + ROH \xrightarrow{干 HCl} \underset{R}{\overset{H}{\diagdown}}\underset{OH}{\overset{OR'}{\diagup}}C \xrightarrow[R'OH]{干 HCl} \underset{R}{\overset{H}{\diagdown}}\underset{OR'}{\overset{OR'}{\diagup}}C + H_2O$$
　　　　　　　　　　　　　　　半缩醛　　　　　　缩醛

醇是较弱的亲核试剂，酸催化剂的目的是使羰基氧质子化，质子化的羰基碳具有更高的亲电活性。

$$\underset{R}{\overset{R}{\diagdown}}C=\ddot{O}: + H^+ \underset{快}{\rightleftharpoons} \left(\underset{R}{\overset{R}{\diagdown}}C-\overset{+}{\underset{H}{\ddot{O}}}: \longleftrightarrow \underset{R}{\overset{R}{\diagdown}}\overset{+}{C}=\underset{H}{\ddot{O}}: \right)$$

缩醛可看成是同碳二元醇的醚，性质与醚相似，对碱、氧化剂、还原剂稳定，但在酸催化下可以分解成原来的醛和醇。

$$\underset{R}{\overset{H}{\diagdown}}\underset{OR'}{\overset{OR'}{\diagup}}C + H_2O \xrightarrow{H^+} \underset{R}{\overset{H}{\diagdown}}C=O + 2R'OH$$
　　缩醛

这个反应在有机合成上可以用来保护羰基。

例如由 $CH_2=CHCHO$ 合成 $\underset{OH\ \ OH}{CH_2-CHCHO}$ 。

$$CH_2=CHCHO \xrightarrow[干 HCl]{2C_2H_5OH} CH_2=CHCH\underset{OC_2H_5}{\overset{OC_2H_5}{\diagup}} \xrightarrow{[O]}$$

$$\underset{OH\ \ OH}{CH_2-CHCH}\underset{OC_2H_5}{\overset{OC_2H_5}{\diagup}} \xrightarrow[\Delta]{H^+, H_2O} \underset{OH\ \ OH}{CH_2-CHCHO}$$

酮和一元醇的反应比醛困难得多，通常用二元醇（1,2-二醇或1,3-二醇）在酸催化下与酮反应生成环状缩酮。

$$\underset{R'}{\overset{R}{\diagdown}}C=O + \underset{HO-CH_2}{\overset{HO-CH_2}{\diagup}} \underset{}{\overset{H^+}{\rightleftharpoons}} \underset{R'}{\overset{R}{\diagdown}}C\underset{O-CH_2}{\overset{O-CH_2}{\diagup}} + H_2O$$

⑤ 与氨及其衍生物的加成-消除反应　氨及其某些衍生物（如伯胺、羟胺、肼、苯肼、2,4-二硝基苯肼和氨基脲等）很容易与醛、酮的羰基发生亲核加成反应，但

加成产物不稳定，随即失去一分子水，生成具有亚胺（$\diagup\!\!\!\!\!C=N-$）结构的稳定化合物。该反应是一个亲核加成-消除反应过程。例如：

$$\diagup\!\!\!\!\!C=O \begin{cases} H_2N-R(Ar)\text{ 伯胺} \longrightarrow \diagup\!\!\!\!\!C=N-R(Ar)\text{ 席夫碱} \\ H_2N-OH\text{ 羟胺} \longrightarrow \diagup\!\!\!\!\!C=N-OH\text{ 肟} \\ H_2N-NH_2\text{ 肼} \longrightarrow \diagup\!\!\!\!\!C=N-NH_2\text{ 腙} \\ H_2N-NH-C_6H_5\text{ 苯肼} \longrightarrow \diagup\!\!\!\!\!C=N-NH-C_6H_5\text{ 苯腙} \\ H_2N-NH-C_6H_3(NO_2)_2\text{ 2,4-二硝基苯肼} \longrightarrow \diagup\!\!\!\!\!C=N-NH-C_6H_3(NO_2)_2\text{ 2,4-二硝基苯腙} \\ H_2N-NHCONH_2\text{ 氨基脲} \longrightarrow \diagup\!\!\!\!\!C=N-NHCONH_2\text{ 缩氨脲} \end{cases}$$

上述反应现象明显（2,4-二硝基苯肼与醛、酮加成反应的现象非常明显），产物为固体，具有固定的晶形和熔点，常用来鉴别醛、酮。它们在稀酸水溶液中能水解生成原来的醛或酮，因此，这类反应也可用于醛、酮的分离和精制。这些氨的衍生物也叫作羰基试剂。如用 H_2N-Y 来代表以上羰基试剂，则上述反应也可用如下通式表示：

$$\diagup\!\!\!\!\!C=O+H_2N-Y \rightleftharpoons \left(\begin{array}{c}\diagup\!\!\!\!\!C-\overset{+}{N}H_2-Y\\O^-\end{array}\right) \rightleftharpoons \left(\begin{array}{c}\diagup\!\!\!\!\!C-NH-Y\\OH\end{array}\right) \xrightarrow{-H_2O} \diagup\!\!\!\!\!C=N-Y$$
（醇胺）

（2）α-活泼氢引起的反应

与羰基相邻的 C（α-C）上的氢叫 α-H。羰基氧的电负性高，使得 α-C 上电子云密度较低，故 α-C 与连在其上的 H 一起称为活泼甲基（—CH_3）或活泼亚甲基（—CH_2—）。醛、酮分子中由于羰基的影响，α-H 变得活泼，具有酸性，所以带有 α-H 的醛、酮具有如下的性质。

① 卤化反应　醛、酮的 α-H 易被卤素取代生成 α-卤代醛、酮，特别是在碱溶液中，反应能很顺利进行。例如：

$$C_6H_5-\underset{O}{\overset{\|}{C}}-CH_3 + Br_2 \longrightarrow C_6H_5-\underset{O}{\overset{\|}{C}}-CH_2Br$$

卤化反应可被酸或碱所催化。用酸催化时，控制反应条件，可使反应产物是一卤、二卤或三卤代物。但用碱催化时（常用次卤酸钠或卤素的碱溶液），反应进行得很快，当一个卤素引入 α-碳原子后，由于卤素的吸电子作用，碳原子上其余的氢原子更容易被卤素取代，如果 α-碳原子上有三个氢时，则总是顺利地生成三卤代物。含有 α-甲基的醛、酮在碱溶液中与卤素反应，则生成卤仿，故此反应也称为卤仿反应。

$$R-\underset{O}{\overset{\|}{C}}-CH_3 + NaOH + X_2 \xrightarrow{} R-\underset{O}{\overset{\|}{C}}-CX_3 \xrightarrow{OH^-} CHX_3 + RCOONa$$
(H)　　　(NaXO)　　(H)　　　　　　　卤仿

若 X_2= Cl_2,Br_2,I_2,则分别得到 $CHCl_3$(氯仿)、$CHBr_3$(溴仿)和 CHI_3(碘仿)。碘仿为浅黄色晶体,现象明显,因此可通过碘仿反应鉴别与羰基相连的烃基是否为甲基。

I_2 在 NaOH 溶液中形成 NaIO(次碘酸钠),可将醇氧化为羰基化合物。所以 CH_3CHR(OH) 型的醇可被 NaIO 氧化为甲基酮,从而进一步发生碘仿反应。因此碘仿反应也可用来鉴定 CH_3CHR(OH) 类型的醇化合物。

$$CH_3-\underset{OH}{CH}-R \xrightarrow{NaIO} H_3C-\underset{O}{\overset{\|}{C}}-R \xrightarrow{NaIO} CHI_3\downarrow +RCOONa$$

② 羟醛缩合反应 在稀碱(10%NaOH)溶液中,含有 α-H 的两分子醛相互作用,生成 β-羟基醛化合物,该反应称为羟醛缩合反应(或醇醛缩合反应)。生成的 β-羟基醛受热或在酸的作用下,容易发生分子内脱水而生成 α,β-不饱和醛。例如:

$$CH_3-\overset{O}{\overset{\|}{C}}-H+\overset{\alpha}{CH_2}-CHO \xrightarrow{10\%NaOH} H_3C-\overset{\beta}{CH}-\overset{\alpha}{CH_2}-CHO \xrightarrow[-H_2O]{\Delta} H_3C-\overset{\beta}{CH}=\overset{\alpha}{CH}-CHO$$
$$\text{3-羟基丁醛}(β\text{-羟基丁醛}) \qquad \text{2-丁烯醛(巴豆醛)}$$

$$2CH_3CHCHO \underset{}{\overset{稀OH^-}{\rightleftharpoons}} CH_3-\underset{OH}{\overset{CH_3}{CH}}-\underset{CH_3}{\overset{CH_3}{C}}-CHO \xrightarrow{\Delta} \times$$
$$\text{无α-H不脱水}$$

羟醛缩合反应是增长碳链的方法之一,在有机合成中有重要作用。但应注意,如果使用两种不同的含 α-H 的醛进行羟醛缩合,最少生成四种产物,难于分离,没有实用意义。但不含 α-H 的醛与另外一种含有 α-H 的醛作用,主要发生交叉羟醛缩合反应,只有一种主要产物,在合成上是有意义的。例如,不含 α-H 的苯甲醛与含有 α-H 的乙醛的交叉羟醛缩合反应,乙醛自身缩合的产物较少。反应式如下:

$$C_6H_5-CHO+CH_3-CHO \overset{稀碱}{\rightleftharpoons} C_6H_5-\underset{OH}{CH}-CH_2-CHO \xrightarrow{-H_2O} C_6H_5-\overset{\beta}{CH}=\overset{\alpha}{CH}-CHO$$
$$β\text{-苯丙烯醛(肉桂醛)}$$

含有 α-H 的两分子酮也可以发生类似的反应,生成 β-羟基酮。但对酮来说,平衡常数不利于羟酮的生成,产率较低。如反应中将产物生成后及时移出体系,使平衡向右移动,也可得到较高的产率。例如:

$$2CH_3-\overset{O}{\overset{\|}{C}}-CH_3 \underset{\text{稀碱}}{\rightleftharpoons} H_3C-\underset{\underset{OH}{|}}{\overset{\overset{CH_3}{|}}{C}}-CH_2-\overset{O}{\overset{\|}{C}}-CH_3 \xrightarrow[\text{蒸馏}]{I_2} H_3C-\overset{\overset{CH_3}{|}}{C}=CH-\overset{O}{\overset{\|}{C}}-CH_3$$

4-甲基-4-羟基-2-戊酮   4-甲基-3-戊烯-2-酮

（3）康尼查罗反应

不含 α-H 的醛，在浓碱作用下可发生自身的氧化还原反应，生成一分子羧酸和一分子醇，这种反应叫歧化反应，也称为康尼查罗（Cannizzaro，也可称为坎尼扎罗）反应。例如：

$$2 \;\text{Ph}-CHO \xrightarrow{\text{浓NaOH}} \text{Ph}-COONa + \text{Ph}-CH_2OH$$

两种不同的不含 α-H 的醛进行的康尼查罗反应叫作交叉的康尼查罗反应，结果得到包括两种羧酸和两种醇的复杂混合物，没有实用价值。但若两种不含 α-H 的醛之一为甲醛，在反应过程中甲醛氧化成甲酸，另一种醛被还原成醇，因而在工业上得到应用。例如：

$$\text{Ph}-CHO + HCHO \xrightarrow[\triangle]{NaOH(\text{浓})} \text{Ph}-CH_2OH + HCOONa$$

（4）氧化反应

醛很容易被氧化成相应的羧酸，甚至空气中的 O_2 就可以将醛氧化。酮则不易被氧化。故常用弱氧化剂土伦（Tollens）试剂或斐林（Fehling）试剂来区别醛和酮。

如果反应用土伦试剂氧化醛，则生成的银就会附着在干净的反应器壁上，形成光亮的银镜，因此这个反应也叫银镜反应。土伦试剂即 $AgNO_3$ 的氨溶液，氨的作用是使 Ag^+ 不致在碱性溶液中生成 AgO 沉淀。

$$RCHO + 2\underset{\text{土伦试剂}}{[Ag(NH_3)_2]^+} + 2OH^- \longrightarrow 2\underset{\text{银镜}}{Ag\downarrow} + RCOONH_4 + 3NH_3 + H_2O$$

斐林试剂又称碱性酒石酸钾钠铜试剂。它包含两部分，一个是硫酸铜溶液，另一个是酒石酸钾钠的氢氧化钠溶液。使用时把这两种溶液等体积混合，就生成含有高价铜（Cu^{2+}）的深蓝色络离子溶液。

$$\underset{\text{酒石酸钾钠}}{\begin{matrix}HO-CHCOONa\\HO-CHCOOK\end{matrix}} \xrightarrow{Cu^{2+}} \left(Cu\underset{O-CHCOOK}{\overset{O-CHCOONa}{<}}\right)^{2+}$$

醛与斐林试剂作用时，醛被氧化成相应的羧酸，二价铜则还原成砖红色的氧化亚铜沉淀。

$$R-CHO + Cu^{2+} \xrightarrow{\triangle} R-COONa + Cu_2O\downarrow$$

土伦试剂和斐林试剂都只氧化醛基不氧化双键，在有机合成中可用于选择性氧化。

$$CH_2\text{—}CH\text{=}CH\text{—}CHO \xrightarrow[\text{或 } Cu^{2+}]{Ag(NH_3)_2OH} CH_2\text{—}CH\text{=}CH\text{—}COOH$$

酮可以被过氧酸氧化生成酯,这个反应称为拜耳-维利格(Baeyer-Villiger)反应。在有合成上有实用价值。

$$RCOR' + R''\overset{O}{\underset{}{C}}OOH \longrightarrow R\text{—}\overset{O}{\underset{}{C}}\text{—}O\text{—}R' + R''COOH$$

一般酮的氧化还原反应没有制备意义,但环己酮的断裂氧化是工业上生产己二酸的方法。

(5)还原反应

① 催化氢化 在催化剂 Pt、Ni、Pd 等的存在下,醛和酮可加氢还原,分别生成伯醇和仲醇。

$$R\text{—}CHO + H_2 \xrightarrow{Ni} R\text{—}CH_2OH$$

$$\underset{R'}{\overset{R}{\diagdown}}C\text{=}O + H_2 \xrightarrow{Pt} \underset{R'}{\overset{R}{\diagdown}}CHOH$$

若分子中含有 $\diagup C\text{=}C\diagdown$、$\text{—}C\equiv C\text{—}$、$\text{—}NO_2$、$\text{—}CN$ 等不饱和基团,也将同时被还原。例如:

$$R\text{—}CH\text{=}CHCHO \xrightarrow[H_2]{Ni} R\text{—}CH_2CH_2CH_2OH$$

② 用金属氢化物还原 $LiAlH_4$ 是强还原剂,但选择性差,除不还原 C=C、C≡C 外,其他不饱和键都可被其还原,因为 $LiAlH_4$ 不稳定,遇水剧烈反应,通常只能在无水乙醚或 THF 中使用。

$$CH_3CH\text{=}CHCH_2CHO \xrightarrow[\text{② } H_3O^+]{\text{① } LiAlH_4, \text{ 无水乙醚}} CH_3CH\text{=}CHCH_2CH_2OH \text{ (只还原 C=O)}$$

$NaBH_4$ 选择性强,只还原醛、酮、酰卤中的羰基,不还原其他基团。$NaBH_4$ 稳定,不受水、醇的影响,可在水或醇中使用。

$$CH_3CH\text{=}CHCH_2CHO \xrightarrow[\text{② } H_3O^+]{\text{① } NaBH_4} CH_3CH\text{=}CHCH_2CH_2OH \text{ (只还原 C=O)}$$

在还原共轭的 2-丁烯醛时,$NaBH_4$ 因选择性强,只还原羰基,而 $LiAlH_4$ 因还原能力强,将共轭结构中的碳碳双键也同时还原。例如:

③ 克莱门森还原　在锌汞齐和浓盐酸的作用下，醛和酮分子中的羰基可直接还原成亚甲基（$>$CH$_2$），这个反应叫克莱门森（Clemmensen）反应。此法适用于还原芳香酮，是间接在芳环上引入直链烃基的方法。对酸敏感的底物醛或酮，不能使用此法还原（如醇羟基、C＝C等）。例如：

$$\text{C}_6\text{H}_6 + \text{CH}_3\text{CH}_2\text{CHO} \xrightarrow{\text{AlCl}_3} \text{C}_6\text{H}_5\text{COCH}_2\text{CH}_3 \xrightarrow{\text{Zn-Hg/HCl}} \text{C}_6\text{H}_5\text{CH}_2\text{CH}_2\text{CH}_3 \quad 80\%$$

④ 乌尔夫-凯惜纳-黄鸣龙反应　醛或酮和肼反应生成的腙，在氢氧化钾或乙醇钠的作用下发生分解，放出氮而转变成烃。这种方法称为乌尔夫-凯惜纳（Wolff-Kishner）还原法，这是醛和酮分子中的羰基直接还原成亚甲基（$>$CH$_2$）的另一种方法。

$$\underset{R'(H)}{\overset{R}{>}}\text{C}=\text{O} \xrightarrow{\text{H}_2\text{N-NH}_2} \underset{R'(H)}{\overset{R}{>}}\text{C}=\text{N-NH}_2 \xrightarrow[\text{或C}_2\text{H}_5\text{OH}]{\text{KOH}} \underset{R'(H)}{\overset{R}{>}}\text{CH}_2 + \text{N}_2\uparrow$$

我国化学家黄鸣龙改进了这个方法，将醛或酮、氢氧化钠、肼的水溶液和高沸点的醇一起加热，生成腙后，将水和过量的肼蒸出，继续加热回流使温度达到腙的分解温度时还原反应完成。改进后的方法称为乌尔夫-凯惜纳-黄鸣龙反应。经黄鸣龙改进的反应可在常压下进行，反应时间由原来的几十小时缩短为几小时，又避免了金属钠（钾）和封管/高压釜等苛刻的反应条件，同时还可以用肼的水溶液代替昂贵的无水肼，使这个反应成为一个易于实现和操作的过程。例如：

$$\text{C}_6\text{H}_5\text{COCH}_2\text{CH}_3 \xrightarrow[(\text{HOCH}_2\text{CH}_2)_2\text{O}, \triangle]{\text{H}_2\text{N-NH}_2, \text{NaOH}} \text{C}_6\text{H}_5\text{CH}_2\text{CH}_2\text{CH}_3$$

此方法可与克莱门森反应互相补充，分别适用于那些对酸或碱敏感的醛、酮化合物。例如：

$$\text{C}_6\text{H}_5\text{COCH}_2\text{CH}_2\text{COOH} \xrightarrow[\text{Zn-Hg/HCl}]{\text{回流}} \text{C}_6\text{H}_5\text{CH}_2\text{CH}_2\text{CH}_2\text{COOH}$$

$$o\text{-NH}_2\text{-C}_6\text{H}_4\text{-CO-(CH}_2)_5\text{CH}_3 \xrightarrow[\text{三甘醇, 200℃}]{\text{H}_2\text{N-NH}_2, \text{NaOH}} o\text{-NH}_2\text{-C}_6\text{H}_4\text{-CH}_2(\text{CH}_2)_5\text{CH}_3$$

【问题10.1】

根据题意，选择正确的答案。

下列化合物中不能与2,4-二硝基苯肼反应的化合物是（　　）；不能发生碘仿反应的是（　　）；不能发生银镜反应的含羰基的化合物是（　　）；不能发生自身羟醛缩合反应的含羰基的化合物是（　　）。

A. HCHO　　B. CH_3CHO　　C. 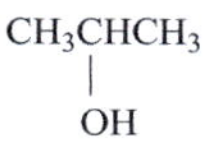 CH_3CHCH_3 带 OH　　D. 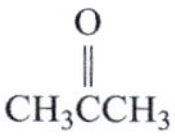 CH_3COCH_3

第10章 醛和酮

【问题10.2】

用简单的化学方法鉴别苯甲醛、苯乙酮、正己醛。

【问题10.3】

完成下面的反应。

(1) $(CH_3)_3C-CHO \xrightarrow[\triangle]{浓NaOH}$ (A)+(B)

(2) 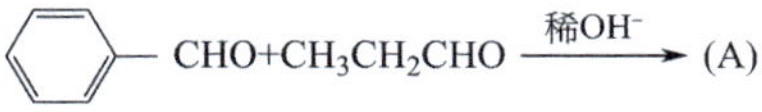 C$_6$H$_5$—CHO + $CH_3CH_2CHO \xrightarrow{稀OH^-}$ (A)

(3) 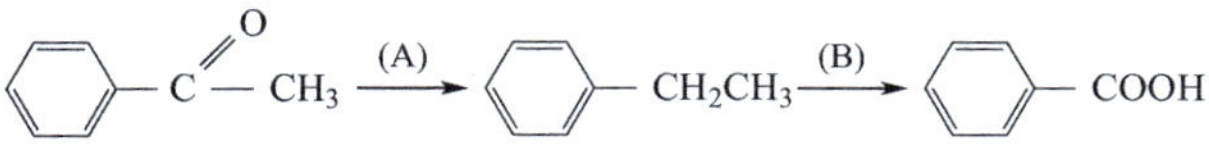 C$_6$H$_5$—CO—CH_3 $\xrightarrow{(A)}$ C$_6$H$_5$—CH_2CH_3 $\xrightarrow{(B)}$ C$_6$H$_5$—COOH

1. 用系统命名法命名下列化合物。

(1) 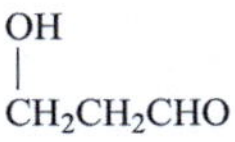 $\underset{OH}{CH_2CH_2CHO}$

(2) 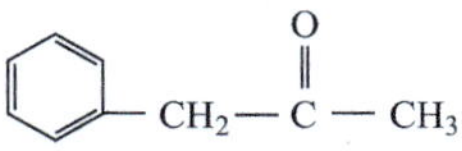 C$_6$H$_5$—CH_2—CO—CH_3

(3) $CH_3\underset{C_6H_5}{CH}CHO$

(4) H_3C—环己基—$=O$

(5) 对甲氧基苯甲醛 (CHO 和 OCH$_3$)

(6) $\begin{matrix} CH_2OH \\ C=O \\ H-OH \\ HO-H \\ CH_2OH \end{matrix}$

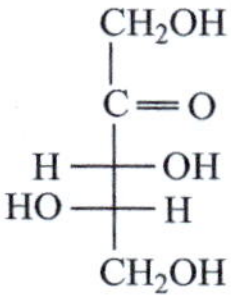

(7) 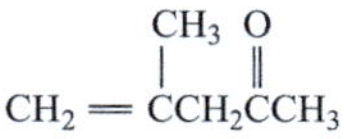 $CH_2=\underset{CH_3}{C}CH_2COCH_3$

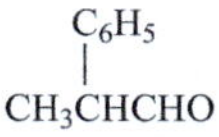

(8) 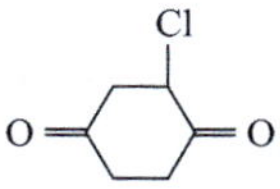 2-氯-1,3-环己二酮

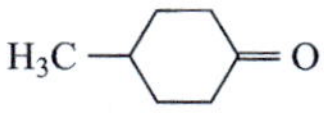

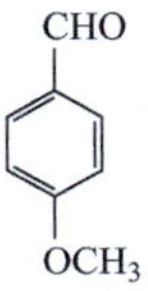

(9) $CH_3-\overset{\overset{O}{\|}}{C}-\overset{\overset{CH_3}{|}}{C}HCH_2CHO$ (10) $\overset{\overset{CH_3}{|}}{CH_3}C=N-OH$

2. 选择合适的氧化剂或还原剂，完成下列反应。

(1) C₆H₅—CO—CH₂CH₃ $\xrightarrow{[?]}$ C₆H₅—CH₂CH₂CH₃ / C₆H₅—CH(OH)CH₂CH₃

(2) 环己-2-烯酮 $\xrightarrow{[?]}$ 环己醇 / 环己-2-烯醇

(3) 环己-3-烯-1-甲醛 $\xrightarrow{[?]}$ 环己-3-烯-1-甲酸

(4) $CH_3\overset{\overset{OH}{|}}{C}HCH_2CH_2\overset{\overset{O}{\|}}{C}-CH_3 \xrightarrow{[?]} HOOCCH_2CH_2COOH$

3. 完成下列反应。

(1) $HO-\overset{\overset{CHO}{|}}{\underset{\underset{CH_2OH}{|}}{C}}-H \xrightarrow[OH^-]{HCN}$ (   )

(2) $C_6H_5CH=CH-\overset{\overset{O}{\|}}{C}-H \xrightarrow[(2)\ H_3O^+]{(1)\ C_2H_5MgBr}$ (   )

(3) 环戊酮$+2C_2H_5OH \xrightarrow{干\ HCl}$ (   )

(4) $CH_3-\overset{\overset{O}{\|}}{C}-CH_2CH_3 \xrightarrow{H_2NCONHNH_2}$ (   )

(5) CH_3-环己-2-烯酮 $\xrightarrow{LiAlH_4}$ (   )

(6) 环己基-MgBr + HCHO $\xrightarrow[(2)\ 水]{(1)\ 无水乙醚}$ (   )

(7) $OHC-CHO \xrightarrow[(2)\ H^+]{(1)\ 浓\ NaOH}$ (   )

(8) $HOCH_2CH_2CH_2CH_2CHO \longrightarrow$ (   )

(9) $2\ C_6H_5-CHO + CH_3-\overset{\overset{O}{\|}}{C}-CH_3 \xrightarrow{5\%NaOH}$ (   )

（10）$C_6H_5CH=CH-\overset{\overset{O}{\|}}{C}-CH(CH_3)_2 \xrightarrow[\text{(2) } H_3O^+]{\text{(1) } C_2H_5MgBr}$ (   )

4. 完成下列转化。

（1）$CH_3-\overset{\overset{O}{\|}}{C}-CH_3 \longrightarrow (CH_3)_2C=CH-COOH$

（2）$CH_2=CH_2 \longrightarrow CH_3CH_2\overset{\overset{OH}{|}}{C}HCH_3$

（3）$CH\equiv CH \longrightarrow CH_3CH_2CH_2CH_2\overset{\overset{CH_2CH_3}{|}}{C}HCH_2OH$

（4）$CH_3CH_2CH=CH_2 \longrightarrow CH_3CH_2\overset{\overset{OH}{|}}{\underset{\underset{CH_3}{|}}{C}}COOH$

（5）$CH_3-\overset{\overset{O}{\|}}{C}-CH_2-\overset{\overset{CH_3}{|}}{\underset{\underset{CH_3}{|}}{C}}-CH_2Br \longrightarrow CH_3-\overset{\overset{O}{\|}}{C}-CH_2-\overset{\overset{CH_3}{|}}{\underset{\underset{CH_3}{|}}{C}}-CH_2COOH$

5. 用化学方法鉴别下列各组化合物。

（1）环己烯、环己酮、环己醇

（2）2-己醇、3-己醇、环己酮

（3）乙醛、乙烷、氯乙烷、乙醇

6. 推测化合物结构。

（1）化合物 A（$C_5H_{12}O$）有旋光性，当它用碱性高锰酸钾剧烈氧化时变成 B（$C_5H_{10}O$）。B 没有旋光性，B 与正丙基溴化镁作用后水解生成 C，然后能拆分出两个对映体。试推导出化合物 A、B、C 的构造式。

（2）从中草药陈蒿中提取一种治疗胆病的化合物 $C_8H_8O_2$，该化合物能溶于 NaOH 水溶液，遇 $FeCl_3$ 呈浅紫色，与 2,4-二硝基苯肼生成苯腙，并能起碘仿反应。试推测该化合物可能的结构。

（3）某化合物 A 的分子式为 $C_4H_8O_2$，A 对碱稳定，但在酸性条件下可水解生成 C_2H_4O（B）和 C_2H_6O（C）；B 可与苯肼反应，也可发生碘仿反应，并能还原斐林试剂；C 在碱性条件下可与 Cu^{2+} 作用得到深蓝色溶液。试推测 A、B、C 的构造式。

有 机 化 学

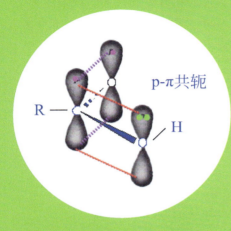

Chapter 11

第 11 章
羧酸及其衍生物

内容提要

11.1 羧酸的介绍
11.2 羧酸的性质
11.3 羧酸衍生物的介绍
11.4 羧酸衍生物的性质

学习目标

掌握：羧酸及羧酸衍生物的结构特征；羧酸的酸性表现；羧酸衍生物的生成方法；羧酸的还原、脱羧、α-H 的卤化等反应；羧酸衍生物反应活性比较；酯缩合反应。

11.1 羧酸的介绍

分子中含有羧基（—COOH）的有机化合物称为羧酸，可用通式 RCOOH 表示，—COOH 是羧酸的官能团。按羧酸分子中烃基的种类可将羧酸分为脂肪族羧酸、脂环族羧酸和芳香族羧酸。按羧酸分子中所含的羧基数目不同可将羧酸分为一元、二元和多元羧酸。按烃基是否饱和可将羧酸分为饱和羧酸和不饱和羧酸。例如：

CH₃COOH	脂肪族羧酸（饱和羧酸）
CH₂=CH—COOH	脂肪族羧酸（不饱和羧酸）
▢—COOH	脂环族羧酸
⬡—COOH	芳香族羧酸
HOOC—CH₂—COOH	二元羧酸

从形式上看，$-\overset{O}{\underset{\|}{C}}-OH$ 是由羰基和羟基组成的，似乎应表现出酮和醇的性质，但实际并非如此。羧基碳原子是以 sp² 杂化轨道分别与烃基和 2 个氧原子形成 3 个 σ 键，这 3 个 σ 键是在同一平面上。碳原子剩下的 1 个 p 轨道与氧原子的 p 轨道交盖形成 π 键，而羟基氧原子上的未共用电子对与羰基的 π 键形成 p-π 共轭体系，如图 11-1 所示。

由于 p-π 共轭效应的存在，羟基氧原子上的电子云向羰基移动，结果是羟基氧原子上电子云密度有所降低，而羰基碳上电子云密度有所增加，使羰基基团失去了典型的羰基性质，也使—OH 基团上的氢原子比相应的醇羟基上的氢原子更为活泼。

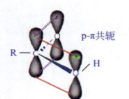

图 11-1 羧酸的结构

许多羧酸根据其来源都有俗名，例如甲酸又称蚁酸，因为它最初是从蚂蚁中蒸馏得到；乙酸又称醋酸，它最早是由醋中获得；丁酸俗称酪酸，奶酪的特殊臭味就有丁酸味。苯甲酸存在于安息香胶中，称为安息香酸。苹果酸、柠檬酸、酒石酸各来自于苹果、柠檬和酿制葡萄酒时所形成的酒石。

11.2 羧酸的性质

11.2.1 羧酸的物理性质

常温下，甲酸、乙酸、丙酸是具有刺激性气味的液体，$C_4 \sim C_9$ 的羧酸是有腐败恶臭气味的油状液体，C_{10} 以上的羧酸为无味石蜡状固体。脂肪族二元羧酸和芳香族羧酸都是结晶形固体。羧酸的沸点比分子量相近的醇还高。例如，甲酸和乙醇的分子量相同，甲酸的沸点是 100.5℃，乙醇的沸点为 78.5℃。这是因为羧酸分子间可以形成两个氢键而缔合成较稳定的二聚体。

羧酸分子可与水形成氢键，所以低级羧酸能与水混溶，随着分子量的增加，非极性的烃基愈来愈大，使羧酸的溶解度逐渐减小，六个碳原子以上的羧酸则难溶于水而易溶于有机溶剂。

饱和一元羧酸的熔点随碳原子数增加呈锯齿状上升，含偶数碳原子的羧酸的熔点高于邻近两个含奇数碳原子的羧酸的熔点，如图11-2所示。这是由于偶数羧酸具有较好的对称性，晶格排列的更紧密，分子间作用力较大。从图中可以看出：五个碳原子的羧酸熔点最低，这也可能与分子间缔合程度有关，当低级羧酸中的烃基变大时，羧基间的缔合受到一定的阻碍，二聚体的稳定性降低导致熔点下降。

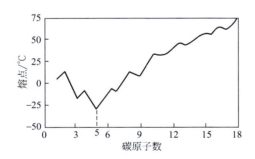

羧酸分子之间的缔合

羧酸与水形成的氢键

图11-2　直链饱和一元羧酸的熔点与碳原子数的关系

乙酸的熔点只有16.6℃，故在温度较低的秋冬季节，乙酸就凝固为冰状物结晶，因此，乙酸又称为冰乙酸或冰醋酸。表11-1列出了一些常见羧酸的物理常数。

表 11-1　一些常见羧酸的物理常数

名称	熔点/℃	沸点/℃	溶解度/(g/100g水)	pK_{a1}	pK_{a2}
甲酸	8.4	100.5	∞	3.75	
乙酸	16.6	118	∞	4.75	
丙酸	−22	141	∞	4.88	
丁酸	−6	164	∞	4.82	
戊酸	−34	187	3.7	4.81	
己酸	−3	205	1.0	4.85	
苯甲酸	122	250	0.34	4.17	
苯乙酸	77	266	1.66	4.31	
乙二酸	187		10	1.27	4.40
己二酸	151		1.5	4.42	5.52
邻苯二甲酸	206		0.7	2.89	5.28
间苯二甲酸	349		0.01	3.28	4.60
对苯二甲酸	300（升华）		0.002	3.54	4.82

11.2.2　羧酸的化学性质

羧酸的化学性质与其分子结构有关。从羧酸的结构可以看出：羧基中羰基碳原子与氧原子相连，因此O与C=O之间存在p-π共轭效应，导致O—H键极性增大，而呈现酸性；C—O键为极性键，故—OH可被其他基团取代；羧基的吸电子作用，导致烃基上α-H可被其他原子或原子团取代而生成取代酸。羧酸的化学性质与其结构关系如下：

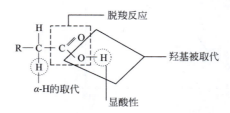

（1）酸性

羧酸在水溶液中能够解离出氢离子呈现弱酸性。可与NaOH、Na$_2$CO$_3$、NaHCO$_3$作用生成羧酸盐，羧酸盐与无机强酸作用又可游离出羧酸，利用此性质可进行羧酸的分离、回收和提纯。

$$RCOOH+NaOH \longrightarrow RCOONa+H_2O$$

$$RCOOH+NaHCO_3 \longrightarrow RCOONa+H_2O+CO_2\uparrow$$

当羧酸的烃基上（特别是 α-碳原子上）连有电负性大的基团时，由于吸电子的诱导效应，O—H 间电子云偏向氧原子，O—H 键的极性增强，促进解离，使酸性增大。当羧酸的烃基上连有给电子的基团时，则酸性减弱。基团的电负性愈大，取代基的数目愈多，距离羧基的位置愈近，吸电子诱导效应愈强，则羧酸的酸性越强，反之亦然。例如：

$$\begin{array}{cccc} & (CH_3)_3C-COOH & (CH_3)_2CH-COOH & CH_3-COOH \\ pK_a & 5.05 & 4.86 & 4.75 \end{array}$$

$\xleftarrow{\text{酸性减弱}}$

$$\begin{array}{cccc} & CH_2Cl-COOH & CHCl_2-COOH & CCl_3-COOH \\ & 2.86 & 1.36 & 0.63 \end{array}$$

$\xrightarrow{\text{酸性增强}}$

$$\begin{array}{ccc} & CH_3-CH_2-CHCl-COOH & CH_3-CHCl-CH_2-COOH \\ pK_a & 2.86 & 4.41 \end{array}$$

$$CH_2Cl-CH_2-CH_2-COOH$$
$$4.70$$

因此，低级的二元羧酸的酸性比饱和一元羧酸强，特别是乙二酸，它是由两个电负性大的羧基直接相连而成的，由于两个羧基的相互影响，酸性显著增强，乙二酸的 $pK_{a1}=1.46$，其酸性比磷酸（$pK_{a1}=1.59$）的还强。

取代基对芳香酸酸性的影响也有同样的规律。当羧基的对位连有吸电子基团时，酸性增强；而对位连有给电子基团时，则酸性减弱。至于邻位取代基的影响，因受位阻影响比较复杂，间位取代基的影响不能在共轭体系内传递，影响较小。例如：

$$\begin{array}{cccc} & O_2N-\bigcirc-COOH & \bigcirc-COOH & H_3C-\bigcirc-COOH \\ pK_a & 3.43 & 4.17 & 4.39 \end{array}$$

（2）羧酸衍生物的生成

羧酸分子中羧基上的羟基（—OH）可以被卤素（—X）、酰氧基（$R-\overset{O}{\underset{\|}{C}}-O-$）、烷氧基（—OR）及氨基（—NH$_2$）取代而生成酰卤、酸酐、酯和酰胺等羧酸衍生物。分子中的 $R-\overset{O}{\underset{\|}{C}}-$ 称为酰基。例如：

【问题 11.1】

用简单的化学方法鉴别苯甲酸、苯甲醇和对甲苯酚。

【问题 11.2】

下列化合物中酸性最强的是（　　）。

A. 乙醇　　　B. 丁酸
C. 2-氯丁酸
D. 2，2-二氯丁酸

$$R-\underset{\substack{\|\\O}}{C}-OH \begin{cases} \xrightarrow{PCl_5} R-\underset{\substack{\|\\O}}{C}-Cl & \text{酰卤} \\ \xrightarrow[P_2O_5(-H_2O)]{R'-\underset{\substack{\|\\O}}{C}-OH} R-\underset{\substack{\|\\O}}{C}-O-\underset{\substack{\|\\O}}{C}-R' & \text{酸酐} \\ \xrightarrow[-H_2O]{R'OH} R-\underset{\substack{\|\\O}}{C}-OR' & \text{酯} \\ \xrightarrow[\triangle]{NH_3} R-\underset{\substack{\|\\O}}{C}-NH_2 & \text{酰胺} \end{cases}$$

（3）羧酸的还原

在通常情况下，羧酸的还原较困难，不易被化学还原剂还原，但可以被特别强的还原剂如氢化铝锂还原成伯醇。用氢化铝锂还原羧酸，不但产率高，而且还原不饱和酸时不会影响双键。例如：

$$(CH_3)_3C-COOH \xrightarrow[\text{② } H_3^+O]{\text{① } LiAlH_4} (CH_3)_3C-CH_2OH$$

$$CH_3-CH=CH-COOH \xrightarrow[\text{② } H_3^+O]{\text{① } LiAlH_4} CH_3-CH=CH-CH_2OH$$

羧酸在高温（300～400℃）和高压（20～30MPa）下，用锌、铜、亚铬镍等作催化剂加氢也能还原成相应的醇。

（4）脱羧反应

羧酸分子脱去羧基放出二氧化碳的反应叫脱羧反应。饱和一元羧酸一般比较稳定，难以脱羧，但羧酸的碱金属盐与碱石灰共热，则发生脱羧反应。此反应在实验室中用于少量甲烷的制备。例如：

$$CH_3COONa+NaOH \xrightarrow[\triangle]{CaO} CH_4\uparrow+Na_2CO_3$$

当羧酸的 α-碳原子上连有强的吸电子基团时，羧基变得不稳定。当加热到 100～200℃时，很容易发生脱羧反应。例如：

$$Cl_3CCOOH \xrightarrow{\triangle} CHCl_3+CO_2\uparrow$$

$$CH_3COCH_2COOH \xrightarrow{\triangle} CH_3COCH_3+CO_2\uparrow$$

$$HOOCCH_2COOH \xrightarrow{\triangle} CH_3COOH+CO_2\uparrow$$

（5）α-H 的卤化反应

羧基和羰基一样，能使 α-H 活化。但羧基的活化能力比羰基小，所以羧酸 α-H 的卤化反应需要在少量红磷、碘或硫等存在下才能顺利进行，可被氯或溴取代，生成 α-卤代酸。例如：

$$CH_3COOH \xrightarrow[P]{Cl_2} \underset{Cl}{CH_2COOH} \xrightarrow[P]{Cl_2} \underset{Cl}{\overset{Cl}{CHCOOH}} \xrightarrow{Cl_2} Cl-\underset{Cl}{\overset{Cl}{CCOOH}}$$

　　　　　　　一氯乙酸　　　二氯乙酸　　　三氯乙酸

【问题11.3】

比较下列化合物酯化反应速率的大小，并解释之。

Cl₃CCOOH
A

CH₃CH₂COOH
B

(CH₃)₃CCOOH
C

(C₂H₅)₃CCOOH
D

第11章 羧酸及其衍生物

11.3　羧酸衍生物的介绍

—COOH中的羟基被卤原子、酰氧基、烷氧基、氨基（或取代氨基）等替代后得到酰卤、酸酐、酯和酰胺，它们统称为羧酸衍生物。

$$R-\overset{\overset{O}{\|}}{C}-X \qquad \underset{R-\underset{\|}{C}=O}{\overset{R-\overset{\|}{C}=O}{\diagdown O \diagup}} \qquad R-\overset{\overset{O}{\|}}{C}-OR \qquad R-\overset{\overset{O}{\|}}{C}-NH_2$$

　　酰卤　　　　酸酐　　　　　酯　　　　酰胺

　　酰氯和酸酐都是对黏膜有刺激性的物质，而大多数酯却有令人愉快的香味，自然界中许多花和果的香味就是由酯引起的。大部分酰胺是固体，没有气味。

11.4　羧酸衍生物的性质

11.4.1　羧酸衍生物的物理性质

　　低级酰氯是具有刺激性气味的无色液体，因其在空气中可发生水解生成卤化氢而具有刺激性气味。酰氯的沸点比相应的羧酸低，不溶于水，易溶于有机溶剂，低级酰氯遇水易分解。高级酰氯为白色固体。酰氯对黏膜有刺激性。低级酸酐是具有刺激性气味的无色液体，高级酸酐为固体。酸酐的沸点较分子量相近的羧酸低，难溶于水而易溶于有机溶剂。低级酯是具有水果香味的无色液体，广泛存在于水果和花草中。除甲酰胺是液体外，其余酰胺均为固体。低级酰胺溶于水，随着分子量增大，在水中的溶解度逐渐降低。酰胺由于分子间的缔合作用较强，沸点比分子量相近的羧酸、醇都高。

11.4.2 羧酸衍生物的化学性质

羧酸衍生物分子中都含有酰基，酰基上所连接的基团都是极性基团，因此它们具有相似的化学性质。但由于酰基所连接的原子或基团不同，所以它们的反应活性存在差异。反应活性强弱顺序如下：

$$\underset{}{R-\overset{O}{\underset{\|}{C}}-Cl} > \underset{}{R-\overset{O}{\underset{\|}{C}}-O-\overset{O}{\underset{\|}{C}}-R'} > R-\overset{O}{\underset{\|}{C}}-OR' > R-\overset{O}{\underset{\|}{C}}-NH_2$$

（1）水解、醇解、氨解反应

羧酸衍生物分别与水、醇、氨等发生水解、醇解、氨解等反应。反应的结果是在水、醇、氨分子中引入酰基，凡是向其他分子中引入酰基的反应都叫作酰基化反应。提供酰基的试剂叫酰基化试剂。酰氯、酸酐都是常用的酰基化试剂。

$$R-\overset{O}{\underset{\|}{C}}-Z+\begin{cases}H-OH \longrightarrow R-\overset{O}{\underset{\|}{C}}-OH \text{ 羧酸} +HZ \\ H-OR' \longrightarrow R-\overset{O}{\underset{\|}{C}}-OR' \text{ 酯} +HZ \\ H-NH_2 \longrightarrow R-\overset{O}{\underset{\|}{C}}-NH_2 \text{ 酰胺} +HZ\end{cases}$$

$Z = X-,\ R'COO-,\ R'O-$

（2）酯的还原反应

羧酸的衍生物中的羰基比羧酸中的羰基活泼，因此羧酸衍生物比羧酸容易还原。常用的还原方法有催化氢化、醇加金属钠及氢化铝锂还原等。例如，用氢化铝锂可以把酰氯、酸酐和酯还原成伯醇，酰胺还原成伯胺，N-烃基酰胺还原成仲胺或叔胺。其反应通式如下：

$$\begin{array}{l}R-\overset{O}{\underset{\|}{C}}-Cl \\ R-\overset{O}{\underset{\|}{C}}-O-\overset{O}{\underset{\|}{C}}-R \\ R-\overset{O}{\underset{\|}{C}}-OR' \\ R-\overset{O}{\underset{\|}{C}}-NH_2 \\ R-\overset{O}{\underset{\|}{C}}-NHR' \\ R-\overset{O}{\underset{\|}{C}}-NR'_2\end{array} \xrightarrow{LiAlH_4} \begin{array}{l}R-CH_2OH \\ 2R-CH_2OH \\ R-CH_2OH + R'-OH \\ R-CH_2-NH_2 \\ R-CH_2-NH-R' \\ R-CH_2-NR'_2\end{array}$$

酯被氢化铝锂或金属钠的醇溶液还原而不影响分子中的 C=C，因而在有机合成中常被采用。例如：

$$\underset{\text{油酸丁酯}}{CH_3(CH_2)_7CH=CH(CH_2)_7COOC_4H_9} \xrightarrow[C_4H_9OH]{Na} \underset{\text{油醇}}{CH_3(CH_2)_7CH=CH(CH_2)_7CH_2OH} + C_4H_9OH$$

（3）克莱森酯缩合反应

酯分子在碱的作用下形成的碳负离子，进攻另一分子的酯，得到 β-酮基酯。该反应称为克莱森（Claisen）酯缩合反应。

$$R-CH_2-\overset{O}{\overset{\|}{C}}-OR' \xrightarrow[-H^+]{C_2H_5ONa} R-\overset{-}{C}H-\overset{O}{\overset{\|}{C}}-OR' \xrightarrow{R-CH_2-\overset{O}{\overset{\|}{C}}-OR'}$$

$$RCH_2-\underset{\underset{R}{O^-}}{\overset{\overset{OR'}{|}}{C}}-\overset{O}{\overset{\|}{C}}H-\overset{O}{\overset{\|}{C}}-OR' \xrightarrow{-R'O^-} RCH_2-\overset{O}{\overset{\|}{C}}-\underset{R}{\overset{\|}{C}}H-\overset{O}{\overset{\|}{C}}-OR'+R'OH$$

酯在强碱作用下生成的 α-碳负离子作为亲核试剂进攻另一酯分子中的羰基，然后加成-消除 R′O⁻，得到 β-酮酸酯。总的结果是 1 分子酯失去烷氧基，另 1 分子酯失去 α-氢原子而缩合成 β-酮酸酯。

例如乙酸乙酯在金属钠或乙醇钠的作用下，发生酯缩合反应，生成乙酰乙酸乙酯。

$$CH_3COOC_2H_5 + HCH_2COOC_2H_5 \xrightarrow{C_2H_5ONa} CH_3COCH_2COOC_2H_5 + C_2H_5OH$$

习题

1. 用系统命名法命名（如有俗名请注出）或写出结构式。

（1）$(CH_3)_2CHCOOH$

（2）

（3）$CH_3CH\!=\!CHCOOH$

（4）$CH_3\underset{\underset{Br}{|}}{C}HCH_2COOH$

（5）$CH_3CH_2CH_2COCl$

（6）$(CH_3CH_2CH_2CO)_2O$

（7）$CH_3CH_2COOC_2H_5$

（8）$CH_3CH_2CH_2OCOCH_3$

（9）苯甲酰胺基结构（C₆H₅CONH₂）

（10）$HOOCC\underset{H}{=}C\underset{H}{C}OOH$

（11）邻苯二甲酸二甲酯

（12）甲酸异丙酯

（13）N-甲基丙酰胺

（14）苯甲酰基

（15）乙酰基

（16）DMF

2. 将下列化合物按酸性增强的顺序排列。

（1）$CH_3CH_2CHBrCO_2H$

（2）$CH_3CHBrCH_2CO_2H$

（3）$CH_3CH_2CH_2CO_2H$　　　　　　（4）$CH_3CH_2CH_2CH_2OH$
（5）C_6H_5OH　　　　　　　　　　（6）H_2CO_3
（7）Br_3CCO_2H　　　　　　　　　（8）H_2O

3. 写出下列反应的主要产物。

（1）[四氢萘] $\xrightarrow{Na_2Cr_2O_7-H_2SO_4}$　　（2）$(CH_3)_2CHOH + H_3C-\text{〈苯环〉}-COCl \longrightarrow$

（3）$HOCH_2CH_2COOH \xrightarrow{LiAlH_4}$　　（4）$NCCH_2CH_2CN + H_2O \xrightarrow{NaOH} (\quad) \xrightarrow{H^+}$

（5）邻-$\text{〈苯环〉}(CH_2COOH)(CH_2COOH) \xrightarrow[Ba(OH)_2]{\triangle}$　　（6）$CH_3COCl + \text{〈甲苯〉} \xrightarrow{\text{无水}AlCl_3}$

（7）$(CH_3CO)_2O + \text{〈苯环〉}-OH \longrightarrow$　　（8）$CH_3CH_2COOC_2H_5 \xrightarrow{NaOC_2H_5}$

（9）$CH_3COOC_2H_5 + CH_3CH_2CH_2OH \xrightarrow{H^+}$　　（10）$CH_3CH(COOH)_2 \xrightarrow{\triangle}$

（11）〈环己烯〉$-COOH + HCl \longrightarrow$　　（12）$2\;\text{〈苯环〉}-COOH + HOCH_2CH_2OH \xrightarrow[H^+]{\triangle}$

（13）〈茚满〉$-COOH \xrightarrow{LiAlH_4}$　　（14）$HCOOH + \text{〈环己基〉}-OH \xrightarrow[H^+]{\triangle}$

（15）$\begin{matrix}CH_2CH_2COOC_2H_5\\|\\CH_2COOC_2H_5\end{matrix} \xrightarrow{NaOC_2H_5}$　　（16）〈吡啶〉$-CONH_2 \xrightarrow[OH^-]{\triangle}$

4. 怎样将己醇、己酸和对甲苯酚的混合物分离得到各种纯的组分？

5. 写出实现下列转变的各步方程式。

（1）由1-丁烯转变为：　A.丁酸，　B.丙酸，　C.戊酸

（2）由苯转变为苯甲酸

（3）对溴甲苯 $\longrightarrow$ 对苯二甲酸

6. 用简单化学方法鉴别下列各组化合物。

（1）〈苯环〉-COOH 和 〈苯环〉-OH

（2）CH_3CH_2COOH 和 CH_3CH_2COCl

（3）$(CH_3CO)_2O$ 和 $(C_2H_5)_2O$

（4）$CH_3CO_2CH_3$ 和 CH_3CH_2COOH

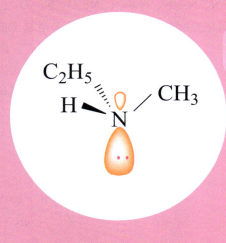

第 12 章
含氮有机化合物

内容提要

12.1 含氮有机化合物介绍
12.2 硝基化合物
12.3 胺
12.4 芳香族重氮盐

学习目标

掌握：含氮有机物的结构特点；硝基化合物的性质及硝基对母体结构的影响；不同种类胺的结构与其性质的关系；胺的制法；芳香族重氮盐的反应。

12.1 含氮有机化合物介绍

在有机化合物中，除 C、H、O 三种元素外，N 是第四种常见元素。含氮有机化合物主要是指分子中氮原子和碳原子直接相连的化合物（C—N、C=N、C≡N），有的还含有 N—N、N=N、N≡N、N—O、N=O 及 N—H 键等，可以看成是烃分子中的一个或几个氢原子被含氮的官能团所取代的衍生物。这类化合物范围广，种类繁多，并广泛地存在于自然界中，与生命活动和人类日常生活关系非常密切。常见的比较简单的含氮有机化合物如表 12-1 所示。

表 12-1　常见有机含氮化合物

化合物类型	官能团	举例
硝酸酯	—ONO$_2$	CH$_3$—CH$_2$—ONO$_2$
硝基化合物	—NO$_2$	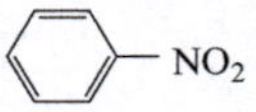 C$_6$H$_5$—NO$_2$
亚硝基化合物	—NO	CH$_3$—CH$_2$—NO
腈	—CN	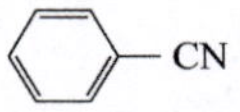 C$_6$H$_5$—CN
胺	—NH$_2$，〉NH，〉N—	CH$_3$—NH$_2$，CH$_3$—NH—CH$_3$，(CH$_3$)$_3$N
酰胺	—C(=O)—NH$_2$	H$_3$C—C(=O)—NH$_2$
季铵化合物	[R$_4$N]$^+$	(CH$_3$)$_4$N$^+$OH$^-$
氨基酸	—NH$_2$，—COOH	NH$_2$—CH$_2$—COOH
重氮化合物	—$\overset{+}{N}$=N	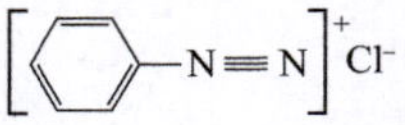 [C$_6$H$_5$—N=N]$^+$Cl$^-$
偶氮化合物	—N=N—	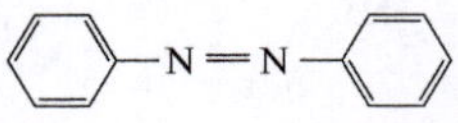 C$_6$H$_5$—N=N—C$_6$H$_5$

除此以外，肼、蛋白质、绝大部分的生物碱等也属于含氮有机化合物。本章主要讨论硝基化合物、胺以及重氮和偶氮化合物。

12.2 硝基化合物

12.2.1 硝基化合物介绍

硝基化合物是含有一个或多个硝基（—NO_2）的有机化合物，通式 R—NO_2 或 Ar—NO_2，可分为脂肪族硝基化合物和芳香族硝基化合物。根据烃基不同可分为脂肪族硝基化合物 R—NO_2 和芳香族硝基化合物 $ArNO_2$；根据硝基的数目可分为一硝基化合物和多硝基化合物；根据碳原子不同可分为伯、仲、叔硝基化合物。

硝基是一个强吸电子基团，因此硝基化合物都有较高的偶极矩。例如，CH_3NO_2 偶极矩为 3.4D（1D=3.336×10^{-30} C·m）。硝基中的两个氮氧键，一个是氮氧双键，另一个是配位键（共用电子对全由氮提供）。据此，这两种不同的氮氧键的键长应该是不同的。但是电子衍射试验测定发现，硝基中的氮原子和两个氧原子之间的距离相同，键长均为 0.121nm。硝基中两个氮氧键长平均化，说明三个原子形成了 p-π 共轭体系，发生了电子的离域。它是两个相等的路易斯结构的共振杂化体，可用下式表示：

硝基化合物在自然界存在很少，脂肪族硝基化合物可通过烷烃气相硝化制得，或由简单的硝基烷烃反应得到。芳香族硝基化合物是由硝酸或硝酸和硫酸的混合酸硝化芳烃制得。在工业上有重要用途的芳香族硝基化合物，如 2,4,6-三硝基苯酚（苦味酸）、2,4,6-三硝基甲苯（TNT）、三硝基间苯二酚、1,3,5-三硝基苯（TNB）等都是烈性炸药。有机分子中引入硝基后，常带有颜色，如硝基染料萘酚黄 S 等。有些化合物中引入硝基后能产生特殊的香味，例如，在叔丁苯的多硝基化合物中，有些具有类似麝香的香味，可以用作化妆品的定香剂，如葵子麝香、二甲苯麝香等。硝基化合物常用作溶剂、中间原料及火箭燃料等。大部分硝基化合物都有一定的毒性，有些能诱发癌症，如某些硝基呋喃类药物，使用时应注意。

【问题 12.1】

请列举 3 类含氮的有机化合物。

12.2.2 硝基化合物的性质

（1）硝基化合物的物理性质

单硝基化合物具有淡淡的苦杏仁味道，多硝基化合物往往具有强烈的香味，一般为浅黄色液体或者固体。硝基化合物有毒性，能透过皮肤而被吸收，能和血液中的血红素作用，严重时可以致死。硝基是强极性基团，硝基化合物的沸点比分子量相近的酮、酯等都高。

硝基化合物的相对密度都大于1，不溶于水，易溶于醇和醚，并能溶于浓H_2SO_4中而形成𨦡盐。即使是低分子量的一硝基烷烃在水中的溶解度也很小。脂肪族硝基化合物是较好的有机溶剂，如硝基甲烷、硝基乙烷、硝基丙烷是油漆、染料、蜡等的良好溶剂，还可以作为高效燃料，用于赛车的引擎中。常见硝基化合物的物理常数见表12-2。

表 12-2　常见硝基化合物的物理常数

化合物	构造式	熔点/℃	沸点/℃
硝基甲烷	CH_3NO_2	−28.5	100.8
1-硝基丙烷	$CH_3CH_2CH_2NO_2$	−104.0	131.5
2-硝基丙烷	$(CH_3)_2CHNO_2$	−93	120
硝基苯	$C_6H_5NO_2$	5.7	210.8
1,3-二硝基苯	1,3-$C_6H_4(NO_2)_2$	89.6	167（1.87kPa）
2,4,6-三硝基甲苯	2,4,6-$(CH_3)C_6H_2(NO_2)_3$	81.8	240（爆炸）
2,4,6-三硝基苯酚	2,4,6-$C_6H_2(OH)(NO_2)_3$	122.5	300（爆炸）

（2）硝基化合物的化学性质

① 酸性　脂肪族硝基化合物最显著的化学性质是酸性。例如，硝基甲烷、硝基乙烷、硝基丙烷的pK_a值分别为10.2、8.5、7.8。因此，具有α-H的伯、仲硝基烷能与碱作用生成盐，从而溶于碱溶液中。例如：

$$RCH_2NO_2 + NaOH \longrightarrow [RCHNO_2]^- Na^+ + H_2O$$

$$\begin{matrix} R \\ R \end{matrix}\!\!>\!\!CHNO_2 + NaOH \longrightarrow \left[\begin{matrix} R \\ R \end{matrix}\!\!>\!\!CNO_2\right]^- Na^+ + H_2O$$

② 与羰基化合物缩合　含有α-H的硝基化合物，在碱性条件下能与某些羰基化合物发生缩合反应。

$$R-CH_2-NO_2 + R'-\!\!\overset{\displaystyle O}{\underset{\displaystyle H}{C}}\!\!\!-\!\!\!H \xrightarrow{OH^-} R'-\!\!\overset{\displaystyle OH}{\underset{\displaystyle H}{C}}\!\!\!-\!\!\overset{\displaystyle H}{\underset{\displaystyle R'}{C}}\!\!-NO_2 \xrightarrow[\Delta]{-H_2O} R'-\!\!\overset{}{\underset{\displaystyle H}{C}}\!\!=\!\!\overset{}{\underset{\displaystyle R'}{C}}\!\!-NO_2$$
(R″)　　　　　　　　　(R″)　　　　　　(R″)

其缩合过程是：硝基烷在碱的作用下脱去 α-H 形成碳负离子，碳负离子再与羰基化合物发生缩合反应。

③ 还原反应　硝基化合物可以被还原。常用的还原剂有 H_2/Pt、Fe/HCl、Zn/HCl、$SnCl_2/HCl$、$LiAlH_4$ 等，还原的最终产物都是相应的胺。脂肪族硝基化合物还原产物较为简单，而芳香族硝基化合物还原产物较为复杂，随着还原条件的不同产物也各不相同。

浓盐酸存在条件下，用 Sn、Fe、$SnCl_2$ 等进行还原，得到苯胺；中性介质条件下得到 N-羟基苯胺（又称苯胲）；碱性介质中用金属锌还原，可得到偶氮苯或氢化偶氮苯。反应式如下：

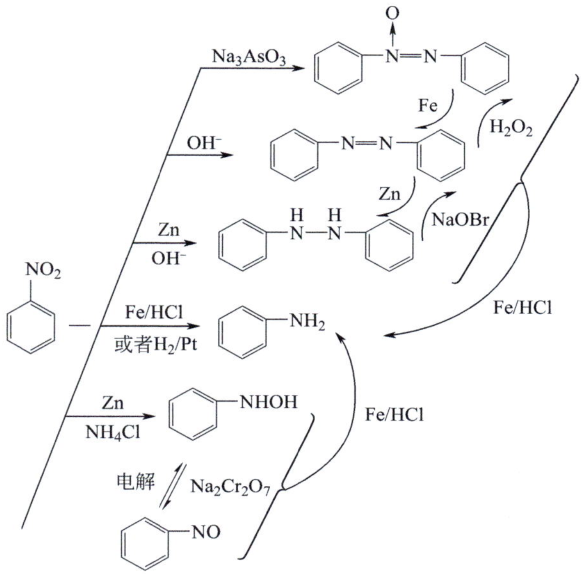

不同的还原产物之间可以通过氧化-还原反应相互转化，所有这些还原中间产物，经过强烈还原条件下进一步还原，都可以得到苯胺。为了减少环境污染，提高工业生产效率，现代工业主要采用催化还原氢化方法，以 Cu、Ni、Pt 等金属为催化剂，中性条件下还原。

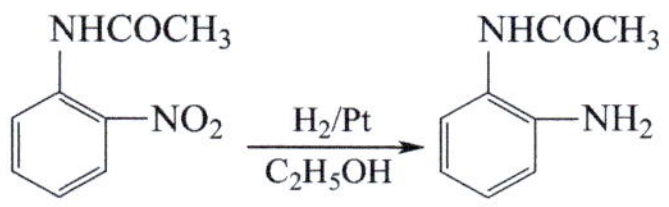

多硝基化合物使用碱金属的硫化物或者多硫化物 [NH_4HS、NaHS 或 $(NH_4)_2S$ 等] 还原，可以选择性地只还原其中的一个硝基为氨基。例如：

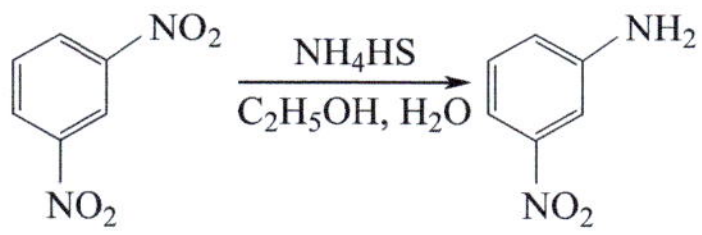

【问题 12.2】

完成下列反应式。

(1) 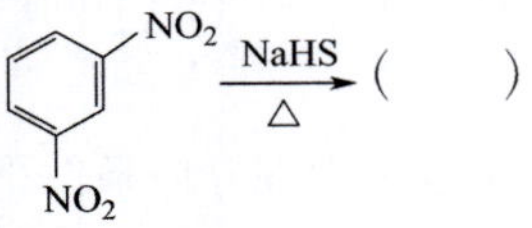 间二硝基苯 $\xrightarrow[\triangle]{NaHS}$ (　　)

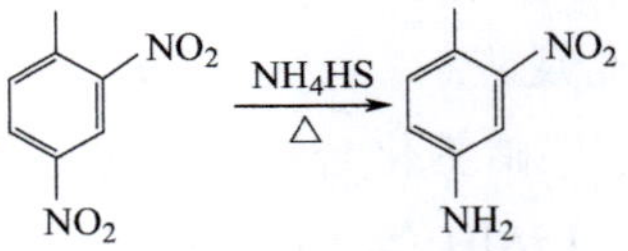

(2) 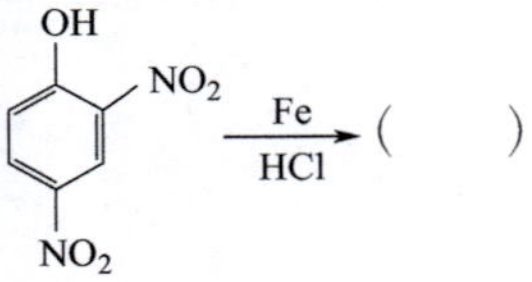 2,4-二硝基苯酚 $\xrightarrow[HCl]{Fe}$ (　　)

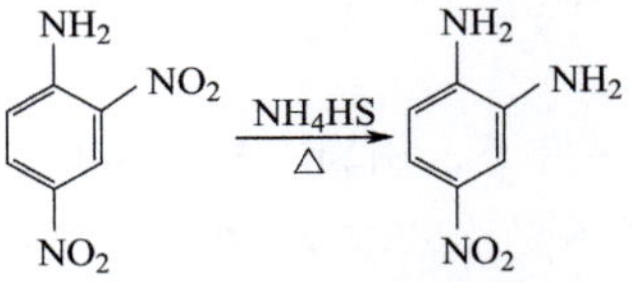

2,4-二硝基甲苯 $\xrightarrow[\triangle]{NH_4HS}$ 还原对位产物

2,4-二硝基苯胺 $\xrightarrow[\triangle]{NH_4HS}$ 还原邻位产物

（3）硝基对苯环邻、对位基团的影响

硝基是个强的钝化基团，硝基苯在较剧烈的条件下，可以发生硝化、卤化和磺化等反应，不能发生傅-克烷基化和酰基化反应。芳环上的硝基不仅使芳环上的亲电取代反应较难进行，而且通过其吸电子的共轭和诱导效应，对其邻、对位存在的取代基产生显著影响，它使其邻、对上的卤原子活性增大，易被亲核试剂取代，导致硝基的邻、对位能够发生亲核取代反应。氯苯与 NaOH 溶液在 200℃、长时间搅拌下也不能水解生成苯酚，但当苯环上引入硝基后，氯原子变得活泼，水解反应得以发生。例如：

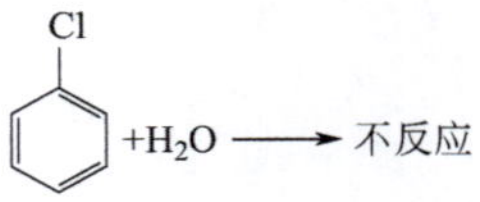

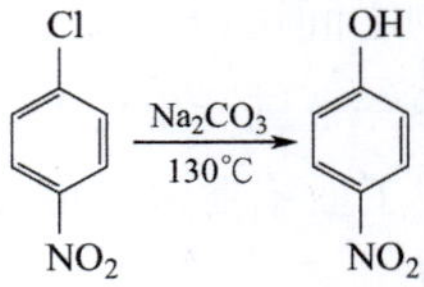

氯苯 + H_2O ⟶ 不反应

对硝基氯苯 $\xrightarrow[130℃]{Na_2CO_3}$ 对硝基苯酚

苯环上的硝基愈多，上述水解反应愈容易发生。

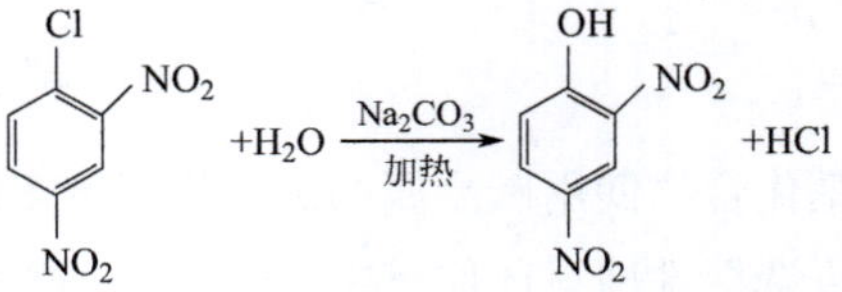

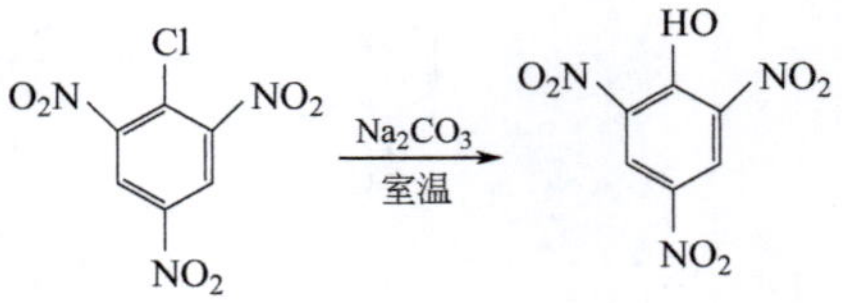

2,4-二硝基氯苯 + H_2O $\xrightarrow[加热]{Na_2CO_3}$ 2,4-二硝基苯酚 + HCl

2,4,6-三硝基氯苯 $\xrightarrow[室温]{Na_2CO_3}$ 2,4,6-三硝基苯酚

由于同样的原因，硝基也使苯环上的羟基或羧基，特别是处于邻位或对位的羟基或羧基上的氢原子质子化倾向增强，即酸性增强。例如：

	OH	OH NO$_2$	OH NO$_2$	OH NO$_2$
pK_a	10.00	7.21	7.16	8.30

	COOH	COOH NO$_2$	COOH NO$_2$	COOH NO$_2$
pK_a	4.17	2.21	3.40	3.49

硝基越多，对苯环电子云密度降低的影响越大，导致酸性增强；另外，间位只有诱导效应，没有共轭效应，因而在一取代化合物中，邻、对位的影响超过间位。邻位的硝基能够和羟基形成分子内氢键，因此邻位硝基酚比对位硝基酚的酸性弱。

【问题12.3】

按酸性由强到弱的顺序排列下列化合物。

12.3 胺

胺类化合物依据氮原子上连接烃基的数目又分为伯胺、仲胺、叔胺、季铵，其中季铵是离子化合物，季铵盐是铵离子（NH_4^+）的四个H都被烃基取代后形成的季铵阳离子的盐，通式为$[R_4N]^+X^-$。其中四个烃基可以相同，也可以不相同，X^-多为卤素阴离子。胺类化合物的分类如下所示：

$$\text{脂肪胺}\begin{cases} R-NH_2 & \text{伯胺 (1°胺)} \\ R_2-NH & \text{仲胺 (2°胺)} \\ R_3-N & \text{叔胺 (3°胺)} \\ R_4\overset{\oplus}{N}X^{\ominus} & \text{季铵盐} \\ R_4\overset{\oplus}{N}OH^{\ominus} & \text{季铵碱} \end{cases} \Longleftrightarrow \boxed{NH_3} \Longrightarrow \begin{cases} ArNH_2 \\ Ar_2NH \\ ArNHR \\ ArNR_2 \end{cases} \text{芳胺}$$

这里需要注意的是，伯、仲、叔胺与伯、仲、叔醇的含义是不同的。伯、仲、叔醇指的是羟基与伯、仲、叔碳原子相连；而伯、仲、叔胺则是指氮原子上所连的烃基的数目，与烃基本身的结构无关。例如，叔丁醇（CH_3）$_3$COH 和叔丁胺（CH_3）$_3$$CNH_2$ 中的烃基都是叔丁基，但是前者是叔醇，后者是伯胺。

许多季铵盐是性能优良的杀菌剂和表面活性剂。因为大多数芳胺都有毒性，有许多属于致癌物质，例如，2-萘胺、联苯胺等，因此在接触胺类化合物时要注意安全，应该避免接触皮肤和经口鼻吸入或食入。

12.3.1 胺的结构

在胺类化合物中，氮原子与碳原子相似，采用 sp^3 杂化方式成键，与碳原子不同的是，氮原子的一个 sp^3 轨道被自身的一对电子占据，只能与其他原子或基团形成三个 σ 键。即胺分子中，氮原子是以不等性 sp^3 杂化成键的，其构型成棱锥形。最简单的胺是甲胺。氨、甲胺和三甲胺的结构如图 12-1 所示。

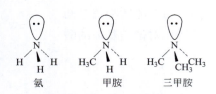

图 12-1 氨、甲胺和三甲胺的结构示意图

若氮原子上连有三个不同基团，是手性分子，理论上应存在对映体，可以分离出左旋体和右旋体。例如：

简胺的构型转化只需要 25kJ/mol 的能量，胺分子在两种构型之间快速翻转，因此简单胺无法拆分。

芳胺分子中氨基也是棱锥形结构，所不同的是氮原子上的未共用电子对所处的轨道可以与芳环的 π 电子轨道发生部分重叠，形成共轭体系，氮上孤对电子发生了离域。图 12-2 为苯胺的结构。

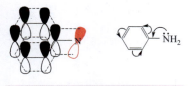

图 12-2 苯胺结构示意图

12.3.2 胺的性质

（1）胺的物理性质

低级胺常温下是气体，丙胺以上是液体，高级胺是固体。低级胺的气味与氨相似，有的还有鱼腥味（如三甲胺），高级胺几乎没有气味。肉腐烂时能产生恶臭且极毒的丁二胺（腐胺）及戊二胺（尸胺）。芳香胺为高沸点液体或低熔点固体，一般难溶于水，有特殊气味，且毒性较大，易渗入皮肤，无论吸入或皮肤接触都能引起中毒。有些芳胺如 β-萘胺和联苯胺可导致恶性肿瘤。低级胺能与水形成分子间氢键，因而易溶于水，但溶解度随胺的分子量的增大而降低。伯胺和仲胺能形成分子间氢键，因而沸点比分子量相近的脂肪烃高。但胺分子间氢键不如醇分子间氢键强（因氮的电负性比氧的小），因而沸点较分子量相近的醇低。叔胺分子中没有 N—H 键，水溶性及沸点均比伯、仲胺低。例如：

物质	甲胺（31）	乙烷（30）	甲醇（32）
沸点/℃	−7	−88	64

物质	正丙胺（伯）	甲乙胺（仲）	三甲胺（叔）
沸点/℃	47.8	36.7	2.87

（2）胺的化学性质

① **碱性** 与氨相似，所有的胺都是弱碱，其水溶液呈弱碱性，能与多数酸作用生成盐。例如：

$$R-\overset{..}{N}H_2 + HCl \longrightarrow R-\overset{+}{N}H_3Cl^-$$

$$R-\overset{..}{N}H_2 + HOSO_3H \longrightarrow R-\overset{+}{N}H_3OSO_3H$$

胺的碱性强弱可用解离常数 K_b 或解离常数的负对数 pK_b 来表示。

$$R-\overset{..}{N}H_2 + H_2O \underset{}{\overset{K_b}{\rightleftharpoons}} R-\overset{+}{N}H_3 + OH^-$$

$$K_b = \frac{[R-\overset{+}{N}H_3][OH^-]}{[RNH_2]} \quad pK_b = -\lg K_b$$

碱性顺序：脂肪胺 > 氨 > 芳胺

pK_b < 4.70   4.75 > 8.40

气态时，脂肪胺仅有烷基的给电子效应，由于烷基是给电子基团，因此脂肪胺的碱性比氨强。在气相或非水溶液中，脂肪胺的碱性取决于氮原子上电子云密度，烷基越多，氮原子上电子云密度越大，碱性越强。因此脂肪胺碱性大小次序为：

$$3°胺 > 2°胺 > 1°胺 > NH_3$$

在水溶液中，碱性的强弱决定于电子效应、溶剂化效应等。

溶剂化效应：铵正离子与水的溶剂化作用（胺的氮原子上的氢与水形成氢键的作用）。胺的氮原子上的氢越多，溶剂化作用越强，铵正离子越稳定，胺的碱性越强。

$$R-\overset{+}{N}\begin{matrix}H--OH_2\\H--OH_2\\H--OH_2\end{matrix} \quad R_2-\overset{+}{N}\begin{matrix}H--OH_2\\H--OH_2\end{matrix} \quad R_3-\overset{+}{N}-H--O\begin{matrix}H\\H\end{matrix}$$

结合两方面的因素，脂肪胺的碱性大小次序为：

2°胺 > 1°胺 > 3°胺 > NH_3

芳胺的碱性比氨弱。这是由于苯胺中氮原子上的未共用电子对与苯环的π电子云形成共轭体系，电子离域使氮原子上的电子云部分移向苯环，从而降低了氮原子上的电子云密度，因而降低了与氢质子的结合能力，即碱性降低。芳胺的碱性甚至不能用石蕊试纸检验。芳胺的碱性顺序为：$ArNH_2 > Ar_2NH > Ar_3N$。共轭体系越大，碱性越弱。

例如： NH_3 $PhNH_2$ $(Ph)_2NH$ $(Ph)_3N$

pK_b 4.75   9.38   13.21   中性

对于取代芳胺，苯环上连给电子基团时，碱性略有增强；连有吸电子基团时，碱性则降低。

苯胺的碱性虽弱，但仍可与强酸形成盐。例如：

由于铵盐是弱碱盐，遇到强碱就会分解，胺重新游离出来。利用该性质，可以很方便地分离胺。

$$R\overset{+}{N}H_3Cl^- + NaOH \longrightarrow RNH_2 + NaCl + H_2O$$

【问题12.4】

比较下列化合物的碱性大小。

【问题12.5】

用化学方法分离下列化合物。

$CH_3(CH_2)_3NO_2$ $(CH_3)_3CNO_2$ $CH_3CH_2CH_2NH_2$

② 烷基化反应　胺可以与卤代烃或醇等烷基试剂作用。胺的氮原子可提供电子对，是一种路易斯（Lewis）碱，能与卤代烃或醇发生亲核取代反应，在胺的氮原子上引入羟基，称为胺的烷基化反应。

$$NH_3 + RBr \longrightarrow R\overset{+}{N}H_3 \xrightarrow{OH^-} R-NH_2 \quad 伯胺$$

$$R-NH_2 + RBr \longrightarrow R_2\overset{+}{N}H_2 \xrightarrow{OH^-} R_2-NH \quad 仲胺$$

$$R_2-NH + RBr \longrightarrow R_3\overset{+}{N}H \xrightarrow{OH^-} R_3-N \quad 叔胺$$

$$R_3-N + RBr \longrightarrow R_4\overset{+}{N}Br^- \quad 季铵盐$$

脂肪胺与卤代烃反应通常会生成多取代的胺，产物是混合物给分离提纯带来了困难。因此不是制胺的好方法。如果控制反应条件，使用过量的氨，则主要制得伯胺；使用过量的卤代烃，则主要得叔胺和季铵盐。卤代烃一般用伯卤代烃。例如：

$$C_6H_5NH_2 + C_6H_5CH_2Cl \xrightarrow{NaHCO_3} C_6H_5-CH_2NH-C_6H_5$$

③ 酰基化反应　伯胺或仲胺与酰卤、酸酐等酰基化试剂作用，氨基上的氢原子被酰基化取代而生成 N-取代或 N,N-二取代酰胺，称为胺的酰基化反应。叔胺的氮原子上没有氢原子，不能发生酰基化反应。例如：

$$CH_3NH_2 + (CH_3CO)_2O \longrightarrow CH_3CONHCH_3 + CH_3COOH$$

$$(CH_3)_2NH + CH_3COCl \longrightarrow CH_3CON(CH_3)_2 + HCl$$

$$(CH_3)_3N + CH_3COCl \longrightarrow 不反应$$

酰胺是具有一定熔点的固体，在强酸或强碱的水溶液中加热可水解为原来的胺。因此伯、仲、叔胺的混合物在醚溶液中经乙酰化反应，再加稀盐酸，可从中分离出叔胺，或把叔胺与伯、仲胺区别开来。除甲酰胺外，所有的酰胺都是具有一定熔点的固体。通过测定酰胺的熔点，并与已知的酰胺比较，可以推测出原来的胺，故可用来鉴别伯胺或仲胺。另外，此反应在有机合成上也常用来保护氨基，降低苯环上氨基的活性。

例如，由 $C_6H_5NH_2$ 合成 对溴苯胺 。

$$C_6H_5NH_2 \xrightarrow{(CH_3CO)_2O} C_6H_5NHCOCH_3 \xrightarrow[乙酸]{Br_2} \xrightarrow[H^+ 或 OH^-]{H_2O} \text{对溴苯胺}$$

先把芳胺酰化，把氨基保护起来，再进行其他反应，然后使酰胺水解再变为原来的胺。

酰基化试剂中，酰卤最活泼，酸酐次之，羧酸的反应活性最差，需要不断除去反应生成的水，使平衡向右移动。例如：

$$PhNH_2 + CH_3COOH \rightleftharpoons PhNHCOCH_3 + H_2O$$
（除去水）

④ 磺酰化反应——兴斯堡反应　在氢氧化钠或氢氧化钾的碱溶液中，用苯磺酸酰氯、对甲苯磺酰氯或2,4-二硝基苯磺酰氯与伯胺或仲胺反应，生成相应的芳磺酰胺。苯磺酰基是强吸电子基团，伯胺生成的苯磺酰胺氮上的氢呈一定的酸性，能与氢氧化钠作用生成水溶性盐而溶于碱溶液中；而仲胺生成的苯磺酰胺氮上没有氢，不能与碱作用生成盐，因而不溶于碱，而呈固体析出。叔胺不发生磺酰化反应，但可溶于酸。利用这个性质可以鉴别或分离伯、仲、叔胺。这个反应称为兴斯堡（Hinsberg）反应。

3种胺的磺酰化混合物经蒸馏可分离出不反应的叔胺；经过滤可分出仲胺的苯磺酰胺，滤液经酸化后可得到伯胺的苯磺酰胺。伯胺和仲胺的苯磺酰胺在酸的作用下，可水解得到原来的胺，由此可实现3种胺的分离。

【问题12.6】

选择正确答案。

（1）鉴别伯、仲、叔胺常用的试剂是（　　）

A. Sarret 试剂　　B. Br_2/CCl_4　　C. $[Ag(NH_3)_2]OH$　　D. ⌬-SO_2Cl/NaOH

（2）芳环上的—NH_2基应该选择下列哪种方法进行保护（　　）

A. 与硫酸成盐　　B. 烷基化　　C. 酰基化　　D. 重氮化

⑤ 与亚硝酸的反应　脂肪族伯胺与亚硝酸反应，生成重氮盐，脂肪族重氮盐极不稳定，立即分解放出氮气（定量），同时生成醇、烯乃至卤代烃等混合物。

$$RNH_2 \xrightarrow[0\sim 5℃]{NaNO_2, HCl} RN_2^+Cl^- \longrightarrow R^+ + N_2\uparrow + Cl^-$$
（醇、烯、卤代烃等）

$$CH_3CH_2CH_2^+ \begin{cases} H_2O \rightarrow CH_3CH_2CH_2OH \\ X^- \rightarrow CH_3CH_2CH_2X \\ -H^+ \rightarrow CH_3CH=CH_2 \\ 重排 \rightarrow CH_3CHCH_3 \\ \qquad\qquad\quad\; OH \end{cases}$$

脂肪族仲胺与亚硝酸作用生成 N-亚硝基二烷基胺。它是一种黄色油状的液体，与稀酸共热可分解为原来的胺。利用此性质可分离提纯仲胺。N-亚硝基二烷基胺具有致癌毒性。

$$R_2NH + HNO_2 \longrightarrow \underset{N\text{-亚硝基二烷基胺（黄色油状）}}{R_2N\text{-}NO} + H_2O \xrightarrow[\triangle]{稀盐酸} R_2NH$$

脂肪族叔胺常温下一般不与亚硝酸反应，低温下生成不稳定的盐，极易水解，加碱后又得到游离的叔胺。例如：

$$R_3N + HNO_2 \xrightarrow{低温} R_3NH^+NO_2^-$$

芳香族重氮盐在低温下有一定的稳定性。芳香族伯胺在低温下的强酸性水溶液中与亚硝酸反应可生成芳基重氮盐，这个反应称为重氮化反应。芳香族重氮盐在低温（<5℃）和强酸存在下可保持稳定，升温则分解放出氮气。例如：

$$C_6H_5\text{-}NH_2 \xrightarrow[0\sim5℃]{NaNO_2, HCl} C_6H_5\text{-}N_2Cl$$

重氮化操作一般是把芳香族伯胺溶解在过量无机酸中，保持 0～5℃，搅拌条件下慢慢加入亚硝酸钠溶液，反应中无机酸是过量的，一般用量在 2.5～3.0mol 之间，保持足够的酸性能够防止重氮盐与未反应的芳胺发生偶合反应。一般的重氮盐在5℃以上是不稳定的，容易放出氮气而分解，而且固态的重氮盐非常容易爆炸，因此通常不将它分离出来，而是直接进行下一步的反应。氟硼酸重氮盐在室温下稳定，可以分离出来。反应终点可以用淀粉碘化钾试纸检测，过量的亚硝酸会促进重氮盐分解，一般用尿素除去。

$$H_2N\text{-}CO\text{-}NH_2 + HNO_2 \longrightarrow N_2\uparrow + CO_2\uparrow + H_2O$$

仲胺与亚硝酸反应，得到难溶于水的黄色油状物或固体 N-亚硝基胺产物，有强烈的致癌性。

$$C_6H_5\text{-}N(CH_3)H \xrightarrow[0\sim5℃]{NaNO_2, HCl} \underset{N\text{-亚硝基-}N\text{-甲苯胺（黄色）}}{C_6H_5\text{-}N(CH_3)(NO)}$$

叔胺氮原子上无氢原子，因此脂肪族叔胺与亚硝酸不反应；芳香族叔胺发生环上亲电取代反应，产物为绿色晶体。

$$C_6H_5\text{-}N(CH_3)_2 \xrightarrow{NaNO_2, HCl} ON\text{-}C_6H_4\text{-}N(CH_3)_2 \text{（绿色晶体）}$$

由于伯、仲、叔胺与亚硝酸反应的产物和现象不同，因此可以用来鉴别 3 种胺。

12.3.3 胺的制备

（1）硝基化合物的还原

硝基苯在酸性条件下用金属还原剂（铁、锡、锌等）还原，最后产物为苯胺。

二硝基化合物可用选择性还原剂（硫化铵、硫氢化铵或硫化钠等）只还原一个硝基而得到硝基胺。例如：

$$\text{m-}C_6H_4(NO_2)_2 + 3(NH_4)_2S \longrightarrow \text{m-}O_2N-C_6H_4-NH_2 + 6NH_3 + 3S + 2H_2O$$

（2）含有重键化合物的还原

醛、酮类羰基化合物与氨或者氨的衍生物反应得到含碳氮重键，还原后可以得到伯胺。酰胺使用强还原剂 LiAlH₄ 还原可以得到伯胺、仲胺或者叔胺。

$$RR'C=O \xrightarrow{NH_2OH} RR'C=N-OH \xrightarrow{Na+EtOH} RR'CH-NH_2$$

$$PhCON(CH_3)_2 \xrightarrow[(2)H_2O]{(1)LiAlH_4} PhCH_2N(CH_3)_2$$

$$RCONH_2 \xrightarrow[(2)H_2O]{(1)LiAlH_4} RCH_2NH_2$$

腈类化合物彻底还原也可以得到伯胺，这是合成多一个碳原子的伯胺的好方法。

$$CH_3CH_2CH_2CH_2Br \xrightarrow{NaCN} CH_3CH_2CH_2CH_2CN \xrightarrow{LiAlH_4} \xrightarrow{H_2O} CH_3CH_2CH_2CH_2CH_2NH_2$$

（3）醛或酮的还原胺化

醛或酮直接催化氨化还原得到伯胺或者仲胺。

$$PhCHO + NH_3 \longrightarrow PhCH=NH \xrightarrow{H_2/Ni} PhCH_2NH_2$$

$$PhCOCH_3 + NH_3 \xrightarrow{H_2/Ni} PhCH(NH_2)CH_3$$

$$PhCHO + PhNH_2 \xrightarrow{H_2/Ni} PhCH_2NHPh$$

（4）醛、酮与甲酸铵在高温作用下生成胺

$$PhCOCH_3 \xrightarrow{HCOONH_4} PhCH(NH_2)CH_3$$

伯胺或仲胺在甲醛/甲酸作用下生成叔胺。

$$PhCH_2CH_2NH_2 + 2HCHO \xrightarrow{\text{过量}HCOOH} PhCH_2CH_2N(CH_3)_2$$

$$\text{2-phenylpiperidine} + HCHO \xrightarrow{\text{过量}HCOOH} \text{1-methyl-2-phenylpiperidine}$$

（5）霍夫曼（Hofmann）降解反应

利用酰胺与次卤酸盐共热，生成比原来酰胺少一个碳的伯胺。

$$\text{C}_6\text{H}_5\text{CONH}_2 \xrightarrow{\text{Br}_2, \text{NaOH}} \text{C}_6\text{H}_5\text{NH}_2$$

（6）盖布瑞尔（Gabriel）合成法

邻苯二甲酰亚胺与氢氧化钾的乙醇溶液作用转变为邻苯二甲酰亚胺盐，此盐和卤代烷反应生成 N-烷基邻苯二甲酰亚胺，然后在酸性或碱性条件下水解得到伯胺和邻苯二甲酸，这是制备纯净的伯胺的一种方法。

【问题 12.7】

以苯胺为原料合成（1）对溴苯胺和（2）邻硝基苯胺。其他试剂可任选。

12.4 芳香族重氮盐

重氮和偶氮化合物分子中都含有—N=N—官能团，官能团两端都与烃基相连的化合物称为偶氮化合物；只有一端与烃基相连，而另一端与其他基团相连的称为重氮化合物。重氮化合物不稳定，易爆炸，必须低温存放于溶剂中。芳香族重氮化合物主要用来合成偶氮化合物，偶氮基—N=N—是一个发色基团，因此，许多偶氮化合物是常用的染料（偶氮染料）。偶氮染料是合成染料中品种最多的一种。本节主要讨论芳香族重氮盐的性质。

重氮盐是一种非常活泼的化合物，可发生多种反应，在有机合成上非常有用，在此主要学习"去氮"的取代反应。

（1）被羟基取代（水解反应）

当重氮盐的酸性水溶液加热时，发生水解反应生成酚并放出氮气。

$$\text{C}_6\text{H}_5\text{NH}_2 \xrightarrow[0\sim 5\,^\circ\text{C}]{\text{NaNO}_2+\text{H}_2\text{SO}_4} \text{C}_6\text{H}_5\text{N}_2\text{SO}_4\text{H} \xrightarrow[\triangle]{\text{H}_2\text{O}} \text{C}_6\text{H}_5\text{OH} + \text{N}_2\uparrow + \text{H}_2\text{SO}_4$$

反应中一般采用重氮硫酸盐，在40%～50%的硫酸溶液中加热，这样可以避免生成的酚与未反应的重氮盐发生偶合反应。不使用重氮盐酸盐，主要是为了避免副产物氯苯的生成。该反应主要用来合成那些不能通过磺化碱熔反应制备的酚以及没有异构体的酚。

【问题 12.8】

以苯为原料合成 3-溴苯酚。

（2）被卤素、氰基取代

重氮盐的水溶液与碘化钾一起加热,则重氮基被碘原子取代,生成碘化苯,并放出氮气。

$$\text{C}_6\text{H}_5\text{N}_2\text{Cl} + \text{KI} \xrightarrow{\Delta} \text{C}_6\text{H}_5\text{I} + \text{N}_2\uparrow + \text{KCl}$$

采用传统的亲电取代反应在苯环上引入碘是很困难的,所以此反应是将碘原子引入苯环的好方法,但此法不能用来引入氯原子或溴原子。

如果要使重氮基转化为氯或溴原子,则需在氯化亚铜的浓盐酸溶液或溴化亚铜的浓氢溴酸溶液存在下,与相应的重氮盐溶液一起共热,从而得到氯化物或溴化物。这个反应称为桑德迈尔（Sandmeyer）反应。例如:

$$\text{C}_6\text{H}_5\text{N}_2\text{Cl} \xrightarrow{\text{CuCl}+\text{HCl}} \text{C}_6\text{H}_5\text{Cl} + \text{N}_2\uparrow$$
$$\text{C}_6\text{H}_5\text{N}_2\text{Br} \xrightarrow{\text{CuBr}+\text{HBr}} \text{C}_6\text{H}_5\text{Br} + \text{N}_2\uparrow \quad \Big\} \text{桑德迈尔反应}$$
$$\text{C}_6\text{H}_5\text{N}_2\text{Cl} \xrightarrow{\text{CuCN}+\text{KCN}} \text{C}_6\text{H}_5\text{CN} + \text{N}_2\uparrow$$

如果改用铜粉作催化剂,也能得到相应的产物,但产率较低,称为加特曼（Gattermann）反应。

若要使重氮基被氟原子取代,则应使用氟硼酸（HBF_4）或氟磷酸（HPF_4）。这是将氟原子引入苯环的常用方法,称为席曼（Schiemann）反应。例如:

$$\text{C}_6\text{H}_5\text{NH}_2 \xrightarrow[0\sim5\text{℃}]{\text{HCl}/\text{NaNO}_2} \text{C}_6\text{H}_5\text{N}_2^+\text{Cl}^- \xrightarrow{\text{HBF}_4} \text{C}_6\text{H}_5\text{N}_2^+\text{BF}_4^- \xrightarrow{\Delta} \text{C}_6\text{H}_5\text{F}$$

现在通常用重氮氟磷酸盐代替重氮氟硼酸盐,由于磷酸盐溶解度小,因而产率较高。

$$o\text{-Br-C}_6\text{H}_4\text{N}_2^+\text{Cl}^- \xrightarrow{\text{HPF}_6} o\text{-Br-C}_6\text{H}_4\text{N}_2^+\text{PF}_6^- \xrightarrow{165\text{℃}} o\text{-Br-C}_6\text{H}_4\text{F}$$

（3）被氢原子取代（去氨基反应）

重氮盐与次磷酸或乙醇等还原剂作用,则重氮基被氢原子取代。

$$\text{C}_6\text{H}_5\text{N}_2^+\text{HSO}_4^- \xrightarrow[\text{或 C}_2\text{H}_5\text{OH}]{\text{H}_3\text{PO}_2, \text{H}_2\text{O}} \text{C}_6\text{H}_6 + \text{N}_2\uparrow$$

这个反应提供了一个从苯环上除去—NH_2 或—NO_2 的方法，在合成上具有重要意义。利用—NH_2 或—NO_2 的定位效应，在芳环的适当位置引入其他取代基后，再除去—NH_2 或—NO_2，从而制备出用其他方法不易得到的芳香族的衍生物。

例如，由苯合成 1,3,5-三溴苯，如果从苯直接溴化无法制得 1,3,5-三溴苯，若采用下面的路线则很容易实现。

方法一：

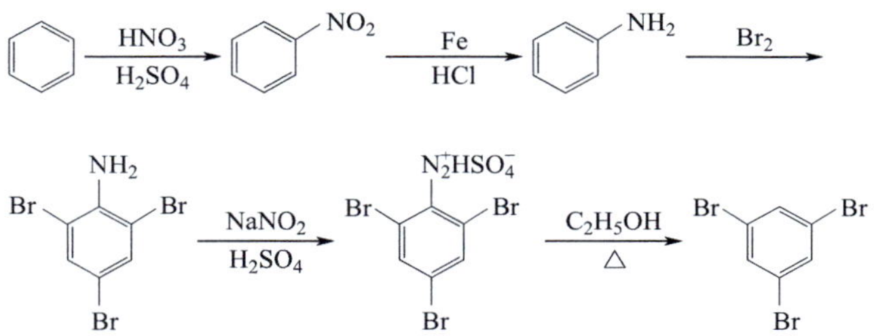

方法二：

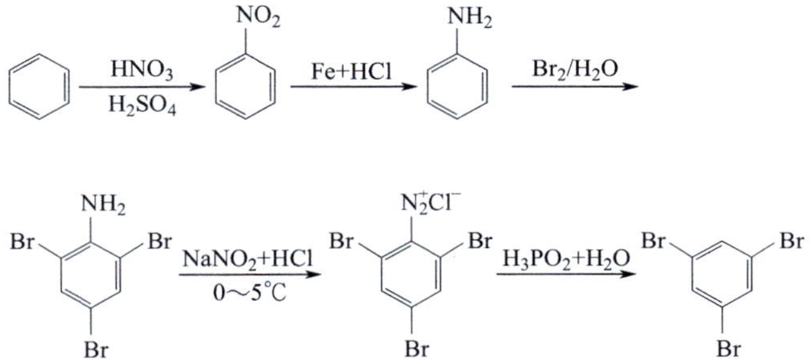

【问题 12.9】

请以苯为原料合成 3-甲基苯胺。

 习题

1. 给出下列化合物的名称或写出结构式。

（1） 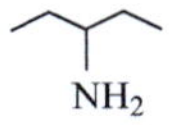  （2）$(CH_3)_2CHNH_2$

（3）$(CH_3)_2NCH_2CH_3$ （4） 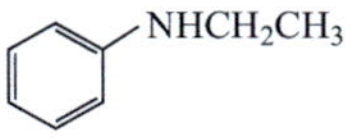 NHCH_2CH_3

（5） NHCH_3 （6）对硝基氯化苄

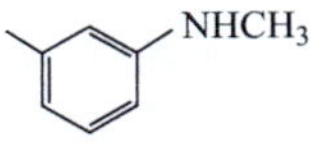

（7）苦味酸 （8）1,4,6-三硝基萘

2. 按其碱性的强弱排列下列各组化合物，并说

明理由。

(1) 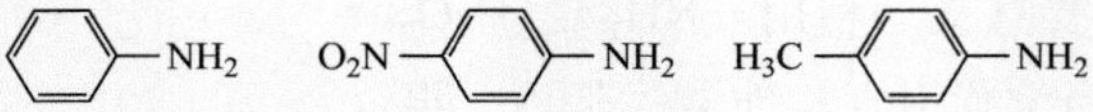 C₆H₅—NH₂   O₂N—C₆H₄—NH₂   H₃C—C₆H₄—NH₂

(2) 乙酰胺、甲胺和氨

3. 鉴别苯胺、苄胺、对羟基苯胺、N,N-二甲基苄胺。

4. 选择题。

(1) 酸性最强的是（   ）

A. 硝基甲烷　　　　B. 硝基乙烷

C. 硝基异丙烷　　　D. 硝基苯

(2) 与亚硝酸反应产物的碱溶液呈红色的是（   ）

A. 氨基甲烷　　　　B. 硝基乙烷

C. 硝基异丙烷　　　D. 硝基苯

(3) 可用于鉴别硝基化合物的是（   ）

A. Fe+HCl　　　　B. Sn+HCl

C. As₂O₃+NaOH　　D. NaNO₂/HCl+NaOH

(4) 可使硝基苯还原成苯胺的是（   ）

A. Fe+HCl　　　　B. 葡萄糖/NaOH

C. Zn/NaOH　　　D. Zn/NH₄Cl

(5) 可使硝基苯还原成氢化偶氮苯的是（   ）

A. Fe+HCl　　　　B. 葡萄糖/NaOH

C. Zn/NaOH　　　D. Zn/NH₄Cl

(6) 可使硝基苯还原成偶氮苯的是（   ）

A. Fe+HCl　　　　B. 葡萄糖/NaOH

C. Zn/NaOH　　　D. Zn/NH₄Cl

(7) 水溶液中碱性最强的是（   ）

A. 甲胺　　　　　　B. 二甲胺

C. 三甲胺　　　　　D. 苯胺

(8) 碱性最强的是（   ）

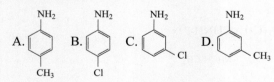

(9) 与对甲苯磺酰氯（TsCl）反应的产物加碱澄清，加酸又浑浊的是（   ）

A. 甲胺　　　　　　B. 二甲胺

C. 三甲胺　　　　　D. 氢氧化四甲铵

(10) 与亚硝酸反应生成黄色油状物的是（　　）

A. 甲胺　　　　　　B. 二甲胺

C. 三甲胺　　　　　D. 氢氧化四甲铵

(11) 苯胺类物质常用于保护氨基的反应是（　　）

A. 磺酰化　　　　　B. 乙酰化

C. 重氮化　　　　　D. 酸化

(12) 常用于鉴别苯胺的试剂是（　　）

A. 氯水　　　　　　B. 溴水

C. 碘/四氯化碳　　　D. 硝酸

(13) 不能将芳香族重氮盐的重氮基用氢取代的是（　　）

A. 次磷酸　　　　　B. 乙醇

C. HCHO/NaOH　　　D. 甲醇

(14) 能将重氮基还原成肼的是（　　）

A. Sn+HCl　　　　　B. 葡萄糖/NaOH

C. Zn/NaOH　　　　D. Zn/NH$_4$Cl

(15) 重氮基被溴取代的催化剂是（　　）

A. Cu　　　　　　　B. CuBr

C. CuCl　　　　　　D. 不用催化剂

5. 完成下列转化。

(1) $CH_2=CHCH_2Br \longrightarrow CH_2=CHCH_2NH_2$

(2) 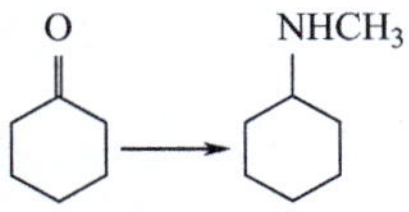 环己酮 $\longrightarrow$ N-甲基环己胺

(3) $(CH_3)_3C-\underset{O}{C}-OH \longrightarrow (CH_3)_3C-\underset{O}{C}-CH_2Cl$

(4) $CH_3CH_2CH_2CH_2Br \longrightarrow CH_3CH_2\underset{NH_2}{CHCH_3}$

(5) 邻硝基甲苯 $\longrightarrow$ 邻溴苯甲酸

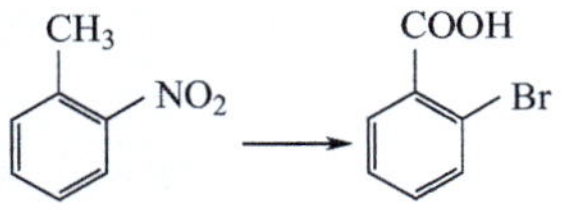

(6) 对溴苯胺 $\longrightarrow$ 2,4-二溴硝基苯

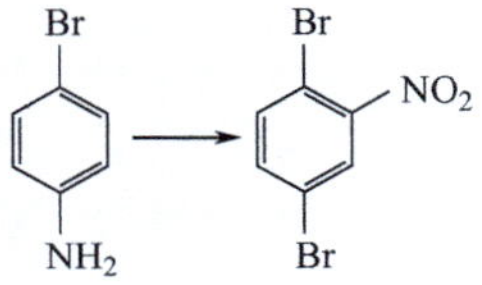

参考文献

[1] 邢其毅，裴伟伟，徐瑞秋，等. 有机化学[M]. 4版. 北京：高等教育出版社，2016.

[2] 徐寿昌. 有机化学[M]. 2版. 北京：高等教育出版社，2014.

[3] 吴范宏，任玉杰. 有机化学[M]. 北京：高等教育出版社，2014.

[4] 任玉杰. 有机化学习题精选与解答[M]. 北京：化学工业出版社，2006.

[5] 任玉杰. 有机化学[M]. 上海：华东理工大学出版社，2010.